Java SE 6 从入门到精通

(美) Jeff Friesen 著

刘志忠 译

清华大学出版社

北 京

Jeff Friesen

Beginning Java SE 6 Platform：From Novice to Professional

EISBN：978-1-59059-830-6

Original English language edition published by Apress , 2855 Telegraph Avenue, #600, Berkeley, CA

94705 USA. Copyright © 2007 by Apress L.P. Simplified Chinese-language edition copyright © 2009

by Tsinghua University Press.　All rights reserved.

北京市版权局著作权合同登记号　图字：01-2008-0720

本书封面贴有清华大学出版社防伪标签，无标签者不得销售。

版权所有，侵权必究。侵权举报电话：010-62782989　13701121933

图书在版编目(CIP)数据

Java SE 6 从入门到精通/(美)弗里森(Friesen, J.)　著；刘志忠　译. —北京：清华大学出版社，2009.6

书名原文：Beginning Java SE 6 Platform: From Novice to Professional

ISBN 978-7-302-20158-8

Ⅰ. J…　Ⅱ.①弗…②刘…　Ⅲ. Java 语言—程序设计　Ⅳ.TP312

中国版本图书馆 CIP 数据核字(2009)第 071883 号

责任编辑：王　军　王滋润
装帧设计：孔祥丰
责任校对：胡雁翎
责任印制：孟凡玉
出版发行：清华大学出版社　　　　　　　　　　地　　　址：北京清华大学学研大厦 A 座
　　　　　http://www.tup.com.cn　　　　　　邮　　　编：100084
　　　　　社　总　机：010-62770175　　　　邮　　　购：010-62786544
　　　　　投稿与读者服务：010-62776969，c-service@tup.tsinghua.edu.cn
　　　　　质　量　反　馈：010-62772015，zhiliang@tup.tsinghua.edu.cn
印　刷　者：北京密云胶印厂
装　订　者：北京市密云县京文制本装订厂
经　　　销：全国新华书店
开　　　本：185×260　印　张：25.25　字　数：583 千字
版　　　次：2009 年 6 月第 1 版　　印　　次：2009 年 6 月第 1 次印刷
印　　　数：1～4000
定　　　价：50.00 元

本书如存在文字不清、漏印、缺页、倒页、脱页等印装质量问题，请与清华大学出版社出版部联系调换。联系电话：(010)62770177 转 3103　　产品编号：028050-01

译者序

    Java 是目前最流行的编程语言之一，其适用范围非常广泛，包括服务器编程、桌面系统编程、Web 服务编程、嵌入式系统编程等。Java SE 6 是 Java 的最新版本，官方发布于 2006 年 12 月 11 日，是 Java 1.0 发布以后 Java 标准版的第六代产品。

    如果您使用过以前的 Java 版本，那么一定对 Java 平台中的一些 bug 和不足稍感遗憾。另外 Java 的性能和 Java 程序外观上的一些特性也会让您觉得美中不足。为了向用户提供更好的平台和更完美的 API，Sun 公司推出了 Java SE 6，该版本在以前 Java 版本的基础上改进了很多特性，同时也添加了大量新的特性，从而使 Java 的性能更好、使用更方便、应用开发更简洁。

    如果要从头开始完整地介绍 Java SE 6，那么估计这本书再厚几倍也无法达到目标。本书也不想构建"通天塔"，其目标是让使用 Java 的高级程序员能够快速地掌握 Java 平台中的一些新特性，以便他们快速地升级到 Java SE 6。同时也为公司的管理层提供相应的参考，以决定是否采用 Java SE 6 作为其下一代开发工具。因此，本书并未涉及到 Java 的基础知识(包括类、基本语法等)，而是详细介绍了 Java SE 6 的一些新特性和改进特性，包括：核心类库的改进、GUI 工具包：AWT 和 Swing 的改进、Java SE 6 的国际化和网络化改进、Java SE 6 中的数据库连接 JDBC 的改进、监控和管理方面的改进、脚本方面的改进以及安全和 Web 服务方面的改进。另外，为了让您的技术具有更好的前瞻性，本书还初步预测了一下 Java 未来的版本中可能出现的一些特性。

    本书由**刘志忠**负责翻译。**Be Flying 工作室**负责人肖国尊负责本书译员的选定、翻译质量以及进度的控制与管理。敬请广大读者提供反馈意见，读者可以将意见发到 be-flying@sohu.com，我们会仔细查阅读者发来的每一封邮件，以求进一步提高今后译著的质量。同时欢迎各位进入 Be Flying 工作室博客 http://blog.csdn.net/be_flying/，或者 China-Pub 上的宣传地址 http://www.china-pub.com/main/sale/renwu/GetInfo.asp?theID=64，来了解 Be Flying 工作室的所有其他译著。

作者简介

JEFF FRIESEN 自 20 世纪以来一直积极参与 Java 的相关工作。Jeff 已经在多家公司使用过 Java，包括面向卫生保健的咨询公司，在此公司创建了自己的 Java/C++软件以使用智能卡。Jeff 还在 JavaWorld.com、informit.com 以及 java.net 上撰写了多篇关于 Java 的文章，并撰写了一本专著 *Java 2 by Example，Second Edition*。Jeff 也在大中专院校的继续教育班里讲授 Java 课程。

前　言

欢迎阅读《Java SE 6 从入门到精通》。在本书中，不会学到类、线程、文件 I/O 等一些基础知识。如果想从头开始学习 Java，那么您应该找其他的书籍。但是，如果您想知道(或者正好对此感兴趣)Java SE 6 和以前的 Java 版本之间有什么区别，那么这本书就是您想要的。

本书介绍了 Java SE 6 中大部分新的或者是改进的特性。但是，各种各样的约束使得本书不能涵盖所有的特性，如 JavaBeans Activation Framework。

在学习这些特性时，将会接触到一些令人兴奋的技术，如 JRuby 和 JavaFX 等，甚至还有一些 Java SE 7 中的技术。本书包括大量的练习以测试您对 Java SE 6 中各类新特性的理解。另外，本书还提供大量的 Web 资源链接以让您进一步地研究相关技术。

如果想快速地升级技术，那么本书是必备的一个资源。另外，如果现在正需要一些关于系统性能和其他重要主题的信息以确定公司是否应该升级到 Java SE 6，那么本书也是一个正确选择。您不再需要详细阅读 Java SE Development Kit (JDK)文档，也不再需要进行大量的 Internet 搜索，就可以做出明智的选择。

每个作者都有自己的写作习惯，本书的作者也不例外。尽管您将经常看到一些到各种资源的链接，但是这些链接并未包含任何到 Sun 公司 Bug Database 的链接。作者并没有为 bug 给出单独的链接，而是给出了 bug 标识符及其名字(如：Bug 6362451 "The string returned by toString() shows the bridge methods as having the volatile modificator")。如果想了解某个 bug 的具体信息，那么可以在浏览器上输入 http://bugs.sun.com/bugdatabase/index.jsp，然后在页面的相应域内输入 bug 标识符并执行搜索即可。除了相应的数据库条目将会显示在搜索结果的开头外，其他的一些相关条目也在搜索结果中列出，这将帮助您更好地理解某个特定的 bug 主题。

在本书中还包括其他一些特点：在每个源文件的开始都添加了 //filename.java 注解；源文件清单中，在方法名及其参数列表之间添加了一个空格；从某个包中导入所有的类(如：import java.awt.*;)；只有源代码清单中有注解；加粗源文件的某一部分以对其进行强调；第一次提到某个类或者接口时，在类名和接口名前添加包名(除了 java.lang)。

本书读者对象

本书面向专业的 Java 开发人员，而且对 Java 2 Platform, Standard Edition 5(J2SE 5)具有深刻的理解。如果还不熟悉 Java，那么您可能对本书所涉及的内容感到非常困难，因为本书并未回顾基本的 Java 概念(如：类和泛型等)。单独一本书也不可能同时涵盖 Java 的基础概念以及 Java SE 6 的一些新特性。

本书的内容一般不涉及 Java 的具体版本，以及一些具体的面向对象原理。如果要了解与具体原理相关的内容，那么请参考 Jacquie Barker 编写的 *Beginning Java Objects, Second Edition*(Apress, 2005; ISBN: 1-59059-457-6)。

本书的结构

本书共包括 10 章和 5 个附录。第 1 章简单介绍了 Java SE 6。其余的章节则分别就某个特定的主题领域研究 Java SE 6 的新特性和改进特性。附录 A、附录 B 和附录 C 以参考形式给出额外的一些特性。附录 D 给出了本书第 1 章～第 10 章所有练习的答案。附录 E 则提供了很可能出现在 Java SE 7 中一些特性的展望。以下是各章内容的简单概述：

第 1 章"Java SE 6 简介"：每个旅程都有一个起点，第 1 章就是对 Java SE 6 研究的新起点。本章介绍了 Java SE 6，从而为其余的章节提供了一个舞台。在该章中，可以了解到 Java SE 6 更名的原因(不再是 J2SE 6)、Sun 公司定义该版本的主要动机，以及组成 Java SE 6 组件的一个大致情况。然后，通过研究一些其他书籍中不曾涵盖的 Java SE 6 特性，可以看到 Java SE 6 到底在哪些方面引入了新的特性和改进特性。由于 Java SE 6 自 build 105(是作者用于开发本书的代码和示例的版本)以来一直在不断演化，本章还简单介绍了 Java SE 6 的更新 1 和更新 2。

第 2 章"核心类库"：第 2 章探索了各种核心类库主题。在本章中将学习很多对核心类库的改进，包括对 BitSet 类的改进、新的 Compiler API、对 I/O 类库的改进、对数学计算类库的改进、新的和改进的集合类库、新的和改进的并行类库以及新的 ServiceLoader API。对于什么是类路径通配符，本章也将提供答案。

第 3 章"GUI 工具包：AWT"：Java SE 6 的抽象窗口工具包(Abstract Window/ Windowing Toolkit，AWT)引入了一些新的成员。第 3 章探讨了新的 Desktop API、Splash Screen API 以及 System Tray API。本章还介绍了新的模态模型及其 API。Java SE 6 还对现有的基础设施进行了改进。本章还简单地介绍了 Java SE 6 在动态布局、非英语地区输入以及 XAWT(Solaris 和 Linux 上的 AWT)方面的改进。

第 4 章"GUI 工具包：Swing"：Swing 并未过时，它仍然在 Java SE 6 中发挥着重要作用。在第 4 章中，将学习如何在 JTabbedPane 的选项卡标题上添加任意组件。您将测试 Java SE 6 在 SpringLayout 布局管理器以及拖拉 Swing 组件方面的改进。然后，将使用新的 JTable 类实现对表格内容的排序和过滤、学习在 Windows 和 GTK 外观上的改变以及探究新的 SwingWorker 类。最后，将学习如何打印文本组件。

第 5 章"国际化"：第 5 章中将介绍支持日本皇家纪年日历的 Calendar 类、区分地区服务、新的地区、Normalizer API 以及 ResourceBundle 改进等。在这些内容中，将学习如何使用区分地区服务来为某个新的地区引入一个合适的货币提供程序。

第 6 章"Java 数据库连接"：本章包含两个相对独立的部分。第一部分主要集中介绍新的 Java 数据库连接(Java Database Connectivity，JDBC)，包括自动驱动器加载和包装器模式支持。第二部分则研究了 Java DB(也称为 Apache Derby)，该数据库是一个纯 Java 的数据库管理系统(Database Management System，DBMS)，并和 JDK 6 捆绑在一起。如果对 Java DB/Derby 还不熟悉的话，本章将让您能够快速地使用该项技术。本章的"练习"部分提供了一个本书以外的例子，让您描述一下如何让 MySQL Connector/J 5.1 支持动态驱动器加载。

第 7 章"监控和管理"：Java SE 6 在监控和管理方法引入了一些重要的改变和一些新的特性。第 7 章首先给出了动态绑定以及新的 Attach API。动态绑定机制允许 JConsole 连接并启动在目标虚拟机上的 Java Management Extensions(JMX)代理，而 Attach API 则允许 JConsole 和其他的 Java 应用程序充分利用该机制。在充分了解该特性后，将研究改进的 Instrumentation API、JVM Tool Interface 以及 Management and JMX API。然后，将学习 JConsole 工具改进的图形用户界面(GUI)。最后，将研究 JConsole 插件的概念，并测试 JConsole API。

第 8 章"网络化"：第 8 章将主要集中讨论 Java SE 6 在网络方面的改进。为了弥补 Java 5 的抽象 CookieHandler 类引入的不足，Java SE 6 提供了一个具体的 CookieManager 子类。该子类使得列出 Web 站点的 cookie 更为简单。在测试完这些主题后，本章还重点讨论了国际化域名、JEditorPane 的 setPage()方法的一些有趣特性。接着，本章将介绍新的轻量级 HTTP 服务器及其 API(在第 10 章，将发现该服务器的用处)。然后，将了解一些网络参数。网络游戏的开发人员将发现本章所描述的一个新的获取网络参数的方法特别有用。最后，本章介绍了基于 SPNEGO 的 HTTP 认证的相关主题。

第 9 章"脚本"：第 9 章介绍了新的 Scripting API 和实验性的 jrunscript 工具。通过本章的学习，将了解到应用程序通过访问 JavaScript 会得到哪些好处，并从 Scripting API 的角度讨论了 JRuby 和 JavaFX。

第 10 章"安全与 Web 服务"：第 10 章也分为了两个相对独立的部分。首先，本章关注了两个新的安全特性：Smart Card I/O API 和 XML Digital Signature API。然后，本章通过一个 Web 服务栈和相应的工具研究了 Java SE 6 对 Web 服务新的支持。

附录 A"新注解类型"：附录 A 简单介绍了 Java SE 6 中所引入的新注解类型。这些类型组成了 3 个种类：由注解处理器支持的注解类型、Common Annotations 1.0 和其他的一些注解类型，包括面向 Java Architecture for XML Binding(JAXB)的注解类型，面向 Java API for XML Web Services (JAX-WS)的注解类型和面向 Java Web Service (JWS)、JMX 及 JavaBeans API 的注解类型。

附录 B"新增及改进后的工具"：附录 B 介绍了 Java SE 6 对已有工具的改进以及 Java SE 6 新引进的工具。这些工具包括基本工具、命令行脚本 shell、监控和管理控制台、Web 服务工具、Java Web Start、安全工具以及故障诊断工具。本章还总结了许多对虚拟机和运行时环境的改进。其他和虚拟机性能相关的改进在附录 C 中介绍。

附录 C"性能改进"：除了健壮性以外，Java SE 6 在性能方面的改进也是升级到该版本的一个强有力的理由。附录 C 对这方面的改进进行了详细介绍，包括：修订了灰色矩形框问题(这更像是一个和性能相关的视觉问题)，更好地执行 Image I/O，更快的 HotSpot 虚拟机以及单线程呈现。

附录 D "**参考答案**"：第 1 章～第 10 章，每章都包含一个练习。附录 D 给出了这些练习题的答案。建议您在查看本附录的答案之前最好尽量考虑每个练习。

附录 E "**Java SE 7 展望**"：Java SE 7(假定 Sun 公司并不改变该命名规则)将可能在 Java SE 6 发布的两年后面世。当 Java 社团的目光从 Java SE 6 转移到 Java SE 7 时，您可能想知道在即将发布的版本中可以得到哪些支持。在附录 E 中，将透露一点将来 Java SE 7 中最有可能包含的内容。和 Java 5(在本书中都称为 Java 5 而不是 J2SE 5)一样，Java SE 7 可能在语言上有所改变(仅是作者预测)。一些新的 API，如 Swing Application Framework，也可能出现在 Java SE 7 中。在附录 E 中将研究这些 API 以及一些其他内容。

阅读前提

本书假定使用的是 Java SE 6 build 105 或者更高版本。本书的内容及代码均是在 build 105 版本下测试的。

代码下载

本书相应例子的代码可以从 Apress 站点 (http://www.apress.com) 的 Source Code/Download 页面下载，或者从 www.tupwk.com.cn/downpage 页面下载。在下载并解压包含本书代码的文件后，将发现一个 build.xml 文件。该文件让您可以方便地使用 Apache Ant 1.6.5(也可能是更高的版本)来构建大部分代码。还可以看到一个 README.txt 文件，该文件包含了用 Ant 构建该代码的指令。

联系作者

欢迎就本书的内容、可下载的代码以及其他任何相关主题和作者联系，电子邮箱：jeff@javajeff.mb.ca。同时，也欢迎访问的作者站点 http://javajeff.mb.ca。

目　录

第 1 章

Java SE 6 简介

Java SE 6 于 2006 年 12 月 11 日由官方发布，是 Java 1.0 版发布以来 Java 标准版的第六代产品。该版本提供了 Java 开发人员将受益多年的很多特性。本章将通过以下几个方面来了解 Java SE 6 以及它的一些特性：

- Java 版本名称的改变
- Java SE 6 的主题
- Java SE 6 的概述
- Java SE 6 的新特性示例
- Java SE 6 的更新版本 1 和更新版本 2

提示

可通过访问 Planet JDK 站点(http://planetjdk.org/)与 Java SE 6 的幕后开发人员进行讨论，此网站是由 Java SE 总工程师 Mark Reinhold 创建的。

1.1 Java 版本名称的改变

在 Java 12 年发展历史的不同时期，Sun 公司为 Java 各种版本、开发包和运行环境引入了一种新的命名规则。例如，Java 开发包(Java Development Kit，JDK) 1.2 版变成了 Java 2 Platform，Standard Edition 1.2(J2SE 1.2)。最近，Sun 公司宣布 Java 标准版的第五代产品(自 JDK 1.0 以后)将被称为 Java 2 Platform，Standard Edition 5.0(J2SE 5.0)，而不是预期的 Java 2 Platform, Standard Edition 1.5.0(J2SE 1.5.0)。5.0 为外部版本号，而 1.5.0 则用作内部版本号。

在发布最新的版本之前，Sun 公司的营销部门与一群 Java 合作者进行了讨论，大多数合作者同意简化 Java 2 平台的命名规则，以建立品牌知名度。除删除 Java 2 Platform，Standard Edition 中的 2 以外，还删除了"小数点位数字"(句点后面的数字，如 5.0 后面的零)，所以未来对 Java 平台的更新被看作是 Java 平台版本的特性更新，而不是对平台名称附加的数字更新。因此，最新的 Java 版本就是 Java Platform, Standard Edition 6(Java SE 6)。

与 J2SE 5.0 中的 5.0 类似(在本书中用 J2SE 5.0 表示 Java 5)，6 为最新发布的外部版本号。而 1.6.0 是内部版本号，它出现在 Sun 公司的 Java SE 6, Platform Name and Version

Numbers 页面(http://java.sun.com/javase/6/webnotes/version-6.html)中的很多地方。此页面还说明了 JDK(现在代表 Java SE Development Kit)仍然作为开发工具包的缩写，且 JRE 仍然为 Java 运行时环境(Java Runtime Environment)的缩写。

注意
Jon Byous 在其 "Building and Strengthening the Java Brand" (http://java.sun.com/developer/technicalArticles/JavaOne2005/naming.html)这篇文章中详细地讨论了这个新的命名规则。还可以参考 Sun 公司的文章 "New! Java Naming Gets a Birthday Present" 文章(http://www.java.com/en/about/brand/naming.jsp)来获取 Java 命名的相应信息。

1.2　Java SE 6 的主题

Java SE 6 的开发是基于 Java 规范请求(Java Specification Request，JSR)270(http://jcp.org/en/jsr/detail?id=270)。JSR 270 给出了本节中所列出的多个主题。这几个主题在 Java SE 6 的 Sun 公司的官方新闻——"Sun Announces Revolutionary Version of Java Technology – Java Platform Standard Edition 6" (http://www.sun.com/smi/Press/sunflash/2006-12/sunflash.20061211.1.xml)中也提到了。

兼容性和稳定性：Java 团队的很多成员都在 Java 技术上花费了大量精力。为了不让努力白费，Java 团队做了大量的工作来保证运行在之前版本的 Java 平台上的大部分程序仍可以在最新版本的平台上运行。有些程序可能需要稍事修改才能正常运行，但是这些需要修改的地方也很少。稳定性和兼容性一样重要。本版本已经修复了很多 bug，而且 HotSpot 虚拟机和相关的运行环境也更稳定。

诊断性、监控和管理：由于 Java 被广泛用于需要持续运行的执行关键任务的企业应用程序中，所以支持远程监控、管理和诊断这项功能就显得特别重要。为了实现这个目的，Java SE 6 改进了现有 JMX(Java Management Extensions，Java 管理扩展)API 和基础设施，以及 JVM Tool Interface。例如，现在可以监控不带特殊监控标记启动的应用程序(可以查看任何正在运行的应用程序来了解后台发生了什么)。

易于开发：Java SE 6 通过提供新的注解类型来简化开发人员的工作，如用于定义 MBeans 的@MXBean；一个可利用 JavaScript、Ruby 和其他脚本语言优点的脚本框架；重新设计的可以自动加载驱动器的 Java 数据库连接(Java Database Connectivity, JDBC)；以及其他一些特性。

企业级桌面：由于开发人员常在基于浏览器的瘦客户端应用程序中遇到各种限制，因此再次考虑富客户端应用程序。为了更方便地向富客户端应用程序迁移，Java SE 6 提供更好的本地桌面工具集成(例如，系统托盘、访问默认 Web 浏览器和其他桌面助手应用程序，以及闪屏效果)，打印文本组件内容的功能、对表格行实施排序和过滤的功能，以及反锯齿字体的功能，使文本在液晶显示屏(LCD)上更易阅读。

XML 和 Web 服务：Java SE 6 在 XML 方面做了大量的改进；XML 数字签名和 Streaming API for XML(StAX)是两个典型的例子。虽然普遍认为 Java 5 包括一个 Web 服务客户端栈，但是有关这方面的工作在 Java 5 发布时还未能完成。幸运的是，Java SE 6 包括了此栈——即 Web 2.0!

透明性：根据 JSR 270，"Transparency is new and reflects Sun's ongoing effort to evolve the J2SE platform in a more open and transparent manner." ("透明性是一种新特性，该特性反映了 Sun 公司正在努力以一个更开放和透明的方式发展 J2SE 平台")。这是对很多开发人员希望更好地参与 Java 下一代版本开发的回应。由于 Sun 公司的"开放性实验"反应良好，于是他们加强了 Java SE 6 的这方面测试。开放性实验向公众提供 Java 5(Tiger) 的快照发行版，并允许开发人员和 Sun 公司合作修复版本中存在的问题。这种透明性已经完全发展成 Sun 公司的开源 JDK。开发人员现在对于下一代 Java 中的特性有了更大的影响力。

不是每个 Java SE 6 的特性都与某个主题相关。例如，类文件规范的更新就不属于上述提到的任何主题。而且，也不是所有的主题都对应一系列特性。例如，透明性反映了 Sun 公司希望在开发一个平台规范和相关的参考实现时如何与 Java 团队实现交互时更开放。同样，兼容性限制了平台如何演化改进，因为它的演化受到与之前版本保持兼容性以支持 Java 软件的现有基础的限制。

1.3　Java SE 6 的概述

Java SE 6(之前在开发阶段被大家熟知为代码名 Mustang)通过多种措施来实现对 Java 平台的改进，包括改进平台的性能和稳定性，修复多个漏洞以及改进图形用户界面 (GUI)使其看起来效果更好(反锯齿 LCD 文本就是一个例子)。Java SE 6 还通过引入一系列全新的特性来完善 Java 平台的性能，其中的一些已经在前面提到。这些新特性中的很多是由 JSR 270 的各种组件 JSR 开发的，这些组件均是 Java SE 6 的 JSR：

- JSR 105：XML Digital Signature API
- JSR 199：Java Compiler API
- JSR 202：Java Class File Specification Update
- JSR 221：JDBC 4.0 API Specification
- JSR 222：Java Architecture for XML Binding(JAXB)2.0
- JSR 223：Scripting for Java Platform
- JSR 224：Java API for XML-Based Web Service(JAX-WS) 2.0
- JSR 268：Java Smart Card I/O API
- JSR 269：Pluggable Annotation Processing API

JSR 270 的组件 JSR 列表中未包括在 Java SE 6 中的一个 JSR 是 JSR 260:Javadoc Tag Technology Update。其他在 JSR 270 列表中没有指定，但包括 Java SE 6 中的 JSR，如下所示：

- JSR 173：Streaming API for XML
- JSR 181：Web Service Metadata for the Java Platform
- JSR 250：Common Annotations for the Java Platform

虽然已经讨论了 Java SE 6 中包括了哪些 JSR，但"What's New in Java SE 6"(http://java.sun.com/developer/technicalArticles/J2SE/Desktop/javase6/beta2.html) 给出了 Java SE 6 所包含 JSR 的完整介绍。此文章列出了 Danny Coward 关于 Java SE 6 特性的"最有必要知道的十件事"的清单(Danny Coward 是 Java SE 平台开发的先导者)，以及 Mark Reinhold 的被认可特性的表格。在表格列出的特性中，国际化资源标识符(Internationalized Resource Identifier，IRI)突出显示某 javax.swing.JTable 中行的能力，以及参数名的反射式访问特性均未添加到 Java SE 6 中。IRI，已在 RFC 3987 中说明：国际化资源标识符(http://www.ietf.org/rfc/rfc3987.txt)，已从 Java SE 6 的最终版中删除，并作为 java.net.URI 的一部分回到了 Java 5 版本；具体请参考 Bug 6394131(Sun 公司漏洞数据库中的"Rollback URI class to Tiger version")。

注意

JDK 6 文档的主页(http://java.sun.com/javase/6/docs/)提供了一个 New Features and Enhancements 链接到 Feature and Enhancements 页面(http://java.sun.com/javase/6/webnotes/features.html)，此页面上有 Java SE 6 的新特性和改进的详细信息。

1.4 Java SE 6 的新特性示例

从前两节提到的各种特性中，您可能已经注意到 Java SE 6 提供了很多新特性。本书探讨了 Java SE 6 的很多新特性和改进，从核心类库的改进到各种性能改进。在继续探讨之前，先举例介绍一些让 Java SE 6 区别于以前版本的特性。

1.4.1 三个新的动作键值和一个隐藏/显示动作文本的方法

javax.swing.Action 接口扩展了 java.awt.event.ActionListener 接口使得可以在同一个类中绑定具有相同代码的多个组件属性，例如 toolTipText 和 icon。此类的一个实例可以绑定到多个组件上(例如，File 菜单上的一个 Open 菜单项和工具栏上的 Open 按钮)，然后这些组件可以在某个位置启用/禁用。此外，选择任意一个组件均可执行相同的代码。Java SE 6 允许通过以下这些新的键值使用两个新属性和各种 icon：

- DISPLAYED_MNEMONIC_INDEX_KEY：标识 text 属性中的索引(通过 NAME 键访问)，text 属性中的助记符装饰需要呈现。此键对应于新的 displayedMnemonicIndex 属性；此键的对应值为一个 Integer 实例。
- LARGE_ICON_KEY：标识出现在各种 Swing 按钮上的 javax.swing.Icon，例如 javax.swing.JButton 的一个实例。javax.swing.JMenuItem 的子类，如 javax.swing.JCheckBoxMenuItem，将 Icon 和 SMALL_ICON 键对应。与 LARGE_ICON_KEY 不同，没有带_KEY 前缀的 SMALL_ICON_KEY 常量。
- SELECTED_KEY：初始化一个可切换组件的选择状态，例如 javax.swing.JCheckBox 的一个实例，并将动作和状态的变化反映到组件上。此键对应新的 selected 属性；此键的对应值为一个 Boolean 实例。

Java SE 6 也在 javax.swing.AbstractButton 类中添加了新的与动作相关联的 public void setHideActionText (boolean hideActionText)和 public boolean getHideActionText( )方法。前一个方法设置了 hideActionText 属性的值，此属性确定了按钮是显示动作文本(true 传递给 hideActionText)，还是不显示动作文本(false 传递给 hideActionText)；默认情况下，工具栏按钮不显示此文本。后一个方法返回此属性的当前设置。代码清单 1-1 给出了一个记事本应用程序以演示这些新的动作键值和方法。

代码清单 1-1　Notepad.java

```java
//Notepad.java


import java.awt.*;
import java.awt.event.*;

import javax.swing.*;

import javax.swing.border.*;

public class Notepad extends JFrame
{
  private JTextArea document = new JTextArea (10, 40);

  public Notepad ()
  {
      super ("Notepad 1.0");
      setDefaultCloseOperation (EXIT_ON_CLOSE);

      JMenuBar menuBar = new JMenuBar ();

      JToolBar toolBar = new JToolBar ();

      JMenu menu = new JMenu ("File");
      menu.setMnemonic (KeyEvent.VK_F);

      Action newAction = new NewAction (document);
      menu.add (new JMenuItem (newAction));
      toolBar.add (newAction);

      //Java SE6 引入了 setHideActionText()方法来确定按钮是否显示由某个动作
      //所激发的文本。为了演示该方法，以下的代码使得工具栏按钮显示动作文本成为
      //可能——工具栏按钮在默认状态下不显示该文本。

      JButton button = (JButton) toolBar.getComponentAtIndex (0);
      button.setHideActionText (false);
```

```java
        menuBar.add (menu);

        menu = new JMenu ("View");
        menu.setMnemonic (KeyEvent.VK_V);

        Action statAction = new StatAction (this);
        menu.add (new JCheckBoxMenuItem (statAction));

        menuBar.add (menu);

        setJMenuBar (menuBar);

        getContentPane ().add (toolBar, BorderLayout.NORTH);
        getContentPane ().add (document, BorderLayout.CENTER);

        pack ();
        setVisible (true);
    }

    public static void main (String [] args)
    {
        Runnable r = new Runnable ()
                    {
                            public void run ()
                            {
                                new Notepad ();
                            }
                    };
        EventQueue.invokeLater (r);
    }
}

class NewAction extends AbstractAction
{
  JTextArea document;

  NewAction (JTextArea document)
  {
    this.document = document;

    putValue (NAME, "New");
    putValue (MNEMONIC_KEY, KeyEvent.VK_N);
    putValue (SMALL_ICON, new ImageIcon ("newicon_16x16.gif"));

    //在 Java SE 6 以前，动作的 SMALL_ICON 键被用于将同一个图标同时赋予
    //一个按钮和一个菜单项。Java SE 6 现在
    //可以将不同的图标赋予这些组件。如果某个图标
    //是通过 LARGE_ICON_KEY 添加的，那么该图标将出现在按钮上。相反，
    //通过 SMALL_ICON 添加的图标则将出现在菜单项上。
```

```
      //但是如果没有基于 LARGE_ICON_KEY 的图标，
      //那么基于 SMALL_ICON 的图标将同时赋予菜单项和工具栏按钮 (如本例)。

      putValue (LARGE_ICON_KEY, new ImageIcon ("newicon_32x32.gif"));
   }

   public void actionPerformed (ActionEvent e)
   {
      document.setText ("");
   }
}

class StatAction extends AbstractAction
{
   private JFrame frame;
   private JLabel labelStatus = new JLabel ("Notepad 1.0");

   StatAction (JFrame frame)
   {
      this.frame = frame;

      putValue (NAME, "Status Bar");
      putValue (MNEMONIC_KEY, KeyEvent.VK_A);

      //默认情况下，在拥有多个该字符的字符串中助记符将用在最左端的该字符下。
      //例如，前面的 putValue (MNEMONIC_KEY, KeyEvent.VK_A);
      //将使得"Status"中的"a"之下出现助记符。
      //如果您想修饰某个字母的其他出现 (如"Bar"中的"a")，
      //现在由于 Java SE 6 的 displayedMnemonicIndex 属性和
      //DISPLAYED_MNEMONIC_INDEX_KEY 的存在，这 切都有可能。
      //如下面的代码中，基于零索引的第 8 个字母，即"Bar"中的"a"
      //将被选择作为接受修饰符的"a"。

      putValue (DISPLAYED_MNEMONIC_INDEX_KEY, 8);

      //现在 Java SE 6 使得选择某个开关组件的初始化选择状态成为可能。
      //在本应用程序中，该组件是一个负责确定是否
      //显示一个工具栏的 JCheckBoxMenuItem 组件。
      //初始状态下，该状态栏将不显示。因此，下面的方法调用中
      //将 false 赋给了该选定属性。

      putValue (SELECTED_KEY, false);

      labelStatus = new JLabel ("Notepad 1.0");
      labelStatus.setBorder (new EtchedBorder ());
   }

   public void actionPerformed (ActionEvent e)
   {
```

```
//由于某个组件更新了被选中的状态，因此判断当前的选择设置非常容易，
//然后就可以利用该设置来添加或者移除状态栏。

Boolean selection = (Boolean) getValue (SELECTED_KEY);

if (selection)
    frame.getContentPane ().add (labelStatus, BorderLayout.SOUTH);
else
    frame.getContentPane ().remove (labelStatus);

frame.getRootPane ().revalidate ();
    }
}
```

源代码中大量的注释解释了这些新的动作键值和 setHideActionText()方法。但是，您可能很奇怪，通过一个 Runnable 实例和 EventQueue.invokeLater(r);方法调用把创建一个 Swing 应用程序的 GUI 任务委托给事件-派发线程。之所以在此处(和本书中的其他地方)这样做，是因为在任何其他非事件-派发线程的线程上——例如一个应用程序的主线程或者调用一个 applet 的 public void init()方法的线程——创建一个 Swing GUI 都是不安全的。

注意

虽然可以调用 SwingUtilities.invokeLater()来保证一个应用的基于 Swing 的 GUI 创建在事件-派发线程上，但是调用 EventQueue.invokeLater()程序将更高效，因为前一个方法包括一行代码，即调用后一个方法。调用 EventQueue.invokeAndWait()在事件-派发线程上创建一个 applet 的基于 Swing 的 GUI 比调用 SwingUtilities.invokeAndWait()来创建的效率更高。

在事件-派发线程以外的其他线程上创建一个 Swing GUI 是不安全的，因为 Swing GUI 工具包不是多线程的。所以，当事件-派发线程也在后台运行时，在主线程上创建 GUI 将导致的问题可能很难解决，也可能不难解决。

例如，假设在主线程上创建 GUI，而 GUI 创建的部分代码间接地通过一些子类创建一个 javax.swing.text.JTextComponent，如 javax.swing.JEditorPane.JTextComponent 包括多个调用 invokeLater()的方法；public void insertUpdate(DocumentEvent e)事件-处理方法就是一个例子。如果此方法由于某种原因在 GUI 创建的过程中被调用，那么调用程序 invokeLater()就将导致事件-派发线程启动(除非该线程已经在运行了)。那么应用程序中的 Swing GUI 工具包的完整性将受影响。

按照老版本的 *Java Tutorial* 介绍，Swing GUI 可以在事件-派发线程以外的其他线程上创建。此建议在 Hans Muller 和 Kathy Walrath 之前的文章 "Threads and Swing" (http://java.sun.com/products/jfc/tsc/articles/threads/threads1.html)中也做了详细介绍。相反，最新版本的 *Java Tutorial* 坚持 GUI 应该在事件-派发线程上创建(请参考 http://java.sun.com/docs/books/tutorial/uiswing/concurrency/initial.html)。

代码清单 1-1 中的记事本应用程序还需要做些调整才能正常运行。但是，它确实可以说明这些新的 Action 键值和方法的目的。例如，编译 Notepad.java 后并运行此应用程序，将注意到 setHideActionText()方法的结果：工具栏图标上出现 New。而且，当打开 File 菜单时，可以注意到有一个不同(并且更小)的图标出现在 New 菜单项的旁边。图 1-1 显示做了这些改进的应用程序的 GUI。在此图中，已经将工具栏移到右边，这样可以很容易地看到两个不同的图标。当然，通常不会在提供图像的工具栏按钮上显示文本。

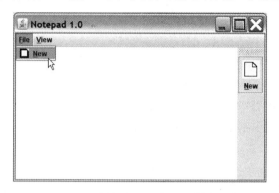

图 1-1   setHideActionText()方法让 New 与工具栏按钮上的图标同时出现

1.4.2   清除 ButtonGroup 的选择

创建一个基于表单的 GUI，该 GUI 包括一组单选按钮，这些按钮在初始化时都未被选定。当用户单击表单的 Reset 按钮时，清除此组按钮中的任何选定的单选按钮(不要选中任何按钮)。根据 javax.swing.ButtonGroup 的 Java 5 的 JDK 文档：

没有办法将一个按钮通过程序"关闭"以清除按钮组。为了显示"未选中"，需要为该组按钮添加一个不可视的单选按钮，然后通过程序选中那个按钮来关闭所有的已显示的单选按钮。例如，一个带标签"none"的普通按钮可以用于选择不可视单选按钮。

文档的建议方法产生了额外代码，从而使得 GUI 设计更复杂，而且可能导致难以理解的 GUI 逻辑。虽然看起来将 false 传递给 ButtonGroup 的 public void setSelected (ButtonModel m，boolean b)方法可以实现以上目标，但是方法的源代码只能识别一个 true 值。庆幸的是，Java SE 6 可以解决这个问题。为回应 Bug 4066394 "ButtonGroup – cannot reset the model to the initial unselected state"，Java SE 6 在 ButtonGroup 中添加了一个新的 public void clearSelection()方法。根据 JDK 6 文档介绍，此方法 "clears the selection such that none of the buttons in the ButtonGroup are selected"（"可以清除选项，从而使得 ButtonGroup 中的按钮都不被选中"）。

1.4.3   增强反射功能

Java SE 6 增强了 Java 对于反射功能的支持，如下所示：

- 通过修改 java.lang.reflect.Method 和 java.lang.reflect.Constructor 类中的 public String toGenericString()和 public string toString()方法来正确显示修饰符。
- 通过修改 Java 5 中 public static Object newInstance(Class<?> componentType, int[] dimensions)方法的最后一个参数来使用可变参数;新方法签名为 public static Object newInstance(Class<?> componentType, int... dimensions)。
- 通过产生 Class 的下列方法:

  - public Class<?>[] getClasses()
  - public Constructor<T> getConstructor(Class<?>... parameterTypes)
  - public Constructor<?>[] getConstructors()
  - public Class<?>[] getDeclaredClasses()
  - public Constructor<T> getDeclaredConstructor(Class<?>... parameterTypes)
  - public Constructor<?>[] getDeclaredConstructors()
  - public Method getDeclaredMethod(String name, Class<?>... parameterTypes)
  - public Class<?>[] getInterfaces()
  - public Method getMethod(String name, Class<?>... parameterTypes)

Java 5 中 Method 和 Constructor 类中的 toGenericString()和 toString()方法的问题记录在 Bug 6261502(反射)"Add the functionality to screen out the 'inappropriate' modifier bits"、Bug 6316717(反射)"Method.toGenericString prints out inappropriate modifiers"、Bug 6354476(反射)"{Method, Constructor}.toString prints out inappropriate modifiers"和 Bug 6362451 "The string returned by toString() shows the bridge methods as having the volatile modificator"中。

注意

在 Java SE 6 的开发过程中,考虑了通过支持反射访问构造函数和方法参数名来增强 Java 的反射能力。虽然此特性没有添加到 Java SE 6 中,但是将添加到下一个版本中。

1.4.4 GroupLayout 布局管理器

Java SE 6 在布局管理器套件中添加了 GroupLayout。GroupLayout 将组件按层次进行分组,以将它们放置于一个容器内。GroupLayout 布局管理器包含 javax.swing.GroupLayout 类(和内部类)和 GroupLayout.Alignment 枚举类型。GroupLayout 类使用新的 javax.swing.LayoutStyle 类和 java.awt.Component 类的新方法 public Component.BaselineResizeBehavior getBaselineResizeBehavior()和 public int getBaseline(int width, int height)来获得组件位置信息。

注意

根据 JDK 文档介绍,枚举类型 BaselineResizeBehavior 枚举了"the common ways the baseline of a component can change as the size changes"("当大小改变时,组件的基线可以改变的一般方式")。例如当组件缩放时,基线与组件的中心保持固定的距离。当需要了解特定的缩放行为时，GroupLayout 调用 getBaselineResizeBehavior()方法。当需要从组件的顶部识别基线时，GroupLayout 调用 getBaseline()方法。

虽然此布局管理器本来是和 GUI 构建器一起使用的(如 NetBeans 5.5 中的 Matisse GUI 构建器)，但是 GroupLayout 也可用于手动代码布局。如果您有兴趣了解如何实现此功能，可以查看 *Java Tutorial* 中"Laying Out Components Within a Container"一课的"How to Use GroupLayout"节(http://java.sun.com/docs/books/tutorial/uiswing/layout/ group.html)。也可以查看 GroupLayout 类的 JDK 文档。

注意

GroupLayout 起源于 java.net 的 swing-layout 项目站点(http://swing-layout.dev.java.net)上的一个代码开源项目。由于与 NetBeans 5.0 成功结合，因此 GroupLayout 被合并到 Java SE 6 中(进行了多处改动，主要的改动在包名和方法名方面)。虽然 NetBeans 5.0 只支持 swing-layout 版本，但是 NetBeans 5.5 支持 Java SE 6 以前的 swing-layout 版本和 Java SE 6 的版本。

1.4.5　图像 I/O 的 GIF 写入插件

多年来，开发人员都希望 Image I/O 框架为将图像写入 GIF 文件格式提供一个插件——参考 Bug 4339415"Provide a writer plug-in for the GIF file format"("为 GIF 文件格式提供一个写入插件")。但是，只要用于写入 GIF 文件的 Lempel-Ziv-Welch 数据压缩算法的 Unisys 专利仍然有效，是没办法提供此插件的。因为 Unisys 的最后国际专利(日本专利 2，123，602 和 2，610，084)的有效期限为 2004 年 6 月 20 日，因此在 Image I/O 中添加此插件才成为可能。Java SE 6 包括一个 GIF 写入插件。代码清单 1-2 给出了一个利用此插件将一个简单图像写入 image.gif 的应用程序。

代码清单 1-2　SaveToGIF.java

```
//SaveToGIF.java

import java.awt.*;
import java.awt.image.*;


import java.io.*;

import javax.imageio.*;

public class SaveToGIF
{
    final static int WIDTH = 50;
    final static int HEIGHT = 50;
    final static int NUM_ITER = 1500;
```

```
public static void main (String [] args)
{
    //创建一个样本图像，该图像在随机的着色位置由随机的着色像素组成。

    BufferedImage bi;
    bi = new BufferedImage (WIDTH, HEIGHT, BufferedImage.TYPE_INT_RGB);
    Graphics g = bi.getGraphics ();
    for (int i = 0; i < NUM_ITER; i++)
    {
        int x = rnd (WIDTH);
        int y = rnd (HEIGHT);
        g.setColor (new Color (rnd (256), rnd (256), rnd (256)));
        g.drawLine (x, y, x, y);
    }
    g.dispose ();

    //将图像保存在 image.gif。

    try
    {
        ImageIO.write (bi, "gif", new File ("image.gif"));
    }
    catch (IOException ioe)
    {
        System.err.println ("Unable to save image to file");
    }
}

static int rnd (int limit)
{
    return (int) (Math.random ()*limit);
}
}
```

除了给出 GIF 写入插件外，Java SE 6 还改进了 Image I/O 的性能。附录 C 给出了详细细节。

1.4.6 进一步改进 String 类型

Java SE 6 对 String 类稍微做了改进，添加了新的构造函数 public String(byte[] bytes, int offset, int length, Charset charset)和 public String(byte[]bytes, Charset charset)作为相应的 public String(byte[]bytes, int offset, int length, String charsetName)和 public String(byte[] bytes, Charset charset)构造函数的另外一个选择。正如在 Bug 5005831 "String constructors and method which take Charset rather than String as argument" 中指出的，这些之前的构造函数在将字节转换成字符串时效率很低，而将字节转换成字符串是 I/O 相关应用程序中常用操作，尤其是在服务器端环境。为了弥补这些构造函数功能上的不足，Java SE 6 引

入了一个新的方法 public byte[] getBytes(Charset charset)作为 public byte[] getBytes(String charsetName)方法的另一个选择。

最后,添加了一个新的方法 public boolean isEmpty()来回应 Bug 6189137 "New String convenience methods isEmpty() and contains(String)"。如果 String 的长度等于 0,此方法返回值 true。

注意

与 Sun 公司的 *Java SE 6 – In Depth Overview* PDF 文档(https://java-champions.dev.java.net/pdfs/SE6-in-depth-overview.pdf)中叙述的不同, String 的 indexOf()和 lastIndexOf()方法还未得到增强以支持 Boyer-Moore 算法来实现更快捷的搜索。这些方法在 Java SE 6 源代码中与 Java 5 源代码中是一样的。关于不支持 Boyer-Moore 的基本原因,请查看 Bug 4362107 "String.indexOf(String) needlessly inefficient"。

1.4.7   LCD 文本支持

技术专员 Robert Eckstein 的 "New and Updated Desktop Features in Java SE 6, Part 1" 文章中的 "LCD Text" 节,详细介绍了 Java SE 6 中用于改进 LCD 的文本分辨率的一个新特性。此特性是用于在 LCD 上显示反锯齿文本(用于平滑边缘)的 LCD 文本算法。从文章的屏幕截图可看出反锯齿文本看起来效果更好、更便于阅读(正如文章中介绍的,可能需要正确地配置显示属性以便查看这些图像所做的改进)。由于 Metal、GTK 以及 Windows 的外观自动支持 LCD 文本,所以使用这些外观的应用程序可以利用此特性。

如果您正在开发一个自定义的外观,并且希望它能利用 LCD 文本,那么需要了解 java.awt.RenderingHints 类 的 KEY_TEXT_ANTIALIASING 键值常量及其值常量 VALUE_TEXT_ANTIALIAS_LCD_HRGB、VALUE_TEXT_ANTIALIAS_LCD_HBGR、 VALUE_TEXT_ANTIALIAS_LCD_VRGB、VALUE_TEXT_ANTIALIAS_LCD_VBGR 和 VALUE_TEXT_ANTIALIAS_GASP(在 Robert Eckstein 的文章中描述的)。但是,根据 Bug 6274842 "RFE: Provide a means for a custom look and feel to use desktop font antialiasing settings" 说明,在 Java 提供该 API 之前,自定义外观需要自动检测底层桌面的文本反锯齿设置的改变和使用。

1.4.8   NumberFormat 和舍入模式

java.text.NumberFormat 和 java.txt.DecimalFormat 类用于格式化数字。从 Bug 4092330 "RFE: Precision, rounding in NumberFormat" 可以看出,长时间以来这些类都被寄希望以支持舍入模式而不是默认的 half-even 模式。

Java SE 6 通过在 NumberFormat 和 DecimalFormat 中引入新的 public void setRoundingMode (RoundingMode roundingMode)方法和 public RoundingMode getRoundingMode()方法实现了这个愿望。如果将 null 传递给 roundingMode.NumberFormat 的 setRoundingMode(),各个类的 setRoundingMode()方法都将抛出一个 NullPointerException 异常;如果试图从另一

个未重写的 NumberFormat 子类(如 java.text.ChoiceFormat)中调用这些方法，那么 NumberFormat 的 setRoundingMode() 和 getRoundingMode() 方法将抛出 Unsupported OperationException 异常。代码清单 1-3 中的应用程序演示了这些方法。

代码清单 1-3　NumberFormatRounding.java

```java
//NumberFormatRounding.java

import java.math.*;

import java.text.*;

public class NumberFormatRounding
{
  public static void main (String [] args)
  {
    NumberFormat nf = NumberFormat.getNumberInstance ();
    nf.setMaximumFractionDigits (2);

    System.out.println ("Default rounding mode: "+nf.getRoundingMode ());
    System.out.println ("123.454 rounds to "+nf.format (123.454));
    System.out.println ("123.455 rounds to "+nf.format (123.455));
    System.out.println ("123.456 rounds to "+nf.format (123.456));
    System.out.println ();

    nf.setRoundingMode (RoundingMode.HALF_DOWN);
    System.out.println ("Rounding mode: "+nf.getRoundingMode ());
    System.out.println ("123.454 rounds to "+nf.format (123.454));
    System.out.println ("123.455 rounds to "+nf.format (123.455));
    System.out.println ("123.456 rounds to "+nf.format (123.456));
    System.out.println ();

    nf.setRoundingMode (RoundingMode.FLOOR);
    System.out.println ("Rounding mode: "+nf.getRoundingMode ());
    System.out.println ("123.454 rounds to "+nf.format (123.454));
    System.out.println ("123.455 rounds to "+nf.format (123.455));
    System.out.println ("123.456 rounds to "+nf.format (123.456));
    System.out.println ();

    nf.setRoundingMode (RoundingMode.CEILING);
    System.out.println ("Rounding mode: "+nf.getRoundingMode ());
    System.out.println ("123.454 rounds to "+nf.format (123.454));
    System.out.println ("123.455 rounds to "+nf.format (123.455));
    System.out.println ("123.456 rounds to "+nf.format (123.456));
  }
}
```

源代码使用了 3 个值：123.454，123.455 和 123.456。第一个例子采用默认的 half-even 舍入模式，它向最近的数舍入，或是如果和相邻的数等距，则取相邻的偶数。假设这些值代表 123 美元和 45.4、45.5 或 45.6 美分，则默认的模式适用，因为当重复将该模式应用到一系列的计算时，它可以最小化累计误差(统计的)。也正因为这个原因，half-even 被人们称为银行家的舍入法(主要在美国采用)。然而，如果需要格式化的数值代表利息以外的其他东西时，可能更希望采用一种不同的舍入模式。

例如，可以采用 half-down 舍入模式，它与 half-even 模式类似，除了在和相邻的数等距时，该模式舍入为较小的数而不是相邻的偶数。也可以采用 floor 和 ceiling 舍入模式分别取负无穷和正无穷。要查看这些舍入模式的作用，编译 NumberFormatRounding.java 并运行此应用程序。将可以看到以下输出：

```
Default rounding mode: HALF_EVEN
123.454 rounds to 123.45
123.455 rounds to 123.46
123.456 rounds to 123.46

Rounding mode: HALF_DOWN
123.454 rounds to 123.45
123.455 rounds to 123.45
123.456 rounds to 123.46

Rounding mode: FLOOR
123.454 rounds to 123.45
123.455 rounds to 123.45
123.456 rounds to 123.45

Rounding mode: CEILING
123.454 rounds to 123.46
123.455 rounds to 123.46
123.456 rounds to 123.46
```

注意

除了对 NumberFormat 和 DecimalFormat 所做的增强，Java SE 6 还在 java.text. DecimalFormatSymbols 类中添加了新的 public static Locale[] getAvailableLocales()、public static final DecimalFormatSymbols getInstance()、public static final DecimalFormatSymbols getInstance(Locale locale)、public String getExponentSeparator()和 public void setExponent Separator(String exp)方法。

1.4.9 改进的 File 基础设施

Java SE 6 用了几个新方法扩展 java.io.File 类，这方面内容将在第 2 章中讨论。它还改进了微软 Windows 平台上的 File 的基础设施。

改进之一是 Windows 设备(例如 NUL，AUX 和 CON)不再被认为是文件，这使得 File 的 public boolean isFile()方法在遇到设备名时返回 false。例如，System.out.println(new File ("CON").isFile ());在 Java 5 下输出 true 而在 Java SE 6 下输出 false。

另一处改进涉及警告信息对话框。在 Java SE 6 之前，一个 File 方法试图访问某个没有可移动介质(例如，一个 CD 或一个软盘)的驱动时导致 Windows 显示一个警告信息对话框，它允许用户在介质已插入驱动之后重试此操作。如果在远程监控此程序，遇到此对话框时显然就有麻烦了：因为无法插入磁盘并单击对话框的 Continue 按钮。因此，Java SE 6 避免该对话框的出现，并且让方法返回一个合适的值表示操作失效。例如，如果试图在 A: 盘没有软盘的情况下执行 System.out.println (new File，("A:\\someFile.txt").exists ());对话框将不会出现，而且 exists()将返回 false。

注意

File 的基础设施现在支持 Windows 平台上的长路径名，Windows 平台上的每个路径名被 Windows 限定为 260 个字符。具体信息请参看 Bug 4403166 "File does not support long paths on Windows NT"。

继续讨论对 File 的基础设施的改进，Bug 6198547 "File.createNewFile() on an existing directory incorrectly throws IOException (win)" 指出在所创建文件的文件名与当前目录名相同时调用 File 的 public boolean createNewFile()方法将导致产生 java.io.IOException 异常，而不是返回 false(按照 JDK 文档中所规定的)。Java SE 6 更正了此错误，让此方法返回 false。

注意

Java SE 6 还通过解决 Bug 6395581 "File.listFiles() is unable to read nfs-mounted directory (Mac OS X)"，改进了 Mac OS X 的 File 基础结构。File 的 listFiles()方法现在可以读取 Mac OS X 的 NFS 安装目录。

最后一个针对 Windows 的改进是 File 的 public long length()方法不再为特殊的文件，如 pagefile.sys，返回 0。Bug 6348207 "File.length() reports a length of 0 for special files hiberfil.sys and pagefile.sys (win)" 证实了此改进。虽然您可能不能发现此改进有什么帮助，但是可能会发现 Bug 4809375 "File.deleteOnExit() should be implemented with shutdown hooks" 所给出的对于独立平台所作的改进将会让您受益匪浅。

注意

除了在 File 中引入新方法并做了前面所提到的改进之外，Java SE 6 取消了这个类的 public URL toURL()方法。JDK 文档给出了解释："此方法不自动转义 URL 中的非法字符。建议新的代码首先通过调用 toURI 方法将其转变成一个 URI，然后再用 URI.toURL 方法将 URI 转换成一个 URL，从而将一个抽象的路径名转换成一个 URL"。

1.4.10 窗口图标图像

java.awt.Framc 类一直用一个 public void setIconImage(Image image)方法来设定一个框架窗口的图标图像。窗口图标图像出现在框架窗口标题栏的左侧，与之相应的 public

Image getIconImage()方法返回此图像。虽然在 Java SE 6 之前的版本中 Frame 的 javax.swing.JFrame 子类也有这些方法，并重写了 setIconImage()来调用它的超类版本，以触发一个属性改变事件，但是 javax.swing.JDialog 类中没有这些方法。一个应用程序的框架窗口可以显示一个自定义图标，但其对话框窗口不能显示自定义图标，从而给人的印象是对话框不属于此应用程序。

Bug 4913618 "Dialog doesn't inherit icon from its parent frame" 记录了这个问题。Java SE 6 提供了一个解决方法使得对话框窗口现在可以从它的父框架窗口继承图标。如果希望为一些特定对话框提供一个不同的图标，那么该机制还存在问题，因此 Java SE 6 还在 java.awt.Window 类中添加了一个新的 public void setIconImage(Image image)方法。此方法允许为一个对话窗口指定一个自定义图标。

现代操作系统通常在多处显示一个应用程序的图标。除了窗口的标题栏外，图标也可能出现在任务栏、任务切换器(如 Windows XP 任务切换器)上，以及正在运行任务的列表的任务名旁边(如 Windows XP 任务管理器的 Application 选项卡上)等地方。在不同地方，图标将以不同大小出现。例如，Windows XP 任务切换器上的图标比窗口的标题栏上的图标要大。在 Java SE 6 之前，通过 setIconImage()分配给框架窗口的图标图像将进行缩放以在任务栏上显示更大；这样效果看起来很糟糕。此问题记录在 Bug 4721400 "Allow to specify 32x32 icon for JFrame (or Window)" 中。

Java SE 6 通过在 Window 类中添加新的 public void setIconImages(List<? extends Image> icons)和 public List<Image> getIconImages()方法来解决此问题。前一个方法允许指定显示在窗口的标题栏上和其他背景中的图标图像的清单，如任务栏或者一个任务切换器。在为一个特定的背景选定一个图标之前，从第一图标开始扫描 Icon 清单，寻找具有适当大小的图标。

为了演示对于对话框不继承图标和所有的背景采用同一图标的问题的解决办法，创建了一个应用程序，该应用程序创建了一个小的实心图标和一个大的带状图标，将它们分配给一个框架窗口，然后显示框架窗口和一个对话框。代码清单 1-4 给出了此应用程序的源代码。

代码清单 1-4　WindowIcons.java

```
//WindowIcons.java

import java.awt.*;
import java.awt.image.*;

import java.util.*;

import javax.swing.*;

public class WindowIcons extends JFrame
{
```

```java
final static int BIG_ICON_WIDTH = 32;
final static int BIG_ICON_HEIGHT = 32;
final static int BIG_ICON_RENDER_WIDTH = 20;

final static int SMALL_ICON_WIDTH = 16;
final static int SMALL_ICON_HEIGHT = 16;
final static int SMALL_ICON_RENDER_WIDTH = 10;

public WindowIcons ()
{
  super ("Window Icons");
  setDefaultCloseOperation (EXIT_ON_CLOSE);

  ArrayList<BufferedImage> images = new ArrayList<BufferedImage> ();

  BufferedImage bi;
  bi = new BufferedImage (SMALL_ICON_WIDTH, SMALL_ICON_HEIGHT,
                          BufferedImage.TYPE_INT_ARGB);
  Graphics g = bi.getGraphics ();
  g.setColor (Color.black);
  g.fillRect (0, 0, SMALL_ICON_RENDER_WIDTH, SMALL_ICON_HEIGHT);
  g.dispose ();
  images.add (bi);

  bi = new BufferedImage (BIG_ICON_WIDTH, BIG_ICON_HEIGHT,
                          BufferedImage.TYPE_INT_ARGB);
  g = bi.getGraphics ();
  for (int i = 0; i < BIG_ICON_HEIGHT; i++)
  {
      g.setColor (((i & 1) == 0) ? Color.black : Color.white);
      g.fillRect (0, i, BIG_ICON_RENDER_WIDTH, 1);
  }
  g.dispose ();
  images.add (bi);

  setIconImages (images);

  setSize (250, 100);
  setVisible (true);

  //通过一个匿名的内部类创建并显示一个无模式 Swing 对话框。

  new JDialog (this, "Arbitrary Dialog")
    {
      {
          setSize (200, 100);
          setVisible (true);
      }
    };
```

```
    }

    public static void main (String [] args)
    {
      Runnable r = new Runnable ()
                {
                    public void run ()
                    {
                        new WindowIcons ();
                    }
                };
      EventQueue.invokeLater (r);
    }
  }
```

为回应指出图标应该支持透明性的 Bug 6339074 "Improve icon support", 此应用程序仅仅呈现了 ARGB 缓存中每个图标的一部分,以查看在 Windows XP SP 2(Windows XP Service Pack 2)下是否支持透明性。根据图 1-2, 该操作系统是支持透明性的。

图 1-2　小图标出现在框架的标题栏和对话窗口,以及任务栏上,但是在任务切换器上显示大图标

1.4.11　窗口的最小尺寸

Bug 4320050"Minimum size for java.awt.Frame is not being enforced"("java.awt.Frame 的最小尺寸并不是强制性的")描述了 GUI 长期存在的一个问题,那就是无法确定一个窗口的最小尺寸。如果可以设置最小尺寸,那么就可以防止应用程序的用户在最小尺寸之下重新设置主窗口的大小(并且避免那些没有经验的用户由于不能访问 GUI 而恐慌所打过来的用户电话)。

Java SE 6 在 Window 类中添加了一个新的 public void setMinimumSize(Dimension minimumSize)方法, 使您可以强制采用一个最小的尺寸。之后调用从 Window 继承得到的 public Dimension getMinimumSize()方法将返回新的最小尺寸。如果窗口的尺寸在调用之前小于最小尺寸,那么窗口自动扩大到最小尺寸。以下代码段设置了一个框架窗口的最小尺寸为 400×300 像素：

```
Frame frame = new Frame ("Some window title");

//不允许用户将框架的大小改变为水平方向小于 400 像素，
//垂直方向小于 300 像素。

frame.setMinimumSize (new Dimension (400, 300));
```

注意

Window 重写了 Component 类的 public void setSize(Dimension d)方法、public void setSize(int width, int height)方法、public void setBounds(int x, int y, int width, int height)方法和 public void setBounds(Rectangle r)方法，以防止窗口的大小被设置为小于它的最小尺寸的大小。如果一个方法调用时采用了一个小于当前最小尺寸的宽度或高度，方法将放大此宽度或高度。

1.4.12　Solaris 上可中断的 I/O 开关

Solaris 上虚拟机的本地线程实现利用了 Solaris 操作系统支持可中断 I/O。所以，一个在 I/O 操作时阻塞的线程可以通过在被阻塞线程的 Thread 对象上调用 Thread 类的 public void interrupt() 方法来中断该线程；被中断的线程将抛出一个 java.io.InterruptedIOException 异常。

Bug 4154947 "JDK 1.1.6, 1.2/Windows NT: Interrupting a thread blocked does not unblock I/O" 解释了试图在 Windows 平台上实现可中断 I/O 的困难所在。由于可以证明在 Windows 上提供此特性是不可能的，而且为 Solaris 虚拟机提供支持可中断 I/O 的特性，而不为 Windows 虚拟机提供此特性，这有违 Java 的跨平台本质，因此 Java SE 6 引入了一个新的 UseVMInterruptibleIO HotSpot 选项开关来关闭 Solaris 虚拟机上的可中断 I/O 功能。可中断 I/O 在默认情况下仍然开启(在 Java SE 7 中它将被默认关闭)。当启动 Solaris 虚拟机时，可以通过指定-XX:-UseVMInterruptibleIO，来显式地禁用可中断 I/O。更多详细信息，请查看 Bug 4385444 "(spec) InterruptedIOException should not be required by platform specification (sol)"。

1.4.13　ZIP 文件和 JAR 文件

Java SE 6 引入了各种对 ZIP 和 JAR 文件的增强。从 API 的角度来看，java.util.zip 包拥有了新的 DeflaterInputStream 和 InflaterOutputStream 类。这些类允许应用程序在网络上发送压缩数据。数据通过 DeflaterInputStream 压缩成数据包，然后通过网络发送到目的地，最后，用 InflaterOutputStream 来解压缩数据包。

非 API 增强包括允许 ZIP 文件在所有平台上包含多于 64 000 个的条目。对于 Windows 平台，最多可同时打开 2036 个 ZIP 文件的上限也没有了，而且这个限制现在由平台决定；详细信息请见 Bug 6423026 "Java.util.zip doesn't allow more than 2036 zip files to be concurrently open on Windows"。而且，该类还支持长于 256 个字符的文件名；详细信息请见 Bug 6474379 "ZipFile class cannot open zip files with long filenames"。

关于 JAR 文件，jar 工具也做了诸多改进，从而使得解压文件的时间戳与档案文件中出现的时间戳相符。在 Java SE 6 之前，一个解压文件的时间戳设置为当前时间。查看附录 B 了解对 jar 工具所做的改动。

1.4.14　无主窗口

第 3 章介绍了 Java SE 6 的新模态模型和 API。此模型能否起作用，取决于无主窗口 (ownerless window)。该类窗口是没有父窗口的窗口；由 public JFrame()构造函数创建的框架窗口就是一个无主窗口的例子。

之前对于支持无主窗口所做的尝试都是存在问题的。例如，Bug 4256840 "Exception when using the no-argument Window() constructor on win32" 和 Bug 4262946 "API Change: remove constructors for ownerless Windows in java.awt.Window"显示，通过构造函数 public Window()和 public Window(GraphicsConfiguration gc)将无主窗口引入到 Java 1.3(Kestrel) 中导致无主 Window 没能在 Frame 的 public static Frame[] getFrames()方法所返回的数组中出现。一个自动工具也无法访问应用程序的整个 GUI 组件的树。

为了解决这个问题，JDialog 类包括了 public JDialog(Frame owner) 构造函数。如果将 null 传递给 owner，一个共享的隐藏的框架窗口将被选中作为对话框的拥有者。因此自动化工具可以访问此框架窗口。但是，正如 Bug 6300062 "JDialog need to support true parent-less mode" 中所指出的，此框架窗口给新的模态模型带来了麻烦。在阅读这个 bug 报告之前，可能要先阅读第 3 章中关于模态模型/API 的简介，以先了解一些基本情况。

Java SE 6 解决了如下所有的模式问题和自动工具问题：

- 允许将 null 传递给任何 Window 的构造函数中的 owner 参数，使得这些窗口变成无主的。
- 允许将 null 传递给任何 java.awt.Dialog 的构造函数中的 owner 参数，使得这些对话窗口变成无主的。
- 通过引入几个新的 JDialog 构造函数——第一个参数是 Window 类型(如 public JDialog(Window owner))——以允许将 null 传递给 owner 而生成真正的无主的 Swing 对话窗口。
- 在 Window 类引入了两个新的方法：一个是 public static Window[] getWindows()，此方法允许自动工具获取所有无主和有主窗口的一个数组；另一个是 public static Window[] getOwnerlessWindows()方法，此方法允许此工具获取一个仅限于无主窗口的数组。

代码清单 1-5 给出了一个演示 public static Window[] getWindows()和 public static Window[] getOwnerlessWindows()方法的应用程序。

代码清单 1-5　Windows.java

```java
//Windows.java

import java.awt.*;

import javax.swing.*;

public class Windows
{
  public static void main (String [] args)
  {
    //创建一个伪无主 Swing 对话框(其拥有者是一个隐藏的共享框架窗口)。

    JDialog d1 = new JDialog ((JFrame) null, "Dialog 1");
    d1.setName ("Dialog 1");

    //创建一个真正无主的 Swing 对话框

    JDialog d2 = new JDialog ((Window) null, "Dialog 2");
    d2.setName ("Dialog 2");

    //创建一个无主框架。

    Frame f = new Frame ();
    f.setName ("Frame 1");

    //创建一个由该框架拥有的窗口。

    Window w1 = new Window (f);
    w1.setName ("Window 1");

    //创建一个无主窗口。

    Window w2 = new Window (null);
    w2.setName ("Window 2");

    //输出所有的窗口列表、所有的无主窗口列表以及所有的框架窗口列表。

    System.out.println ("ALL WINDOWS");
    Window [] windows = Window.getWindows ();
    for (Window window: windows)
        System.out.println (window.getName ()+": "+window.getClass ());
    System.out.println ();

    System.out.println ("OWNERLESS WINDOWS");
    Window [] ownerlessWindows = Window.getOwnerlessWindows ();
    for (Window window: ownerlessWindows)
```

```
            System.out.println (window.getName ()+": "+window.getClass ());
        System.out.println ();

        System.out.println ("FRAME WINDOWS");
        Frame [] frames = Frame.getFrames ();
        for (Frame frame: frames)
            System.out.println (frame.getName ()+": "+frame.getClass ());
    }
}
```

在编译源代码并运行此应用程序之后，将看到以下输出。该输出说明 Dialog 1 不是一个真正的无主窗口：

```
ALL WINDOWS
frame0: class javax.swing.SwingUtilities$SharedOwnerFrame
Dialog 1: class javax.swing.JDialog
Dialog 2: class javax.swing.JDialog
Frame 1: class java.awt.Frame
Window 1: class java.awt.Window
Window 2: class java.awt.Window

OWNERLESS WINDOWS
frame0: class javax.swing.SwingUtilities$SharedOwnerFrame
Dialog 2: class javax.swing.JDialog
Frame 1: class java.awt.Frame
Window 2: class java.awt.Window

FRAME WINDOWS
frame0: class javax.swing.SwingUtilities$SharedOwnerFrame
Frame 1: class java.awt.Frame
```

1.4.15 可导航集合

第 2 章介绍了 Java SE 6 增强后的集合框架。这里值得一提的一个改进就是一个新的 java.util.NavigableSet<E>接口，它扩展了老的 java.util.SortedSet<E>接口，并使得通过一个基于有序集合来实施更便利地导航。

一个可导航的集合可以通过 Iterator<E> iterator()方法以升序来遍历该集合，也可以通过 Iterator<E> descendingIterator()方法以降序来访问。它可以通过方法 public E ceiling(E e)、public E floor(E e)、public E higher(E e)以及 public E lower(E e)为给定的搜索目标返回最匹配的结果。默认情况下，这些最近似匹配的方法以升序来寻找最佳匹配结果。要以降序寻找一个最佳匹配结果，首先要用 NavigableSet<E> descendingSet()方法来获取集合的一个逆序视图。代码清单 1-6 给出了一个应用程序，该应用程序演示了 descendingSet()和四个最近似匹配的方法，注释详细描述了每个最近似匹配的方法的功能。

代码清单 1-6　CityNavigator.java

```java
//CityNavigator.java

import java.util.*;

public class CityNavigator
{
  static NavigableSet<String> citiesSet;

  public static void main (String [] args)
  {
    String [] cities =
    {
      "Beijing",
      "Berlin",
      "Baghdad",
      "Buenos Aires",
      "Bangkok",
      "Belgrade"
    };

    //创建一个可导航的城市集，并为其添加相应元素。

    citiesSet = new TreeSet<String> ();
    for (String city: cities)
        citiesSet.add (city);

    //以升序排列城市名。在后台，实现的是如下的代码
    //
    //Iterator iter = citiesSet.iterator ();
    //while (iter.hasNext ())
    //  System.out.println (iter.next ());

    System.out.println ("CITIES IN ASCENDING ORDER");
    for (String city: citiesSet)
        System.out.println (" "+city);
    System.out.println ();

    //以降序排列城市名。在后台，实现的是如下的代码
    //
    //Iterator iter = citiesSet.descendingSet.iterator ();
    //while (iter.hasNext ())
    //  System.out.println (iter.next ());

    System.out.println ("CITIES IN DESCENDING ORDER");
    for (String city: citiesSet.descendingSet ())
        System.out.println (" "+city);
    System.out.println ();
```

//演示在升序集中的最近似匹配方法。

```
System.out.println ("CLOSEST-MATCH METHODS/ASCENDING ORDER DEMO");
outputMatches ("Berlin");
System.out.println ();

outputMatches ("C");
System.out.println ();

outputMatches ("A");
System.out.println ();
```

//演示在降序集中的最近似匹配方法。

```
cititesSet = cititesSet.descendingSet ();
System.out.println ("CLOSEST-MATCH METHODS/DESCENDING ORDER DEMO");
outputMatches ("Berlin");
System.out.println ();

outputMatches ("C");
System.out.println ();

outputMatches ("A");
System.out.println ();
}

static void outputMatches (String city)
{
   //ceiling()返回大于等于给定元素(如果给定的元素不存在，则为 null)
   //的集合中的最小元素。

   System.out.println (" ceiling('"+city+"'): "+citiesSet.ceiling (city));

   //floor()返回小于等于给定元素(如果给定的原则不存在，则为 null)
   //的集合中的最大元素。

   System.out.println (" floor('"+city+"'): "+citiesSet.floor (city));

//higher()返回严格大于给定元素(如果给定的原则不存在，则为 null)
   //的集合中的最小元素。

   System.out.println (" higher('"+city+"'): "+citiesSet.higher (city));

   //lower()返回严格小于给定元素(如果给定的原则不存在，则为 null)
   //的集合中的最大元素。
```

```
        System.out.println ("  lower('"+city+"'): "+citiesSet.lower (city));
    }
}
```

正如源代码所示，最近似匹配方法返回满足各种条件的集合元素。例如，lower()返
回集合中除了 lower() 的参数所描述的元素之外的所有元素中的最大元素；如果没有这样
的元素，方法返回 null。虽然该描述在一个集合是按升序排列时非常直观，但是一个集
合是按降序排列时就可能不这么直观了。例如，在下面的输出中，在升序中 Belgrade 要
低于 Berlin，而在降序中 Buenos Aires 低于 Berlin：

```
CITIES IN ASCENDING ORDER
  Baghdad
  Bangkok
  Beijing
  Belgrade
  Berlin
  Buenos Aires

CITIES IN DESCENDING ORDER
  Buenos Aires
  Berlin
  Belgrade
  Beijing
  Bangkok
  Baghdad

CLOSEST-MATCH METHODS/ASCENDING ORDER DEMO
  ceiling('Berlin'): Berlin
  floor('Berlin'): Berlin
  higher('Berlin'): Buenos Aires
  lower('Berlin'): Belgrade

  ceiling('C'): null
  floor('C'): Buenos Aires
  higher('C'): null
  lower('C'): Buenos Aires

  ceiling('A'): Baghdad
  floor('A'): null
  higher('A'): Baghdad
  lower('A'): null

CLOSEST-MATCH METHODS/DESCENDING ORDER DEMO
  ceiling('Berlin'): Berlin
  floor('Berlin'): Berlin
  higher('Berlin'): Belgrade
  lower('Berlin'): Buenos Aires

  ceiling('C'): Buenos Aires
```

```
floor('C'): null
higher('C'): Buenos Aires
lower('C'): null

ceiling('A'): null
floor('A'): Baghdad
higher('A'): null
lower('A'): Baghdad
```

注意

这是 Java SE 6 的一些其他的有趣改变:

- Java SE 6 将类文件版本号改为 50.0,因为它支持分割验证(见附录 B)。
- Java SE 6 的 jarsigner、keytool 和 kinit 安全工具不再将密码显示到屏幕。
- 可快速访问一段文本的 javax.swing.text.Segment 类,现在实现了 CharSequence 接口。例如,您可以在正则表达式中使用 Segment。

1.5 Java SE 6 的更新版本 1 和 2

在发布了 Java SE 6 的初始版本(这是本书所关注的内容)后,Sun 公司发布了第一个 Java SE 6 更新。该更新引入很多漏洞的修复。此更新版本设定 6u01 为它的外部版本号, 1.6.0_01-b06(其中 b 表示构建)作为内部版本号。

6u01 中修复的一个漏洞主要关注多个方法中的内存泄漏问题。例如,Thread 类给定的 public static Map<Thread, StackTraceElement[]> getAllStackTraces()方法返回了所有活动线程的堆栈轨迹映射。同时,java.lang.management.ThreadMXBean 接口还设定了多个 getThreadInfo()方法以返回线程信息。根据 Bug 6434648 "Native memory leak when use Thread.getAllStackTraces()",所有这些方法都导致一个 OutOfMemoryError 错误的内存泄漏。可以在 Java SE 6 的初始版本上运行以下这个应用程序(该应用程序可能在抛出 OutOfMemoryError 错误之前需要运行相当长一段时间)重现该问题,该问题在此更新版本中已经解决:

```
public class TestMemoryLeak
{
    public static void main(String[] args)
    {
        while (true)
        {
            Thread.getAllStackTraces();
        }
    }
}
```

6u01 中修复的另一个漏洞是 Bug 6481004 "SplashScreen.getSplashScreen() fails in Web Start context"。根据此漏洞,迁移一个使用闪屏 API 的单机应用程序到 Java Web Start

上将导致 java.security.AccessControlException 异常。之所以抛出此异常，是因为在 public static synchronized SplashScreen getSplashScreen() 方 法 中 对 System.loadLibrary ("splashscreen")方法的调用没有置于 doPrivileged()块中。

Java SE 6 Update Release Notes 页面 (http://java.sun.com/javase/6/webnotes/ ReleaseNotes.html)提供了所有在 6u01 更新中已修补的 bug 的完整列表。

在编写本章时，Java SE 6 的第二个更新版本也发布了。要了解第二版提供的更新信息，请查看 Sun 公司的 Java SE 6 更新版本注释页面。

1.6　小结

Java SE 6(之前被称为 Mustang)于 2006 年 12 月 11 日官方发布。此版本包含很多新的和改进的特性，将让 Java 开发人员在未来的多年中受益。

Java SE 6 是基于 JSR 270 开发的，JSR 270 给出了 Java SE 6 开发的多个主题，包括兼容性和稳定性；可诊断性、监控和管理；易于开发；企业级桌面；XML 和 Web 服务，以及透明性。

JSR 270 标识了各种 JSR 组件。这些 JSR 包括 JSR 105 XML Digital Signature API、JSR 199 Java Complier API、JSR 202 Java Class File Specification Update、JSR 221 JDBC 4.0 API Specification、JSR 222 Java Architecture for XML Binding(JAXB)2.0、JSR 223 Scripting for the Java Platform、JSR 224 Java API for XML-Based Web Service(JAX-WS)2.0、JSR 268 Java Smart Card I/O API 和 JSR 269 Pluggable Annotation Processing API。虽然 JSR 270 没有标识 JSR 173 Streaming API for XML，JSR 181 Web Services Metadata for the Java Platform 和 JSR 250 Common Annotation for the Java Platform，但它们也是 JSR 组件。

Java SE 6 提供了很多区别于前版的特性。本章讨论了其中的一些特性，包括三个新的动作键值和一个隐藏/显示动作文本的方法、清除一组按钮选择的特性、增强反射功能、GroupLayout 布局管理器、一个图像 I/O GIF 写入插件、进一步改进 String 类、LCD 文本支持、与舍入模式配合使用的新 NumberFormat 方法、一个改进的 File 类基础设施、窗口图标图像、指定窗口最小尺寸特性、专用于 Solaris 的可中断 I/O 开关、添加到 java.util.zip 包中的 DeflatorInputStream 和 DeflatorInputStream 类、无主窗口以及可导航的集合。

在 Java SE 6 的初始版本(这是本书所关注的内容)之后，Sun 公司发布了两个用于修复漏洞的更新。

1.7　练习

到现在为止，您对 Java SE 6 到底理解了多少呢？通过回答下面问题，测试您对本章内容的理解(参考答案见附录 D)。

(1) 为什么 Sun 公司要用 Java SE 6 代替 J2SE 6.0？

(2) 说出 Java SE 6 的主要主题。

(3) Java SE 6 包括国际化资源标识符(IRI)吗？

(4) 引入 Action 的新常量 DISPLAYED_MNEMONIC_INDEX_KEY 的目的是什么？

(5) 为什么只能在事件-派发线程上创建一个 Swing 程序的 GUI？

(6) 如何设定一个窗口的最小尺寸？

(7) 简述 NavigableSet<E>的各个最近似匹配方法。

(8) 当 owner 为 null 时，public JDialog(Frame owner)创建了一个真正的无主窗口吗？

第 2 章

■■■

核 心 类 库

Java 的核心类库支持数学计算、输入/输出(I/O)、集合等。Java SE 6 更新了现有的核心类库，并且在核心类库中集成了一些新的类库。本章将讨论如下的几种核心类库：

- BitSet 的改进
- Compiler API
- I/O 类库的改进
- 数学计算类库的改进
- 新改进的集合框架
- 新改进的并行框架
- 扩展机制和 ServiceLoader API

2.1 BitSet 的改进

java.util.BitSet 类实现了一个可增长的位向量。由于该类具有简洁性等优点，因此该数据结构常常用于实现操作系统的优先级队列，从而可以方便地实现内存页面分配。面向 Unix 的文件系统也经常使用位集来方便信息节点以及磁盘扇区的分配。另外，位集在哈弗曼编码以及实现无损数据压缩的数据压缩算法中也非常有用。

尽管 Java SE 6 没有为 BitSet 增加新的特性，但是它还是为该类做了如下几个方面的改进：

- 根据 Bug 4963875 "Reduction of space used by instances of java.util.BitSet"，clone()方法目前所返回的克隆对象可能将比原来的 bitset 更小；bs.size() == bs.clone().size()将不再保证是成立的。另外，一个可序列化的位集也可能更小。这些优化减少了空间的浪费。但是，如果一个克隆的或者是序列化的位集是通过 BitSet(int nbits)创建的，那么该位集是不可剪裁的，即自从创建以后，它的实现大小没有改变。

- 目前的 equals(Object obj)方法针对稀疏位集(仅有少数几位设置了的位集)进行速度优化。当被比较的位集的逻辑长度不同时，该方法返回 false。请参阅 Bug 4979017 "java.util.BitSet.equals(Object) can be optimized" 来获取更多相关信息。

- hashCode()方法也在速度上进行了优化。该方法目前仅仅散列位集中用到的部分(即位集的逻辑长度)，而不是整个位集(它的实现大小)。如果想了解更多关于该优化的信息，请阅读 Bug 4979028 "BitSet.hashCode() unnecessarily slow due to extra scanning of zero bits."。

- toString()方法针对大规模的稀疏位集进行了速度方面的优化。要了解此方法的更多信息，请查阅 Bug 4979031 "BitSet.toString() is too slow on sparse large bitsets"。

- BitSet 的一些方法调用了 Long 类的各种方法，而不再是重新实现等价的方法。例如，BitSet 类的 public int nextSetBit(int fromIndex)方法调用了 Long 类的 public static int numberOfTrailingZeroes(long i)方法。这将导致 BitSet 实现更简单、更快速，并且更小。Bug 5030267 "Use new static methods Long.highestOneBit/Long.bitCount in java.util.BitSet" 提供了更多信息。另外，也可以通过检查 BitSet.java 的源文件来了解相应的更新。

- 以前 BitSet 内部不变量中违反常规的一些不变量将不再存在。例如，给定 bs.set(64,64);，bs.length()现在将返回 0(而不是 64)，而 isEmpty()将返回 true(而不是 false)。想了解关于该改进的更多信息，请查阅 Bug 6222207 "BitSet internal invariants may be violated"。

2.2 Compiler API

很多情况下，都需要对 Java 源代码进行动态编译。例如，Web 浏览器第一次请求一个基于 JavaServer Pages(JSP)的文档时，JSP 容器将产生一个 servlet，并编译该 servlet 代码。

在 Java 1.2 以前，仅能通过创建一个临时的.java 文件，然后通过 Runtime.exec()调用 javac 来实现动态编译。而另一种方法则需要了解 javac 的内部机制。由于平台相关的处理行为以及 applet 的安全限制，第一种方法存在问题。而后一种方法则没有相关的文档参考，而且针对不同编译器将会有所不同。

Java 1.2 通过 JDK 的 tools.jar 文件以编程的方式来访问编译器。这种方法直到 Java 5 面世之后还是没有任何文档参考。tools.jar 的 com.sun.tools.javac.Main 类中的如下静态方法可以访问编译器：

- public static int compile(String[] args)
- public static int compile(String[] args, PrintWriter out)

args 参数标识正常传递给 javac 的命令行参数。out 参数指定编译器诊断信息(错误和警告信息)的输出位置。每个方法的返回值和 javac 的退出代码一致。

这些方法确实比较有用，但是在和环境的交互上，这些方法又有诸多限制。首先，它们从文件中输入源代码，并将编译代码输出到文件。另外，它们将错误输出到一个单独的输出流——没有相应的机制可以将诊断信息返回成结构化数据。建议您阅读 JSR 199 (http://jcp.org/en/jsr/detail?id=199)以了解更多信息。

为了解决该限制，Sun 公司将 Compiler API 集成到了 Java SE 6 的核心类库中。该 API 提供了以下功能：

- 以编程的方式访问编译器。

- 具有重写编译器读写源文件和类文件方式的能力。
- 访问结构化的诊断信息

2.2.1 访问编译器和其他工具

Compiler API 处于 javax.tools 包中，主要让程序可以调用不同的工具，首先就是编译器。该软件包包含 6 个类、11 个接口和 3 个枚举类型。javax.tools 的入口点是 ToolProvider 类，通过该类您可以访问默认的 Java 编译器：

```
JavaCompiler compiler = ToolProvider.getSystemJavaCompiler();
```

getSystemJavaCompiler()方法返回一个表示默认 Java 编译器的对象。如果没有可用的编译器(tools.jar 必须在 classpath 参数中设置)，该方法将返回 null。

该返回对象是由一个实现了 JavaCompiler 接口的类创建的。使用该接口，可以执行以下操作：

- 识别编译器所支持的 Java 语言版本。
- 确定编译器是否支持编译器选项。
- 利用特定的 I/O 流和参数运行编译器。
- 获取标准的文件管理器。
- 为一个编译任务创建一个 future 对象(java.util.concurrent.Future 对象用于存储异步计算的结果)。

识别编译器所支持的 Java 语言版本非常重要，因为某个 Java 编译器不能编译包含新的语言特性和新的/改进的 API 的源代码。为了确定编译器所支持的版本，需要调用从 JavaCompiler 接口通过继承得到的 Set<SourceVersion> getSourceVersions()方法。该方法返回 SourceVersion 枚举类型的某个 java.util.Set<E>常量。该常量的方法将提供期望的相关信息。

某些编译器选项(如：-g 将生成所有的调试信息)可以在通过程序运行编译器时指定。在指定某个选项之前，必需确定编译器是否支持该选项。通过调用从 JavaCompiler 接口继承得到的 int isSupportedOption(String option)方法可以完成该任务。如果编译器不支持选项，那么该方法将返回 – 1；如果编译器支持选项，那么该方法的返回值将表示该选项所需要的参数个数。代码清单 2-1 给出了 isSupportedOption()和 getSourceVersions()方法的示例。

代码清单 2-1   CompilerInfo.java

```
//CompilerInfo.java

import java.util.*;

import javax.lang.model.*;

import javax.tools.*;
```

```
public class CompilerInfo
{
  public static void main (String [] args)
  {
    if (args.length != 1)
    {
        System.err.println ("usage: java CompilerInfo option");
        return;
    }

    JavaCompiler compiler = ToolProvider.getSystemJavaCompiler ();
    if (compiler == null)
    {
        System.err.println ("compiler not available");
        return;
    }

    System.out.println ("Supported source versions:");
    Set<SourceVersion> srcVer = compiler.getSourceVersions ();
    for (SourceVersion sv: srcVer)
        System.out.println (" " + sv.name ());

    int nargs = compiler.isSupportedOption (args [0]);
    if (nargs == -1)
        System.out.println ("Option "+args [0]+" is not supported");
    else
        System.out.println ("Option "+args [0]+" takes "+nargs+
                            " arguments");
  }
}
```

编译 CompilerInfo.java(javac CompilerInfo.java)后，以-g 作为唯一命令行参数运行该应用程序(如在 java -g CompilerInfo 中)。这样，将看到如下的输出：

```
Supported source versions:
RELEASE_3
RELEASE_4
RELEASE_5
RELEASE_6
Option -g takes 0 arguments
```

运行编译器最简单的方法就是调用 JavaCompiler 接口继承得到的 int run(InputStream in, OutputStream out, OutputStream err, String... arguments)方法。该方法允许指定输入、输出、错误的 I/O 流(如果参数为 null，则直接引用 System.in，System.out 和 System.err)，以及将一个 String 的变量列表传递给编译器。运行成功，该方法返回 0；运行失败，则返回一个非零值。如果参数数组中有任何一个元素为 null 引用，那么该方法都将抛出一个 NullPointerException 异常。代码清单 2-2 给出了 run()方法的示例。

代码清单 2-2　CompileFiles1.java

```
//CompileFiles1.java

import javax.tools.*;

public class CompileFiles1
{
  public static void main (String [] args)
  {
    if (args.length == 0)
    {
        System.err.println ("usage: java CompileFiles1 srcFile [srcFile]+");
        return;
    }

    JavaCompiler compiler = ToolProvider.getSystemJavaCompiler ();
    if (compiler == null)
    {
        System.err.println ("compiler not available");
        return;
    }

    compiler.run (null, null, null, args);
  }
}
```

当执行 CompileFiles1 时，可以指定文件名，也可以以任意的顺序指定编译器选项。例如，java CompileFiles1 -g x.java y.java 将编译 x.java 和 y.java。此外，所有的调试信息都将产生，并存储在各自所产生的类文件中。

尽管 run()方法非常易于使用，但是该方法在自定义运行方法时则稍显不足。例如，当在源代码中发现一个问题时，不能指定一个监听程序以利用诊断信息进行调用。如果要实现更高级的自定义，则需要使用标准的(或其他的)文件管理器，以及针对每个编译任务使用一个 future 对象。

2.2.2　标准文件管理器

编译器工具和标准的文件管理器密切相关，文件管理器主要负责创建文件对象。文件对象是指那些实现了 JavaFileObject 接口的类的对象。这些文件对象表示常规文件、ZIP 文件中的条目或者是其他类型容器文件中的条目。调用 JavaCompiler 的如下方法将产生标准的文件管理器：

```
StandardJavaFileManager getStandardFileManager
  (DiagnosticListener<? super JavaFileObject>diagnosticListener,
   Locale locale, Charset charset)
```

其中：

- **diagnosticListener** 标识将接收非致命错误诊断信息的监听程序。该参数为 null 表示使用编译器默认的诊断报告机制。
- **locale** 指明了诊断信息进行格式化的场所。该参数为 null 表示默认场所。
- **charset** 标识对字节进行解码的字符集。该参数为 null 表示使用平台默认的字符集。

继续本节前面的例子，下面的代码选择默认的诊断监听器、场所以及字符集来获取编译器的标准文件管理器：

```
StandardJavaFileManager sjfm;
sjfm = compiler.getStandardFileManager (null, null, null);
```

2.2.3　编译任务 future

在获取标准的文件管理器后，可以调用 StandardJavaFileManager 的某个方法来获取 JavaFileObject 的 Iterable。每个 JavaFileObject 对象都抽象了一个文件，该文件可以是一个常规文件也可以不是。例如，假定 args 是一个命令行参数的数组，那么下面这个例子将为每个参数创建一个 JavaFileObject 对象，并通过 Iterable 返回这些对象：

```
Iterable<? extends JavaFileObject> fileObjects;
fileObjects = sjfm.getJavaFileObjects (args);
```

然后，该 Iterable 对象将作为一个参数传递给 JavaCompiler 的如下方法，以返回一个编译任务 future：

```
JavaCompiler.CompilationTask getTask
  (Writer out,
   JavaFileManager fileManager,
   DiagnosticListener<? super JavaFileObject> diagnosticListener,
   Iterable<String> options, Iterable<String> classes,
   Iterable<? Extends JavaFileObject> compilationUnits)
```

其中：

- **out** 标识一个 java.io.Writer 对象，额外的编译器输出将发送到该对象。该参数为 null 表示 System.err。
- **fileManager** 表示用于抽象文件的文件管理器。该参数为 null 表示标准文件管理器。
- **diagnosticListener** 表示一个用于接收诊断信息的监听器。该参数为 null 表示使用编译器默认的诊断报告机制。
- **options** 标识编译器选项。如果没有编译器选项，则该参数为 null。
- **classes** 标识注解处理的类名。如果没有注解处理类，则该参数为 null。

- **compilationUnits** 标识将编译的内容。该参数为 null 表示没有编译单元。如果这些编译单元中存在某个单元不是 JavaFileObject.Kind.SOURCE 中的一种，那么 getTask()方法将抛出一个 IllegalArgumentException 异常。

继续前面的例子，下面的例子将调用 getTask()方法返回一个编译器任务 future 对象，该对象最终将保留编译结果。调用该 future 对象的 call()方法以执行编译任务：

```
compiler.getTask (null, sjfm, null, null, null, fileObjects).call ();
```

该例子和前面的 run()方法的功能完全一样。为了提高该方法的作用，可以创建一个诊断监听器(一个实现了 DiagnosticListener<S>接口的类的对象)，并将该监听器传递给 getStandardFileManager()和 getTask()方法。这样，只要在编译期间发生任何问题，该监听器都将被调用以报告相应的问题。

2.2.4 诊断信息

可 以 创 建 更 方 便 的 DiagnosticCollector<S> 类 的 一 个 实 例，而 不 是 实 现 DiagnosticListener<S>接口。该类将所有的诊断信息收集为一个 Diagnostic<S> 的 java.util.List<E>。在下面的编译任务中，调用 DiagnosticCollector<S>类的 getDiagnostics() 方法将返回该列表。对于该列表中的每个 Diagnostic<S>，都可以调用不同的 Diagnostic<S>方法来输出诊断信息。该过程如代码清单 2-3 所示。

代码清单 2-3 CompileFiles2.java

```
//CompileFiles2.java

import javax.tools.*;

public class CompileFiles2
{
  public static void main (String [] args)
  {
    if (args.length == 0)
    {
        System.err.println ("usage: java CompileFiles2 srcFile [srcFile]+");
        return;
    }

    JavaCompiler compiler = ToolProvider.getSystemJavaCompiler ();
    if (compiler == null)
    {
        System.err.println ("compiler not available");
        return;
    }

    DiagnosticCollector<JavaFileObject> dc;
    dc = new DiagnosticCollector<JavaFileObject>();
```

```
    StandardJavaFileManager sjfm;
    sjfm = compiler.getStandardFileManager (dc, null, null);

    Iterable<? extends JavaFileObject> fileObjects;
    fileObjects = sjfm.getJavaFileObjects (args);

    compiler.getTask (null, sjfm, dc, null, null, fileObjects).call ();
    for (Diagnostic d: dc.getDiagnostics ())
    {
        System.out.println (d.getMessage (null));
        System.out.printf ("Line number = %d\n", d.getLineNumber ());
        System.out.printf ("File = %s\n", d.getSource ());
    }
  }
}
```

CompileFiles1 和 CompileFiles2 应用程序主要集中在编译存储在文件中的 Java 源代码。如果您想编译存储在一个 String 中的源代码，那么基于文件的编译将是无效的。

2.2.5 基于字符串的编译

尽管 JavaCompiler 的 JDK 文档给出一个 JavaSourceFromString 例子，演示如何通过定义一个 SimpleJavaFileObject(JavaFileObject 的一个实现)的子类来定义一个文件对象以表示基于字符串的源代码，但是该示例并未深入讨论如何真正地编译该字符串。相反，代码清单 2-4 展示了如何使用该类来将一个基于字符串的应用程序描述成 Compiler API。在编译之后，该应用程序的 Test 类将被加载，而且其 main()方法将被运行。

代码清单 2-4 CompileString.java

```
//CompileString.java

import java.lang.reflect.*;

import java.net.*;

import java.util.*;

import javax.tools.*;

public class CompileString
{
  public static void main (String [] args)
  {
    JavaCompiler compiler = ToolProvider.getSystemJavaCompiler ();
    if (compiler == null)
    {
        System.err.println ("compiler not available");
```

```
        return;
    }

    String program =
    "class Test"+
    "{"+
    "   public static void main (String [] args)"+
    "   {"+
    "       System.out.println (\"Hello, World\");"+
    "       System.out.println (args.length);"+
    "   }"+
    "}";

    Iterable<? extends JavaFileObject> fileObjects;
    fileObjects = getJavaSourceFromString (program);

    compiler.getTask (null, null, null, null, null, fileObjects).call ();

    try
    {
        Class<?> clazz = Class.forName ("Test");
        Method m = clazz.getMethod ("main", new Class [] { String
[].class });
        Object [] _args = new Object [] { new String [0] };
        m.invoke (null, _args);
    }
    catch (Exception e)
    {
        System.err.println ("unable to load and run Test");
    }
}

static Iterable<JavaSourceFromString> getJavaSourceFromString (String code)
{
  final JavaSourceFromString jsfs;
  jsfs = new JavaSourceFromString ("code", code);

  return new Iterable<JavaSourceFromString> ()
        {
            public Iterator<JavaSourceFromString> iterator ()
            {
              return new Iterator<JavaSourceFromString> ()
              {
                boolean isNext = true;

                public boolean hasNext ()
                {
                    return isNext;
                }
```

```java
            public JavaSourceFromString next ()
            {
              if (!isNext)
                  throw new NoSuchElementException ();

              isNext = false;

              return jsfs;
            }

            public void remove ()
            {
                throw new UnsupportedOperationException ();
            }
          };
        }
      };
    }
}

class JavaSourceFromString extends SimpleJavaFileObject
{
  final String code;

  JavaSourceFromString (String name, String code)
  {
    super (URI.create ("string:///"+name.replace ('.', '/')+
          Kind.SOURCE.extension), Kind.SOURCE);
    this.code = code;
  }

  public CharSequence getCharContent (boolean ignoreEncodingErrors)
  {
      return code;
  }
}
```

尽管上面已经展示了如何使用 Compiler API 来克服 "Java 源代码必须保存在文件中" 的限制，但是编译依赖于 tools.jar 的限制依然存在。幸运的是，该限制可以通过采用 Java SE 6 的 ServiceLoader API 以访问其他的编译器来克服。关于这一点，将在本章稍后的"扩展机制和 ServiceLoader API"一节中学习到。

2.3 I/O 类库的改进

小事往往影响很大。根据对 Bug 4050435 "Improved interactive console I/O (password prompting, line editing)"，以及 Bug 4057701 "Need way to find free disk space," 这两个 bug

进行评论的条数判断,很多开发人员都将对 Java SE 6 修补了这两个长期存在的 bug 而欢呼雀跃。第一个 bug 的修正可以让您安全地提示密码,而不需要将密码回送到控制台(或者其他地方)。第二个 bug 的修复则可以确定空闲磁盘空间的大小(以及其他功能)。另外,通过响应 Bug 6216563 "Need capability to manipulate more file access attributes in File class",Sun 公司还解决了针对 java.io.File 对象设置读、写、执行的许可问题。

注意

Java SE 6 也解决了 I/O 相关的 Bug 4403166 "File does not support long paths on Windows NT"。

2.3.1 控制台 I/O

假定正在编写一个在服务器上运行的基于控制台的应用程序。该应用程序需要提示用户输入用户名和密码以确认访问权限。显然,不希望密码回送到控制台。在 Java SE 6 以前的版本中,如果不采用 Java 本地接口(Java Native Interface,JNI),将无法完成该任务。java.awt.TextField 提供了 public void setEchoChar(char c)方法来完成该任务。但是该方法仅对基于 GUI 的应用程序有效。

针对这种需求,Java SE 6 给出了一个新的 java.io.Console 类。该类提供相应的方法访问基于字符的控制台元器件,但是这些方法只在这些元器件与当前 Java 虚拟机相对应的时候才有效。为了确定该元器件是否可用,需要调用 System 类的 public static Console console()方法:

```
Console console = System.console ();
if (console == null)
{
    System.err.println ("No console device is present");
    return;
}
```

如果有了一个控制台,那么该方法返回一个 Console 引用;否则,该方法返回 null。在验证该方法的确不是返回 null 后,可以使用该引用调用 Console 类的所有方法,如表 2-1 所示。

表 2-1 Console 类的方法

方 法	描 述
public void flush()	立刻将所有缓存的输出写到控制台
Public Console format(String fmt, Object... args)	将一个格式化的字符串写到控制台的输出流。该 Console 引用将被返回,因此可以进行链式方法调用(为了方便起见)。如果格式字符串中包含非法的语法,那么该方法将抛出一个 java.util.IllegalFormatException 异常

（续表）

方 法	描 述
Public Console printf(String format, Object... args)	该方法等同于 format()方法
Public Reader reader()	该方法返回与控制台相关的一个 java.io.Reader 对象，该 Reader 对象可以传递给一个 java.util.Scanner 构造函数以进行更高级的扫描/解析
Public String readLine()	从控制台的输入流中读取一行文本。该行文本(减去行结束字符)将返回到一个 String 对象。但是如果输入流已经结束，那么该方法将返回 null。如果在读取 I/O 时发生错误，那么该方法将抛出一个 java.io.IOError 错误
Public String readLine(String fmt, Object... args)	将一个格式化字符串写到控制台的输出流，然后再从它的输入流中读取一行文本。该行文本(减去行结束字符)将返回到一个 String 对象。但是如果输入流已经结束，那么该方法将返回 null。如果格式字符串中包含非法的语法，那么该方法将抛出一个 IllegalFormatException 异常。如果在读取 I/O 时发生错误，那么该方法将抛出一个 IOError 错误
Public char[] readPassword()	该方法从控制台的输入流中读取密码，但不将其回送到控制台。该密码(减去行结束字符)将返回到一个 char 数组。但是如果输入流已经结束，那么该方法将返回 null。如果在读取 I/O 时发生错误，那么该方法将抛出一个 IOError 错误
Public char[] readPassword(String fmt, Object... args)	将一个格式化字符串写到控制台的输出流，然后再从它的输入流中读取一个密码。该密码(减去行结束字符)将返回到一个 char 数组。但是如果输入流已经结束，那么该方法将返回 null。如果格式字符串中包含非法的语法，那么该方法将抛出一个 IllegalFormatException 异常。如果在读取 I/O 时发生错误，那么该方法将抛出一个 IOError 错误
Public PrintWriter writer()	返回与控制台相关的 java.io.PrintWriter

本章创建一个相应的应用程序，该应用程序调用 Console 方法以获取一个用户名和密码。代码清单 2-5 给出了该应用程序的源代码。

代码清单 2-5　Login.java

```
//Login.java

import java.io.*;
```

```
public class Login
{
  public static void main (String [] args)
  {
    Console console = System.console ();
    if (console == null)
    {
        System.err.println ("No console device is present");
        return;
    }

    try
    {
      String username = console.readLine ("Username:");
      char [] pwd = console.readPassword ("Password:");

      //利用用户名和密码进行一些有用的处理。
      //为了进行一定处理，本程序仅将这些值输出。

      System.out.println ("Username = " + username);
      System.out.println ("Password = " + new String (pwd));

      //为垃圾回收准备 username 字符串。更重要的是删除密码。

      username = "";
      for (int i = 0; i < pwd.length; i++)
          pwd [i] = 0;
    }
    catch (IOError ioe)
    {
        console.printf ("I/O problem: %s\n", ioe.getMessage ());
    }
  }
}
```

在获取用户名和密码，并(可能)对其进行一些有用的处理之后，出于安全的原因，将用户名和密码清除非常重要。最重要的是，您可能想通过将 char 数组清空来删除密码。

如果您使用过 C 语言，那么可能会注意到 Console 的 printf()方法和 C 的 printf()函数非常类似。这两个方法都以一个格式字符串作为输入参数以指定格式说明符(如%s)，在此参数之后是一个参数的变量列表(每个格式说明符对应一个参数)。想了解 printf()方法的格式说明符，可以查阅 java.util.Formatter 类的 JDK 文档。

2.3.2 获取磁盘空闲空间和其他分区空间的方法

获取磁盘上的空闲空间的大小，对于安装程序和其他程序来说非常重要。但是直到 Java SE 6 为止，能够完成该任务的唯一方便可行的方法就是通过创建不同大小的文件来猜测空闲空间的大小。Java SE 6 通过在 File 类中添加 3 个与分区空间相关的方法弥补了这一缺陷。表 2-2 描述了这些方法。

表 2-2 File 类的分区空间相关方法

方 法	描 述
public long getFreeSpace()	返回该 File 对象的抽象路径名所标识的分区中未分配空间的大小，以字节计。如果抽象路径名不是某分区的名称，那么该方法返回 0
public long getTotalSpace()	返回该 File 对象的抽象路径名所标识的分区的空间大小，以字节计。如果抽象路径名不是某分区的名称，那么该方法返回 0
public long getUsableSpace()	返回该 File 对象的抽象路径名所标识的分区中当前 JVM 可用的空间大小，以字节计。如果抽象路径名不是某分区的名称，那么该方法返回 0

尽管 getFreeSpace()方法和 getUsableSpace()方法似乎是一样的，但实际上它们之间存在以下差别：和 getFreeSpace()不同，getUsableSpace()方法检查空间的写许可标志和其他的平台限制，从而产生一个更精确的估计。

注意

getFreeSpace()和 getUsableSpace()方法返回的仅仅是一个关于 Java 程序可以使用全部(或者大部分)未分配的或可用空间的建议值(而不是一个保证)。这些值也只能是一个建议值，因为在 JVM 之外运行的程序也可能分配分区空间，从而导致实际的未分配空间和可用空间要比这些方法所返回的值要小。

代码清单 2-6 给出了一个应用程序的源代码，该应用程序演示这些方法的使用。在获取所有可用文件系统的根目录数组后，该应用程序获取并输出由该数组所标识的各个分区中的空闲空间、总空间以及可用空间。

代码清单 2-6 PartitionSpace.java

```java
//PartitionSpace.java

import java.io.*;

public class PartitionSpace
{
  public static void main (String [] args)
  {
    File [] roots = File.listRoots ();
    for (int i = 0; i < roots.length; i++)
    {
        System.out.println ("Partition: "+roots [i]);
        System.out.println ("Free space on this partition = "+
                            roots [i].getFreeSpace ());
```

```
        System.out.println ("Usable space on this partition = "+
                            roots [i].getUsableSpace ());
        System.out.println ("Total space on this partition = "+
                            roots [i].getTotalSpace ());
        System.out.println ("***");
    }
  }
}
```

在一个 Windows XP 机器上运行该应用程序，该机器的驱动器 D:中插入了一个只读的 DVD，而在驱动器 A:中则没有插入软盘。因此可以看到如下的输入结果：

```
Partition: A:\
Free space on this partition = 0
Usable space on this partition = 0
Total space on this partition = 0
***
Partition: C:\
Free space on this partition = 134556323840
Usable space on this partition = 134556323840
Total space on this partition = 160031014912
***
Partition: D:\
Free space on this partition = 0
Usable space on this partition = 0
Total space on this partition = 4490307584
```

2.3.3 文件访问许可方法

Java 1.2 在 File 类中添加了一个方法 public boolean setReadOnly()。该方法将一个文件或者是一个目录标记为只读。但是，没有添加相应的方法将该文件或者路径还原为可写的状态。更重要的是，直到 Java SE 6 为止，File 类都没有提供相应的方法来管理抽象路径名的读、写和执行许可情况。如表 2-3 所示，Java SE 6 在 File 类中添加 6 个新的方法来管理这些许可信息。

表 2-3 File 类访问许可相关方法

方　　法	描　　述
public boolean setExecutable (boolean executable, boolean ownerOnly)	为抽象路径名的拥有者(将 ownerOnly 设置为 true)或者所有人 (将 ownerOnly 设置为 false)启用(将 executable 参数设置为 true) 或者禁用(将 executable 设置为 false)该抽象路径名的执行许可标记。如果该文件系统不区分所有者和其他人，那么该许可将应用到所有人。如果操作成功，那么该方法将返回 true。如果用户不允许改变该抽象路径名的访问许可，或者 executable 为 false 而文件系统却并未实现执行许可，那么该方法将返回 false

(续表)

方　　法	描　　述
public boolean setExecutable (boolean executable)	该方法调用前一个方法为拥有者设定执行许可
public boolean setReadable(boolean readable, boolean ownerOnly)	为抽象路径名的拥有者(将 ownerOnly 设置为 true)或者所有人(将 ownerOnly 设置为 false)启用(将 readable 设置为 true)或者禁用(将 readable 设置为 false)该抽象路径名的读许可标记。如果该文件系统不区分拥有者和其他人，那么该许可将应用到所有人。如果操作成功，该方法将返回 true。如果用户不允许改变该抽象路径名的访问许可，或者 readable 设置为 false 而文件系统却并未实现读取许可，那么该方法将返回 false
public boolean setReadable(boolean readable)	该方法调用前一个方法为拥有者设定读许可
public boolean setWritable(boolean writable, boolean ownerOnly)	为抽象路径名的拥有者(将 ownerOnly 设置为 true)或者所有人(将 ownerOnly 设置为 false)启用(将 writable 设置为 true)或者禁用(将 writable 设置为 false)该抽象路径名的写许可标记。如果该文件系统不区分拥有者和其他人，那么该许可将应用到所有人。如果操作成功，该方法将返回 true。如果用户不允许改变该抽象路径名的访问许可，那么该方法将返回 false
public boolean setWritable(boolean writable)	该方法调用前一个方法为拥有者设定写许可

除了这些方法以外，Java SE 6 还更新 File 类的 public boolean canRead()方法和 public boolean canWrite()方法，并引入 public boolean canExecute()方法以返回抽象路径的访问许可。如果由抽象路径名表示的文件系统对象确实存在而且相应的许可确实有效，那么这些方法将返回 true。例如，如果抽象路径名存在且应用程序可以写文件，那么 canWrite()返回 true。

注意
如果有安全管理器，且它拒绝对抽象路径名所表示的文件系统对象的访问，那么 canRead()、canWrite()、canExecute()以及表 2-3 中列出的所有方法都将抛出一个 SecurityException 异常。

canRead()、canWrite()以及 canExecute()方法可以用来实现一个简单的实用程序，该实用程序可以标识任意的文件系统对象赋予了哪些许可。该实用程序的源代码如代码清单 2-7 所示。

代码清单 2-7　Permissions.java

```java
//Permissions.java

import java.io.*;

public class Permissions
{
  public static void main (String [] args)
  {
    if (args.length != 1)
    {
        System.err.println ("usage: java Permissions filespec");
        return;
    }

    File file = new File (args [0]);

    System.out.println ("Checking permissions for "+args [0]);
    System.out.println (" Execute = "+file.canExecute ());
    System.out.println (" Read = "+file.canRead ());
    System.out.println (" Write = "+file.canWrite ());
  }
}
```

假定存在一个名为 x 的文件(在当前目录下)，该文件仅仅是可读的和可执行的，那么 java Permissions x 将产生如下的输出信息：

```
Checking permissions for x
  Execute = true
  Read = true
  Write = false
```

2.4　数学计算类库的改进

Java SE 6 在两个主要的方面改进了 java.math.BigDecimal：

● 修补一些 bug：如 Bug 6337226 "BigDecimal.divideToIntegralValue(BigDecimal, MathContext) does not behave to spec"。

● 实施优化，例如缓存第一个 toString()的结果，并将缓存的值返回给以后对 toString 方法的调用。

Java SE 6 也引入了新的 Math 和 StrictMath 方法以支持 IEEE 754/854 推荐的功能，如表 2-4 所示。

表 2-4　新的 Math 和 StrictMath 方法

方　　法	描　　述
public static double copySign(double magnitude, double sign)	将第二个双精度浮点型参数的符号复制给第一个双精度浮点型参数，然后返回第一个双精度浮点型参数
public static float copySign(float magnitude, float sign)	将第二个浮点型参数的符号复制给第一个浮点型参数，然后返回第一个单精度浮点型参数
public static int getExponent(double d)	返回该双精度浮点型参数的精确指数表示
public static int getExponent(float f)	返回该浮点型参数的精确指数表示
public static double nextAfter(double start, double direction)	返回第一个参数在第二个参数所表示的方向上临近的双精度浮点型数字
public static float nextAfter(float start, double direction)	返回第一个参数在第二个参数所表示的方向上临近的浮点型数字
public static double nextUp(double d)	返回第一个参数在正无穷大方向上临近的双精度浮点型数字
public static float nextUp(float f)	返回第一个参数在正无穷大方向上临近的浮点型数字
public static double scalb(double d, int scaleFactor)	返回第一个参数乘以 2 的第二个参数次幂的结果。该结果限定在双精度值范围以内
public static float scalb(float f, int scaleFactor)	返回第一个参数乘以 2 的第二个参数次幂的结果。该结果限定在浮点型数据的范围以内

getExponent()方法和 IEEE 754/854 的 logb 函数系列相类似。同样，nextUp()在语义上等价于 nextAfter(d, Double.POSITIVE_INFINITY)，但是可能运行得更快。

2.5　新改进的集合框架

Java SE 6 大大增强了集合框架。除了在多个地方修补了框架的 JDK 文档和源代码外，Java SE 6 还引入了多个新的接口、类以及实用方法。

2.5.1　更多集合接口和类

java.util 包所提供的接口和类形成了整个集合的框架。在此介绍的面向集合的接口和类同样也支持本章稍后在"新改进的并行框架"一节中介绍的并行。表 2-5 描述了在该包中 Java SE 6 新集成的 6 个接口和类。

表 2-5　java.util 包中新的接口和类

接口/类	描　　述
Deque\<E>	一个描述双端队列(double-ended queue)的接口。双端队列是一个可以在两端执行插入和删除元素操作的线性集合
NavigableMap\<K, V>	一个描述具有导航方法的接口，该接口扩展 SortedMap\<K, V>接口。其导航方法将返回特定搜索目标最近似匹配的结果
NavigableSet\<E>	一个描述具有导航方法的接口，该接口扩展 SortedSet\<E>接口。其导航方法将返回特定搜索目标最近似匹配的结果
AbstractMap.SimpleEntry\<K, V>	一个实现可变 Map.Entry\<K,V>的类,该类维护键和值
AbstractMap.SimpleImmutableEntry\<K, V>	一个实现不变 Map.Entry\<K,V>的类,该类维护键和值
ArrayDeque\<E>	一个将 Deque\<E>实现为一个大小可变数组的类。它允许在数组两端实施高速的元素插入和删除，因此它可以是堆栈或者队列使用的另外一个选择

在源代码中引入堆栈数据结构，Deque\<E>接口和 ArrayDeque\<E>接口的实现类比传统的 java.util.Stack\<E>类更好。事实上，这种优越性的一个原因是 Stack\<E>实现为一个 java.util.Vector\<E>。该实现使它更容易访问违反堆栈完整性的 Vector\<E>方法，如 public void add(int index, E element)。为了将一个双端队列用作一个堆栈，Deque\<E>提供 void addFirst(E e)、E removeFirst()和 E peekFirst()方法。这些方法对应 Stack\<E>类的 E push(E item)、E pop()和 E peek()方法。

利用堆栈的一个典型应用程序就是后缀表达式的计算。后缀表达式的计算需要在操作符之前指定一个算子的操作数。例如，10.5 30.2 +是一个后缀表达式，该表达将 10.5 和 30.2 进行求和。后缀表达式计算应用程序的源代码使用代码清单 2-8 中所示的 Deque\<E> 和 ArrayDeque\<E>作为其堆栈。

代码清单 2-8　PostfixCalc.java

```java
//PostfixCalc.java

import java.io.*;

import java.util.*;

public class PostfixCalc
{
  public static void main (String [] args) throws IOError
  {
```

```java
Console console = System.console ();
if (console == null)
{
    System.err.println ("unable to obtain console");
    return;
}

console.printf ("Postfix expression Calculator\n\n");
console.printf ("Valid operators: + - * /\n");
console.printf ("Valid commands: c/C (clear stack), "+
                "t/t (view stack top)\n\n");

Deque<Double> stack = new ArrayDeque<Double> ();

loop:
while (true)
{
  String line = console.readLine (">").trim ();

  switch (line.charAt (0))
  {
    case 'Q':
    case 'q': break loop;

    case 'C':
    case 'c': while (stack.peekFirst () != null)
                 stack.removeFirst ();
              break;

    case 'T':
    case 't': console.printf ("%f\n", stack.peekFirst ());
              break;

    case '+': if (stack.size () < 2)
              {
                  console.printf ("missing operand\n");
                  break;
              }

              double op2 = stack.removeFirst ();
              double op1 = stack.removeFirst ();
              double res = op1+op2;
              console.printf ("%f+%f=%f\n", op1, op2, res);
              stack.addFirst (res);
              break;

      case '-': if (stack.size () < 2)
                {
                    console.printf ("missing operand\n");
```

```
                break;
            }

            op2 = stack.removeFirst ();
            op1 = stack.removeFirst ();
            res = op1-op2;
            console.printf ("%f-%f=%f\n", op1, op2, res);
            stack.addFirst (res);
            break;

case '*': if (stack.size () < 2)
            {
                console.printf ("missing operand\n");
                break;
            }

            op2 = stack.removeFirst ();
            op1 = stack.removeFirst ();
            res = op1*op2;
            console.printf ("%f*%f=%f\n", op1, op2, res);
            stack.addFirst (res);
            break;

case '/': if (stack.size () < 2)
            {
                console.printf ("missing operand\n");
                break;
            }

            op2 = stack.removeFirst ();
            op1 = stack.removeFirst ();
            res = op1/op2;
            console.printf ("%f/%f=%f\n", op1, op2, res);
            stack.addFirst (res);
            break;

default : try
            {
                stack.addFirst (Double.parseDouble (line));
            }
            catch (NumberFormatException nfe)
            {
                console.printf ("double value expected\n");
            }
        }
    }
  }
}
```

当运行该应用程序时，程序将提示输入一行参数。输入一个操作符(+、－、*或/)、一个数字操作数或者是一个命令(c/C、t/T、或 q/Q)，但是仅仅需要输入其中的一项。在输入一个操作符之前，记住，至少需要在堆栈中有两个操作数。如下例所示：

```
>10
>20
>+
10.000000+20.000000=30.000000
>q
```

注意

LinkedList<E>类已经修改以实现 Deque<E>。

NavigableMap<K, V>和 NavigableSet<E>接口提供相应的方法来分别返回一个基于键值范围的映射视图和一个基于条目范围的集合视图。例如，因为 TreeMap<K, V>和 TreeSet<E>类已经修改以实现这些接口，所以如下的 TreeMap<K, V>方法返回一个基于 TreeMap<K, V>的视图，该视图表示一个映射键值的范围：

```
public NavigableMap<K,V> subMap(K fromKey, boolean fromInclusive,
                                K toKey, boolean toInclusive)
```

而如下的 TreeSet<E>方法则返回一个基于 TreeMap<E>的视图，以表示集合条目的范围：

```
public NavigableSet<E> subSet(E fromElement, boolean fromInclusive,
                              E toElement, boolean toInclusive)
```

代码清单 2-9 给出了源代码以演示 subMap()以及两个新的 TreeMap<K, V>方法在一个产品数据库应用程序中的使用：

- SortedMap<K,V> headMap(K toKey)，该方法返回一个映射视图，返回结果中的关键字比 toKey 小
- SortedMap<K,V> tailMap(K fromKey)，该方法也返回一个映射视图，但其关键字大于等于 fromKey

代码清单 2-9　ProductDB.java

```
//ProductDB.java

import java.util.*;
import java.util.Map;

public class ProductDB
{
  public static void build (Map<Integer, Product> map)
  {
    map.put (1000, new Product ("DVD player", 350));
    map.put (1011, new Product ("10 kilo bag of potatoes", 15.75));
```

```
    map.put (1102, new Product ("Magazine", 8.50));
    map.put (2023, new Product ("Automobile", 18500));
    map.put (2034, new Product ("Towel", 9.99));
  }
  public static void main(String[] args)
  {
    TreeMap<Integer, Product> db = new TreeMap<Integer, Product> ();
    build (db);

    System.out.println ("Database view of products ranging from 1000-1999");
    System.out.println (db.subMap (1000, 1999)+"\n");

    System.out.println ("Database view of products >= 1011");
    System.out.println (db.tailMap (1011)+"\n");

    System.out.println ("Database view of products < 2023");
    System.out.println (db.headMap (2023));
  }
}

class Product
{
  String desc;
  double price;

  Product (String desc, double price)
  {
      this.desc = desc;
      this.price = price;
  }

  public String toString ()
  {
      return "Description="+desc+", Price="+price;
  }
}
```

当运行该应用程序时，将得到以下结果：

- db.subMap (1000, 1999)返回了一个视图，该视图中产品的关键字是 1000、1011 和 1102。

- db.tailMap (1011)返回一个视图，该视图中产品的关键字为 1011、1102、2023 和 2034。

- db.headMap (2023) 返回一个视图，该视图中产品的关键字为 1000、1011 和 1102。

注意

请查阅 Java Boutique 的 "SortedSet and SortedMap Made Easier with Two New Mustang Interfaces" 文章 (http://javaboutique.internet.com/tutorials/mustang/index.html) 以 获 取

NavigableMap<K,V>和 NavigableSet<E>方法的完整信息。

2.5.2 其他实用方法

集合框架包括 java.util.Collections 和 java.util.Arrays 两个实用类。前一个类为集合提供实用的方法，而后一个类则为数组提供实用的方法。表 2-6 描述了在 Collection 中新添加的两个方法。

表 2-6 新的集合方法

方 法	描 述
public static <T> Queue<T> asLifoQueue(Deque<T> deque)	返回 Deque<E>的一个后入先出(LIFO)的 Queue<E>视图。和文档描述相反，Queue<E>的 boolean add(E e)方法映射到 Deque<E>的 void addFirst(E e)方法，而 Queue<E>的 E remove()方法则映射到 Deque<E>的 E removeFirst()方法
public static <E> Set<E> newSetFromMap(Map<E,Boolean> map)	返回一个基于 Map<K, V>的 Set<E>。该 Map<K, V>的顺序、性能以及并行特性都将直接反映在 Set<E>上。当该方法被调用时，如果 Map<K,V>为非空，那么该方法将抛出一个 IllegalArgumentException 异常

从 asLifoQueue()方法返回的视图在某些情况下非常有用。如需要调用一个以 Queue<E>为输入的方法，但同时又需要实现 LIFO 的顺序。另外，newSetFromMap()创建 Set<E>实现将更加方便，因为这些 Map<K, V>实现没有对应的 Set<E>实现。例如，集合框架包括 WeakHashMap<K,V>，但是该框架不包含 WeakHashSet<E>。

同样，Arrays 类也扩展了 binarySearch()、copyOf()和 copyOfRange()实用方法的多个重载版本。表 2-7 描述了各个重载的方法。

表 2-7 新的数组方法

方 法	描 述
public static int binarySearch(byte[] a, int fromIndex, int toIndex, byte key)	使用二分搜索算法在字节整型数组 a 的 fromIndex(包含)到 toIndex(不包含)之间搜索 key。如果找到该关键字，返回相应的位置；如果没有找到该关键字，则返回一个负值。为了执行该调用，整个查询范围应该事先排好序。如果 fromIndex 大于 toIndex，那么该方法将抛出一个 IllegalArgumentException 异常。如果 fromIndex 小于零或者是 toIndex 大于 a 的长度，那么该方法将抛出一个 ArrayIndexOutOfBoundsException 异常

(续表)

方　　法	描　　述
public static int binarySearch(char[] a, int fromIndex, int toIndex, char key)	使用二分搜索算法在字符型数组 a 的 fromIndex(包含)到 toIndex(不包含)之间搜索 key。如果找到该关键字，则返回相应的位置，如果没有找到该关键字，则返回一个负值。为了执行该调用，整个查询范围应该事先排好序。如果 fromIndex 大于 toIndex，那么该方法将抛出一个 IllegalArgumentException 异常。如果 fromIndex 小于零或者是 toIndex 大于 a 的长度，那么该方法将抛出一个 ArrayIndexOutOfBoundsException 异常
public static int binarySearch(double[] a, int fromIndex, int toIndex, double key)	使用二分搜索算法在双精度浮点型数组 a 的 fromIndex(包含)到 toIndex(不包含)之间搜索 key。如果找到该关键字，返回相应的位置，如果没有找到该关键字则返回一个负值。为了执行该调用，整个查询范围应该事先排好序。如果 fromIndex 大于 toIndex，那么该方法将抛出一个 IllegalArgumentException 异常。如果 fromIndex 小于零或者是 toIndex 大于 a 的长度，那么该方法将抛出一个 ArrayIndexOutOfBoundsException 异常
public static int binarySearch(float[] a, int fromIndex, int toIndex, float key)	使用二分搜索算法在浮点型数组 a 的 fromIndex(包含)到 toIndex(不包含)之间搜索 key。如果找到该关键字，返回相应的位置，如果没有找到该关键字则返回一个负值。为了执行该调用，整个查询范围应该事先排好序。如果 fromIndex 大于 toIndex，那么该方法将抛出一个 IllegalArgumentException 异常。如果 fromIndex 小于零或者是 toIndex 大于 a 的长度，那么该方法将抛出一个 ArrayIndexOutOfBoundsException 异常
public static int binarySearch(int[] a, int fromIndex, int toIndex, int key)	使用二分搜索算法在整型数组 a 的 fromIndex(包含)到 toIndex(不包含)之间搜索 key。如果找到该关键字，返回相应的位置，如果没有找到该关键字则返回一个负值。为了执行该调用，整个查询范围应该事先排好序。如果 fromIndex 大于 toIndex，那么该方法将抛出一个 IllegalArgumentException 异常。如果 fromIndex 小于零或者是 toIndex 大于 a 的长度，那么该方法将抛出一个 ArrayIndexOutOfBoundsException 异常

方　　法	描　　述
public static int binarySearch(long[] a, int fromIndex, int toIndex, long key)	使用二分搜索算法在长整型数组 a 的 fromIndex(包含)到 toIndex(不包含)之间搜索 key。如果找到该关键字，返回相应的位置，如果没有找到该关键字则返回一个负值。为了执行该调用，整个查询范围应该事先排好序。如果 fromIndex 大于 toIndex，那么该方法将抛出一个 IllegalArgumentException 异常。如果 fromIndex 小于零或者是 toIndex 大于 a 的长度，那么该方法将抛出一个 ArrayIndexOutOfBoundsException 异常
public static int binarySearch(Object[] a, int fromIndex, int toIndex, Object key)	使用二分搜索算法在 Object 型数组 a 的 fromIndex(包含)到 toIndex(不包含)之间搜索 key。如果找到该关键字，返回相应的位置，如果没有找到该关键字则返回一个负值。为了执行该调用，整个查询范围应该事先排好序。如果 fromIndex 大于 toIndex，那么该方法将抛出一个 IllegalArgumentException 异常。如果 fromIndex 小于零或者是 toIndex 大于 a 的长度，那么该方法将抛出一个 ArrayIndexOutOfBoundsException 异常
public static int binarySearch(short[] a, int fromIndex, int toIndex, short key)	使用二分搜索算法在短整型数组 a 的 fromIndex(包含)到 toIndex(不包含)之间搜索 key。如果找到该关键字，返回相应的位置，如果没有找到该关键字则返回一个负值。为了执行该调用，整个查询范围应该事先排好序。如果 fromIndex 大于 toIndex，那么该方法将抛出一个 IllegalArgumentException 异常。如果 fromIndex 小于零或者是 toIndex 大于 a 的长度，那么该方法将抛出一个 ArrayIndexOutOfBoundsException 异常
public static \<T> int binarySearch(T[] a, int fromIndex, int toIndex, T key, Comparator\<? super T> c)	使用二分搜索算法在 type 型数组 a 的 fromIndex(包含)到 toIndex(不包含)之间搜索 key。如果找到该关键字，返回相应的位置，如果没有找到该关键字则返回一个负值。为了执行该调用，整个查询范围应该事先根据指定的比较符进行降序排列。如果 fromIndex 大于 toIndex，那么该方法将抛出一个 IllegalArgumentException 异常。如果 fromIndex 小于零或者是 toIndex 大于 a 的长度，那么该方法将抛出一个 ArrayIndexOutOfBoundsException 异常。如果包含元素的范围使用指定的比较符是无法互相比较的(或者要搜索的关键字和范围内的元素之间使用该比较符无法比较)，那么该方法将抛出 ClassCastException 异常

(续表)

方　　法	描　　述
public static boolean[] copyOf(boolean[] original, int newLength)	创建并返回 Boolean 数组 original 的一个副本。该副本进行了删节或者用表示 false 的零进行了填补，因此它精确地具有 newLength 个元素。如果 newLength 是一个负数，那么该方法将抛出一个 NegativeArraySizeException 异常。如果 original 为 null，那么该方法将抛出一个 NullPointerException 异常
public static byte[] copyOf(byte[] original, int newLength)	创建并返回字节整型数组 original 的一个副本。该副本进行了删节或者用零进行了填补，因此它精确地具有 newLength 个元素。如果 newLength 是一个负数，那么该方法将抛出一个 NegativeArraySizeException 异常。如果 original 为 null，那么该方法将抛出一个 NullPointerException 异常
public static char[] copyOf(char[] original, int newLength)	创建并返回字符型数组 original 的一个副本。该副本进行了删节或者用零进行了填补，因此它精确地具有 newLength 个元素。如果 newLength 是一个负数，那么该方法将抛出一个 NegativeArraySizeException 异常。如果 original 为 null，那么该方法将抛出一个 NullPointerException 异常
public static double[] copyOf(double[] original, int newLength)	创建并返回双精度浮点型数组 original 的一个副本。该副本进行了删节或者用零进行了填补，因此它具有精确的 newLength 个元素。如果 newLength 是一个负数，那么该方法将抛出一个 NegativeArraySizeException 异常。如果 original 为 null，那么该方法将抛出一个 NullPointerException 异常
public static float[] copyOf(float[] original, int newLength)	创建并返回浮点型数组 original 的一个副本。该副本进行了删节或者用零进行了填补，因此它具有精确的 newLength 个元素。如果 newLength 是一个负数，那么该方法将抛出一个 NegativeArraySizeException 异常。如果 original 为 null，那么该方法将抛出一个 NullPointerException 异常
public static int[] copyOf(int[] original, int newLength)	创建并返回整型数组 original 的一个副本。该副本进行了删节或者用零进行了填补，因此它具有精确的 newLength 个元素。如果 newLength 是一个负数，那么该方法将抛出一个 NegativeArraySizeException 异常。如果 original 为 null，那么该方法将抛出一个 NullPointerException 异常

(续表)

方　　法	描　　述
public static long[] copyOf(long[] original, int newLength)	创建并返回长整型数组 original 的一个副本。该副本进行了删节或者用零进行了填补，因此它具有精确的 newLength 个元素。如果 newLength 是一个负数，那么该方法将抛出一个 NegativeArraySizeException 异常。如果 original 为 null，那么该方法将抛出一个 NullPointerException 异常
public static short[] copyOf(short[] original, int newLength)	创建并返回短整型数组 original 的一个副本。该副本进行了删节或者用零进行了填补，因此它具有精确的 newLength 个元素。如果 newLength 是一个负数，那么该方法将抛出一个 NegativeArraySizeException 异常。如果 original 为 null，那么该方法将抛出一个 NullPointerException 异常
public static <T> T[] copyOf(T[] original, int newLength)	创建并返回 type 型数组 original 的一个副本。该副本进行了删节或者用表示空引用的零进行了填补，因此它具有精确的 newLength 元素。如果 newLength 是一个负数，那么该方法将抛出一个 NegativeArraySizeException 异常。如果 original 为 null，那么该方法将抛出一个 NullPointerException 异常
public static <T,U>　T[] copyOf(U[] original, int newLength, Class<? extends T[]> newType)	创建并返回 type 型数组 original 的一个副本。该副本的 type 类型由 newType 类型给定。该副本被进行了删节或者用表示空指针的零进行了填补，因此它具有精确的 newLength 个元素。如果 newLength 是一个负数，那么该方法将抛出一个 NegativeArraySizeException 异常。如果 original 为 null，那么该方法将抛出一个 NullPointerException 异常。如果在原始数组中的元素和新的数组中的元素存在不兼容的类型冲突，该方法将抛出一个 ArrayStoreException 异常
public static boolean[] copyOfRange(boolean[] original, int from, int to)	创建并返回 Boolean 型数组 original 中从索引 from(包含)到索引 to(不包含)之间元素的一个副本。如果 from 小于零或者大于或等于 original 的长度，那么方法将抛出一个 ArrayIndexOutOfBoundsException 异常；如果 from 大于 to，那么该方法将抛出一个 IllegalArgumentException 异常；如果 original 为 null，那么该方法将抛出一个 NullPointerException 异常

(续表)

方　　法	描　　述
public static byte[] copyOfRange(byte[] original, int from, int to)	创建并返回字节整型数组 original 中从索引 from(包含)到索引 to(不包含)之间元素的一个副本。如果 from 小于零或者大于或等于 original 的长度，那么该方法将抛出一个 ArrayIndexOutOfBoundsException 异常；如果 from 大于 to，那么该方法将抛出一个 IllegalArgumentException 异常；如果 original 为 null，那么方法将抛出一个 NullPointerException 异常
public static char[] copyOfRange(char[] original, int from, int to)	创建并返回字符型数组 original 中从索引 from(包含)到索引 to(不包含)之间元素的一个副本。如果 from 小于零或者大于或等于 original 的长度，那么该方法将抛出一个 ArrayIndexOutOfBoundsException 异常；如果 from 大于 to，那么该方法将抛出一个 IllegalArgumentException 异常；如果 original 为 null，那么该方法将抛出一个 NullPointerException 异常
public static double[] copyOfRange (double[] original, int from, int to)	创建并返回双精度浮点型数组 original 中从索引 from(包含)到索引 to(不包含)之间元素的一个副本。如果 from 小于零或者大于等于 original 的长度，那么该方法将抛出一个 ArrayIndexOutOfBoundsException 异常；如果 from 大于 to，那么该方法将抛出一个 IllegalArgumentException 异常；如果 original 为 null，那么该方法将抛出一个 NullPointerException 异常
public static float[] copyOfRange(float[] original, int from, int to)	创建并返回浮点型数组 original 中从索引 from(包含)到索引 to(不包含)之间元素的一个副本。如果 from 小于零或者大于等于 original 的长度，那么该方法将抛出一个 ArrayIndexOutOfBoundsException 异常；如果 from 大于 to，那么该方法将抛出一个 IllegalArgumentException 异常；如果 original 为 null，那么该方法将抛出一个 NullPointerException 异常
public static int[] copyOfRange(int[] original, int from, int to)	创建并返回整型数组 original 中从索引 from(包含)到索引 to(不包含)之间元素的一个副本。如果 from 小于零或者大于等于 original 的长度，那么该方法将抛出一个 ArrayIndexOutOfBoundsException 异常；如果 from 大于 to，那么该方法将抛出一个 IllegalArgumentException 异常；如果 original 为 null，那么该方法将抛出一个 NullPointerException 异常

(续表)

方　法	描　述
public static long[] copyOfRange(long[] original, int from, int to)	创建并返回长整型数组 original 中从索引 from(包含)到索引 to(不包含)之间元素的一个副本。如果 from 小于零或者大于等于 original 的长度，那么该方法将抛出一个 ArrayIndexOutOfBoundsException 异常；如果 from 大于 to，那么该方法将抛出一个 IllegalArgumentException 异常；如果 original 为 null，那么该方法将抛出一个 NullPointerException 异常
public static short[] copyOfRange(short[] original, int from, int to)	创建并返回短整型数组 original 中从索引 from(包含)到索引 to(不包含)之间元素的一个副本。如果 from 小于零或者大于等于 original 的长度，那么该方法将抛出一个 ArrayIndexOutOfBoundsException 异常；如果 from 大于 to，那么该方法将抛出一个 IllegalArgumentException 异常；如果 original 为 null，那么该方法将抛出一个 NullPointerException 异常
public static \<T\> T[] copyOfRange(T[] original, int from, int to)	创建并返回 type 型数组 original 中从索引 from(包含)到索引 to(不包含)之间元素的一个副本。如果 from 小于零或者大于等于 original 的长度，那么该方法将抛出一个 ArrayIndexOutOfBoundsException 异常；如果 from 大于 to，那么方法将抛出一个 IllegalArgumentException 异常；如果 original 为 null，那么该方法将抛出一个 NullPointerException 异常
public static \<T,U\> T[] copyOfRange(U[] original, int from, int to, Class\<?extends T[]\> newType)	创建并返回数组 original 中从索引 from(包含)到索引 to(不包含)之间元素的一个副本，并使得副本的类型为 newType。如果 from 小于零或者大于等于 original 的长度，那么该方法将抛出一个 ArrayIndexOutOfBoundsException 异常；如果 from 大于 to，那么该方法将抛出一个 IllegalArgumentException 异常；如果 original 为 null，那么该方法将抛出一个 NullPointerException 异常；如果类型转换时存在类型冲突，那么该该方法将抛出 ArrayStoreException 异常

　　出于性能原因，Arrays 类包含了大量 Java SE 6 以前的 sort()方法来对部分数组进行排序。Java SE 6 中新的 binarySearch()方法和这些排序方法相结合，使得对部分数组进行搜索成为了可能。因此，可以慢慢地往数组中填入数据，且只对填入数据的部分进行排

序并搜索，而不需要首先将这一部分复制到一个新的数组中(这一操作在内存使用和性能实现上都有影响，尤其是在垃圾回收的性能影响上更为明显)。

Collection<E>接口的<T> T[] toArray(T[] a)方法可以灵活地将一个集合复制到一个数组。返回数组的类型和数组参数的类型一致。同样，如果该参数的大小小于集合的大小，那么将采用反射机制动态创建一个具有合适大小的数组。Java SE 6 中新的 copyOf()和 copyOfRange()方法实现将部分或全部数组复制到另外一个数组的功能。

注意

想深入了解 toArray()、copyOf()以及 copyOfRange()，请阅读 R. J. Lorimer 的 "Java 6: Copying Typed Arrays" 教程(http://www.javalobby.org/java/forums/t87043.html)。

2.6 新改进的并行框架

并行框架是在 Java 5 中首次引入，它为并行编程提供高层支持。Java SE 6 通过改进现有的基础设施和在该框架集成新的接口和类来增强该支持。

2.6.1 更多并行接口和类

java.util.concurrent 包提供实用的接口、类以及枚举类型以实行并行的执行、同步，以及其他高层的并行构造元素。Java SE 6 在该包中集成 7 个新的接口和类，如表 2-8 所示。

表 2-8 java.util.concurrent 中新的接口和类

接口/类	描 述
BlockingDeque<E>	该接口描述一个能够阻塞操作的 Deque<E>。阻塞是指在检索元素时，操作需要等到双端队列变为非空时才能执行；在元素存储时，操作需要等到双端队列变为非满时才能执行
ConcurrentNavigableMap<K, V>	该接口扩展 ConcurrentMap<K,V>和 NavigableMap<K, V>
RunnableFuture<V>	该接口扩展 Future<V>和 Runnable。如果 run()方法成功执行，那么 Future<V>完成
RunnableScheduledFuture<V>	该接口扩展 RunnableFuture<V>和 ScheduledFuture<V>
ConcurrentSkipListMap<K, V>	该类实现 ConcurrentNavigableMap<K, V>接口，并提供一个 skip list 数据结构的并行变量
ConcurrentSkipListSet<E>	该类实现 NavigableSet<E>接口，并提供了一个 skip list 数据结构的并行变量
LinkedBlockingDeque<E>	该类通过链接节点实现一个任意有界的 BlockingDeque<E>

注意

想了解更多关于 skip list 的信息，请查看 Wikipedia 中的 Skip list 条目
(http://en.wikipedia.org/wiki/Skip_list)。

BlockingDeque<E>接口和它的 LinkedBlockingDeque<E>实现类通过支持 LIFO 阻塞
队列，从而补充对 Java 5 中引入的 BlockingQueue<E>接口和 LinkedBlockingQueue<E>
类。该 LIFO 行为在并行环境下非常有用，因为这些环境需要一个堆栈数据结构。

结合 Future<V>和 Runnable 功能的 RunnableFuture<V>接口有助于创建类似于
FutureTask<V>的自定义任务类，以表示可取消的异步计算。尽管可以创建 FutureTask<V>
的子类，但是由于 FutureTask<V> 并不是为了扩展而设计，因此任何有用的自定义几乎
是不可用的。实现 RunnableFuture<V>接口的 javax.swing.SwingWorker<T, V>类是自定义
任务类的一个很好的例子。第 4 章将学习该类。

AbstractExecutorService 类提供 ExecutorService 接口执行方法的默认实现。由于该类
不再将这些方法和 FutureTask<V>进行硬绑定，因此可以很容易地将这些方法和自定义
任务类进行绑定。通过重写 AbstractExecutorService 类中如下两个新方法中的一个或两个
就可以完成绑定目的：

```
protected <T> RunnableFuture<T> newTaskFor(Callable<T> callable)
protected <T> RunnableFuture<T> newTaskFor(Runnable runnable, T value)
```

在某个直接或间接继承自 AbstractExecutorService 的自定义执行器类中重写该方法，
可以返回自定义任务类的一个实例。但是自定义任务类必须实现 RunnableFuture<V>。
AbstractExecutorService 的 JDK 文档提供一个这方面的例子。

2.6.2　独占同步器和排队长整型同步器

java.util.concurrent.locks 包提供相应的接口和类为锁和等待条件创建一个框架。如表
2-9 所示，Java SE 6 在该包中集成两个新的类。

表 2-9　java.util.concurrent.locks 中新的类

类	描　　述
AbstractOwnableSynchronizer	描述可由一个单独线程排他占有的一个同步器。它提供相应的基础以创建锁和支持线程独占的同步器
AbstractQueuedLongSynchronizer	描述一个扩展 AbstractQueuedSynchronizer 的同步器，该同步器通过一个 64 位的长整数来维护其同步状态，而不像 AbstractQueuedSynchronizer 采用 32 位的整数

对于所有应用程序，特别是长时间运行关键任务应用程序而言，检测和恢复死锁的
线程是非常重要的。Java 5 的 java.lang.management.ThreadMXBean 接口提供一个
findMonitorDeadlockedThreads()方法，该方法的目的是在线程等待获取对象监控器时发现

死锁线程的周期数。由于该方法限制在 Object.wait() 层次上发现这些周期数，因此它不能发现来源于高层同步器的的周期数，如信号量以及倒计数锁。

Java SE 6 通过提供 AbstractOwnableSynchronizer 类修正这种状态。它需要同步器将其同步建立在该类上，并且 Semaphore 和 CountDownLatch 类都需要通过扩展 AbstractOwnableSynchronizer 的 AbstractQueuedSynchronizer 间接实现这一点。在这种情况下，ThreadMXBean 类中的新方法 long[] findDeadlockedThreads() 可以在其检测导致死锁的线程周期中包含一个等待该独占同步器的线程(除了包括等到获取对象临控器的线程外)。

Java 5 引入 AbstractQueuedSynchronizer 类，从而为实现阻塞锁和依赖于先进先出(first-in-first-out，FIFO)等待队列的相关同步器提供一个框架。该类将状态信息表示为一个原子的 32 位整数。由于在 64 位机器上(在这种机器上，整数的自然长度就是 64 位)，您很可能希望将状态信息表示为一个原子的 64 位整数，所以 Java SE 6 引入 AbstractQueuedLongSynchronizer 类。该类也是 AbstractOwnableSynchronizer 的子类。

2.7 扩展机制和 ServiceLoader API

尽管从技术上来说，Java 的扩展机制不是一个类库，但是它和 ServiceLoader API 密切相关。Java SE6 改进该扩展机制，同时也引入 ServiceLoader 代替旧的没有文档的 sun.misc.Service 和 sun.misc.ServiceConfigurationError 类。

2.7.1 扩展机制

Java 1.2 引入了扩展机制，从而为通过标准扩展(standard extension)扩展 Java 平台提供一种标准的、可伸缩的方法。扩展机制是一些自定义的 API，这些 API 被打包并存储于 JRE 的 lib/ext(Solaris/Linux)或者 lib\ext(Windows)目录下的 Java 归档文件(Java Archive, JAR)中。当启动一个需要标准扩展的应用程序时，运行时环境将会从该目录中定位并加载这些扩展，执行这些操作不需要 classpath 环境变量。从 Java 1.3 开始，标准扩展已经变成了可选包(Optional Package)。

java.ext.dirs 系统属性指定了安装可选包的位置。默认的设置为 JRE 的 lib/ext(或 lib\ext)目录。从 Java SE 6 开始，可以在一个由所有已经安装(Java SE 6 或更高版本)JRE 共享的平台特定目录上添加该系统属性路径。但是，正如 Java SE 6 中关于扩展机制体系结构的 JDK 文档中所指定，该路径只能是以下路径之一：

- Windows：%SystemRoot%\Sun\Java\lib\ext
- Linux：/usr/java/packages/lib/ext
- Solaris：/usr/jdk/packages/lib/ext

2.7.2　ServiceLoader API

根据 Bug 4640520 "java.util.Service"，Java 1.3 扩展 JAR 文件格式以支持一种标准的方法来指定可插拔式的服务提供程序。该方法是将一个提供特定配置文件放到 JAR 文件的 META-INF/services 目录中。该配置文件是一个文本文件，标识了具体的提供程序类。根据该方法，通过如下的机制可以扩展 Image I/O、Java Sound 等其他 Java 子系统：

- **服务**是标识将被完成的任务的接口和抽象类，例如，读取存储在新的图像文件格式中的图像数据。
- **服务提供程序**是服务的实现。

许多子系统使用 sun.misc.Service 来查找服务并实例化服务提供程序。例如，在注册标准的图像读/写(以及其他操作)服务提供程序后，Image I/O 利用 Service 来解析提供程序配置文件并从 lib/ext(或 lib\ext)中加载已安装的提供程序，该提供程序随后将被注册。由于应用程序可以从服务和服务提供程序受益，因此对应用程序而言使用 Service 似乎非常自然。但是，它没有相应的文档状态，也就意味着 Sun 公司在将来可能会改变或是删除该类。也正是因为这个原因，我们更倾向于使用 Java SE 6 的 ServiceLoader API。

注意

放在 JRE 的 lib/ext、lib\ext 或者是由 java.ext.dirs 系统属性中指定的其他目录的服务/服务提供程序插件除了可以作为安装可选包被引用外，也可以通过 classpath 来引用。

ServiceLoader API 包含 java.util.ServiceLoader<S>和 java.util.ServiceConfigurationError 类。前一个类通过类加载器(classloader)加载服务提供程序；而后一个类则描述在服务提供程序被加载时如果发生问题(例如，当读取提供程序配置文件时所产生的 java.io.IOException 异常)所抛出的一个错误。

ServiceLoader<S>是一个简单的类，它仅包含 6 个方法，如表 2-10 所述。

表 2-10　ServiceLoader 类的方法

方　　法	描　　述
public Iterator<S> iterator()	为该服务加载器的服务惰性加载可用的服务提供程序。该迭代器首先从一个内部缓存中返回提供程序。然后它惰性加载并实例化其他的提供程序，并将其存储在缓存中
public static <S>　ServiceLoader<S> load(Class<S> service)	为给定的 service 类型创建一个新的服务加载器。使用当前线程的上下文类加载器加载提供程序配置文件和服务提供程序类
public static <S> ServiceLoader<S> load(Class<S> service, ClassLoader loader)	为给定的 service 类型创建一个新的服务加载器。使用指定的 loader 来加载提供程序配置文件和服务提供程序类。如果使用系统的类加载器，则将 null 作为第二个参数。如果没有系统类加载器，那么使用引导程序的类加载器来加载类

（续表）

方　　法	描　　述
public static <S>　ServiceLoader<S> loadInstalled(Class<S> service)	为给定的 service 类型创建一个新的服务加载器。使用扩展的类加载器加载提供程序配置文件和服务提供程序类。如果没有找到扩展的类加载器，那么使用系统的类加载器。如果没有系统类加载器，那么使用引导程序的类加载器
public void reload()	清空缓存，因此所有的提供程序都将被重新加载。而后续的调用将是惰性地查找和实例化提供程序。如果当 JVM 正在运行时需要动态安装服务提供程序，那么使用该方法
public String toString()	返回一个字符串，该字符串包含传递给某个"load"方法的服务的全限定包名

ServiceLoader<S>的一个实际使用就是获取一个可选的 Java 编译器。例如，可以使用代码清单 2-10 来选择在平台上可选的其他 Java 编译器，而不是执行 JavaCompiler compiler = ToolProvider.getSystemJavaCompiler();来使用默认的编译器。

代码清单 2-10　EnumAlternateJavaCompilers.java

```
//EnumAlternateJavaCompilers.java

import java.util.*;

import javax.tools.*;

public class EnumAlternateJavaCompilers
{
  public static void main (String [] args)
  {
    ServiceLoader<JavaCompiler> compilers;
    compilers = ServiceLoader.load (JavaCompiler.class);
    System.out.println (compilers.toString ());

    for (JavaCompiler compiler: compilers)
        System.out.println (compiler);
  }
}
```

当运行该应用程序时，它的第一行输出总是 java.util.ServiceLoader[javax.tools.JavaCompiler]，该输出描述了 JavaCompiler 服务。假定有其他的 Java 编译器存在，将看到一些其他的输出行。如果该输出表明有多个其他的编译器，那么就可以调用 JavaCompiler 的 getSourceVersions()和其他继承得到的方法来缩小选择范围以选定某个特定编译器。

类路径通配符

Java SE 6 引入了类路径通配符以简化 classpath。现在可以通过一个星号(*)来表示所有 JAR 文件而不需要逐个列出。星号必须要用引号括起来以阻止它被 shell 解析。下面是一个示例：

```
java -cp "*"; Test
```

注意，此处没有表示当前路径的句点符号；这是 Java SE 6 的另外一个特性。该示例加载了第一个包含该必需类的 JAR 文件，假定为 Test 类的引用。

当使用类路径通配符时，就不能依赖服务加载器所返回服务提供程序的顺序来获取服务提供程序。因此，必须依靠第二种机制来选定特定的服务提供程序。例如，在选择一个 Image I/O 读/写插件时，可以指定一个 MIME 类型、一个文件扩展名或者其他准则。想了解更多关于类路径通配符的信息，可以阅读 Mark Reinhold 的 "Class-Path Wildcards in Mustang" 博客。

2.8 小结

Java SE 6 对现有的核心类库进行了多方面的改进。同时，它也将一些新的类库集成到核心类库中。

改进的类库之一就是 BitSet 类。对该类进行的改进大部分都是为了优化各种方法的执行速度或者减少 BitSet 对象的大小。

Compiler API 是一个新的类库，它提供一种编程的方式访问编译器，从而重写编译器读写源文件和类文件的方式，并可以访问结构化的诊断信息。该 API 位于 javax.tools 包内。该包主要设计来让程序能够调用不同的工具，首先就是编译器。

通过一个新的 Console I/O 类库和一个改进的 File 类，Java SE 6 改进 I/O 相关的方法，尽管改进比较少但非常重要。新的 Console I/O 类库可以安全地提示密码输入，而不会将密码回送到控制台。改进的 File 类提供一些新方法使确定空闲磁盘空间的大小非常容易，也使设定文件的读、写以及执行许可标记非常容易。

Java 平台也得益于各种数学计算类库的改进。例如，通过修改 bug 和进行优化，BigDecimal 类实现较好的改进。另外，也在 Math 和 StrictMath 类中添加了支持 IEEE 754/854 推荐功能的一些新方法。

通过多处修订集合框架的 JDK 文件和源代码，Java SE 6 对集合框架也实行了较大的改进。Java SE 6 在集合框架中添加了几个新的接口(如 NavigableMap<K, V>)和类(如 ArrayDeque<E>)，并在 Collections 和 Arrays 类中添加了一些新的实用方法(如 asLifoQueue() 和 copyOf())。

Java 的并行框架(首次在 Java 5 中引入)也通过改进现有的基础设施、集成新的接口(如 BlockingDeque<E>)和类(如 AbstractOwnableSynchronizer)进行了改进。

最后，Java SE 6 改进 Java 的扩展机制，并引入 ServiceLoader。该类库为应用程序提

供一个很好的方式以查找服务并实例化服务提供程序，而不需要依赖于以前没有文档的
sun.misc.Service 和 sun.misc.ServiceConfigurationError 类。

2.9 练习

您对 Java 核心类库的改进理解如何？通过回答下面问题，测试您对本章内容的理解
(参考答案参见附录 D)。

(1) 在什么条件下，克隆的或者是序列化的位集不会被剪裁？

(2) 当在调用由 Console 类的 reader()/writer()方法所返回 Reader/PrintWriter 对象的
close()方法时，底层的数据流是否已经关闭？

(3) 创建一个命令行的实用程序，用来将一个文件或者目录设置为只读或者可写的。

(4) Deque<E>接口的 void addFirst(E e)方法和 boolean offerFirst(E e)方法之间有什么
区别？

(5) NavigableMap<K, V>接口的 K higherKey(K key)和 K lowerKey(K key)最接近匹配
算法分别返回确实大于 key(如果没有 key 则为 null)的最小值和确实小于 key(如果没有
key 则为 null)的最大值。扩展 ProductDB.java(代码清单 2-9)以输出大于 2034 的键值和小
于 2034 的键值。

(6) 使用 copyOf()方法将一个 String 数组复制到一个新的 CharSequence 数组。

(7) ServiceLoader<S>类的 iterator()方法返回一个 Iterator<E>对象。该对象的 hasNext()
方法和 next()方法可以抛出一个 ServiceConfigurationError 错误。为什么抛出的是一个错
误而不是异常？

(8) 创建一个 Image I/O 读取器插件，该插件可以从文件中读取 PCX 图像文件格式
的图像。假定 EnumIO 应用程序的 main()方法包含如下代码：

```
ServiceLoader<ImageReaderSpi> imageReaders;
imageReaders = ServiceLoader.load (ImageReaderSpi.class);
for (ImageReaderSpi imageReader: imageReaders)
    System.out.println (imageReader.getClass ());
```

无论何时执行 java － cp pcx.jar; EnumIO，该应用程序都输出 ca.mb.javajeff.pcx.
PCXImageReaderSpi。但是如果对代码进行修改，将 null 传递给 load()方法，即
ServiceLoader.load(ImageReaderSpi.class，null)，然后再试着运行该程序，将抛出一个
ServiceConfigurationError 错误。这是为什么呢？

第 3 章

GUI 工具包：AWT

抽象窗口工具包(Abstract Windowing Toolkit，AWT)既是基于 AWT GUI 的基础也是基于 Swing GUI 的基础。本章将研究大部分 Java SE 6 新引入到 AWT 中的新特性以及对 AWT 特性的一些改进：

- Desktop API
- 动态布局
- 对非英语地区输入的改进支持
- 新模态模型和 API
- Splash Screen API
- System Tray API
- Solaris 上的 XAWT 支持

3.1 Desktop API

Java 在服务器和单片机上的表现要比在桌面系统上的表现完美得多。Sun 公司希望改善 Java 在桌面系统上的前途，因此加入了三个主要的新 API：Desktop API、Splash Screen API 以及 System Tray API。本节将主要讨论 Desktop API。本章稍后将分别介绍 Splash Screen API 和 System Tray API。

Desktop API 在两个方面填补了 Java 和运行在桌面上的本地应用程序之间的鸿沟：

- 使得 Java 应用程序可以启动与特定文件类型相关联的应用程序，以实现对这些类型文档的打开、编辑和打印。例如，文件扩展名为.wmv 的文件通常都是与 Windows 平台上的 Windows 媒体播放器(Windows Media Player)相关联。Java 应用程序可以使用 Desktop API 来启动 Windows 媒体播放器(或其他任何与.wmv 文件相关的应用程序)来打开(播放)WMV 格式的电影。
- 使得 Java 应用程序可以用特定的统一资源标识符(Uniform Resource Identifier，URI)来启动默认的 Web 浏览器，以及启动默认的 e-mail 客户端。

注意

Desktop API 起源于 JDesktop Integration Components(JDIC)项目 (https://jdic.dev.java.net/)。

根据该项目的 FAQ 显示，JDIC 项目的目标是"使基于 Java 技术的应用程序(Java 应用程序)能够成为当前桌面系统平台中的一等公民，同时不牺牲其平台独立性。"

java.awt.Desktop 类实现了 Desktop API。该类提供一个 public static Desktop getDesktop()方法。Java 应用程序调用该方法返回一个 Desktop 实例。利用该实例，应用程序将调用相应的方法以启动默认的邮件客户端、启动默认的浏览器等。如果在当前的平台内没有该 API，getDesktop()方法就将抛出一个 UnsupportedOperationException 异常；例如，在 Linux 平台上，只有包含 GNOME 类库时，平台才能使用 Desktop API。因此，首先调用Desktop类的public static boolean isDesktopSupported()方法以确定平台是否支持该 API。如果该方法返回值为 true，那么就可以调用 getDesktop()方法，如下所示：

```
Desktop desktop = null;
if (Desktop.isDesktopSupported ())
    desktop = Desktop.getDesktop ();
```

但是，即使成功地获取了 Desktop 实例，可能也不能通过相应的方法执行一个浏览、发邮件、打开、编辑或者打印动作。因为 Desktop 实例可能不支持这些动作中的一种或者多种。因此，首先需要通过调用 public boolean isSupported(Desktop.Action action)方法来检查这些动作的可用性，其中 action 是以下 Desktop.Action 枚举实例之一：

- BROWSE 表示浏览动作，即打开当前平台的默认浏览器。
- MAIL 表示发邮件动作，即打开当前平台的默认邮件客户端。
- OPEN 表示与特定文件类型相关联的应用程序执行一个打开动作。
- EDIT 表示与特定文件类型相关联的应用程序执行一个编辑动作。
- PRINT 表示与特定文件类型相关联的应用程序执行一个打印动作。

在以上面枚举实例之一作为参数调用 isSupported()方法后，检查其返回值。如果返回值为 true，相应的动作方法就可以被调用，如下所示：

```
String uri = "http://www.javalobby.org";
if (desktop.isSupported(Desktop.Action.BROWSE))
    try
    {
        desktop.browse (new URI (uri)); //用该URI调用默认的浏览器。
    }
    catch (Exception e)
    {
        //做任何相应的处理。
    }
```

该代码段调用了 Desktop 类的 browse()动作方法来启动默认的浏览器，并显示 Javalobby 的主 Web 页面。该方法是 Desktop 的 6 个动作方法中的一个，这 6 个方法描述如表 3-1 所示。

表 3-1　Desktop 类的动作方法

方　　法	描　　述
public void browse(URI uri)	启动默认的浏览器以显示给定的 uri。如果浏览器不能处理该类 URI(如以 ftp://开头的 URI)，那么其他注册来处理该 URI 的应用程序将被启动
public void edit(File file)	启动用 file 类型注册的应用程序来编辑该文件
public void mail()	启动默认的邮件客户端，并打开它的邮件编写窗口，因此用户可以编写一个 e-mail
public void mail(URI mailtoURI)	启动默认的邮件客户端，打开它的邮件编写窗口，并将由 mailtoURI 指定的内容填写在消息域中。这些域包括抄送、主题以及邮件体
public void open(File file)	启动用 file 类型注册的应用程序以打开该文件(运行一个可执行程序、播放一段电影或者是预览一个文本文件等)
public void print(File file)	启动用 file 类型注册的应用程序以打印该文件

Desktop 类的所有方法抛出的异常如下：

- UnsupportedOperationException，在当前平台不支持该动作时抛出该异常。如果不是非常关注应用程序的健壮性，那么在通过 isSupported()方法(以及适当的 Desktop.Action 枚举类型实例)来验证该动作的支持性时，您不需要关注这个未经检测的异常。
- SecurityException，如果存在安全管理器，并且安全管理器不允许执行相应的动作，那么该方法将产生该异常。
- NullPointerException，例如，将一个为 null 的 URI 参数传递给 browse()时产生该异常。
- java.io.IOException，当试图启动一个应用程序并产生 I/O 错误时，将产生该异常。
- IllegalArgumentException，例如，当打印的文件不存在时将产生该异常。

查阅 Desktop 的 JDK 文档可以获取关于这些异常的更多信息。

Desktop 类的动作方法在很多情况下都非常有用。假定 About 对话框给出了一个到某 Web 站点的链接(通过一个 javax.swing.JButton 的子类)。当用户单击该链接时，browse() 方法(以 Web 站点的 URI 作为参数)将被调用来启动默认的 Web 浏览器，并显示 Web 站点的主页。

另外一个例子是文件管理器。在 Windows 系统中，当鼠标悬停在一个文件/目录名上时用户右击鼠标，出现一个弹出式的区分上下文菜单，并给出一个打开/编辑/打印/发邮件等组合选项(和文件类型密切相关)。代码清单 3-1 给出了一个很简单的文件管理器应用程序的源代码，该应用程序演示打开、编辑以及打印选项。

代码清单 3-1　FileManager.java

```java
//FileManager.java

import java.awt.*;
import java.awt.event.*;

import java.io.*;

import java.net.*;

import javax.swing.*;

import javax.swing.event.*;
import javax.swing.tree.*;

public class FileManager extends JFrame
{
  private Desktop desktop;

  private int x, y;

  public FileManager (String title, final File rootDir)
  {
    super (title);
    setDefaultCloseOperation (EXIT_ON_CLOSE);

    if (Desktop.isDesktopSupported ())
      desktop = Desktop.getDesktop ();

    DefaultMutableTreeNode rootNode;
    rootNode = new DefaultMutableTreeNode (rootDir);
    createNodes (rootDir, rootNode);
    final JTree tree = new JTree (rootNode);

    final JPopupMenu popup = new JPopupMenu ();
    PopupMenuListener pml;
    pml = new PopupMenuListener ()
        {
        public void popupMenuCanceled (PopupMenuEvent pme)
        {
        }

        public void popupMenuWillBecomeInvisible (PopupMenuEvent pme)
        {
            int nc = popup.getComponentCount ();
            for (int i = 0; i < nc; i++)
              popup.remove (0);
        }
```

```java
public void popupMenuWillBecomeVisible (PopupMenuEvent pme)
{
  final Desktop.Action [] actions =
  {
    Desktop.Action.OPEN,
    Desktop.Action.EDIT,
    Desktop.Action.PRINT
};

ActionListener al;
al = new ActionListener ()
    {
      public void actionPerformed (ActionEvent ae)
      {
        try
        {
          TreePath tp;
          tp = tree.getPathForLocation (x, y);
          if (tp != null)
          {
              int pc = tp.getPathCount ();
              Object o = tp.getPathComponent (pc-1);

              DefaultMutableTreeNode n;
              n = (DefaultMutableTreeNode) o;

              File file = (File) n.getUserObject ();

              JMenuItem mi;
              mi = (JMenuItem) ae.getSource ();
              String s = mi.getText ();

              if (s.equals (actions [0].name ()))
                  desktop.open (file);
              else
              if (s.equals (actions [1].name ()))
                  desktop.edit (file);
              else
              if (s.equals (actions [2].name ()))
                  desktop.print (file);
          }
        }
        catch (Exception e)
        {
        }
      }
    };
    for (Desktop.Action action: actions)
```

```java
                    if (desktop.isSupported (action))
                {
                    TreePath tp = tree.getPathForLocation (x, y);
                    if (tp != null)
                    {
                        int pc = tp.getPathCount ();
                        Object o = tp.getPathComponent (pc-1);

                        DefaultMutableTreeNode n;
                        n = (DefaultMutableTreeNode) o;

                        File file = (File) n.getUserObject ();
                        if (!file.isDirectory () ||
                            file.isDirectory () &&
                            action == Desktop.Action.OPEN)
                        {
                            JMenuItem mi;
                            mi = new JMenuItem (action.name ());
                            mi.addActionListener (al);
                            popup.add (mi);
                        }
                    }
                }
            }
        };
    if (desktop != null)
      popup.addPopupMenuListener (pml);

    tree.addMouseListener (new MouseAdapter ()
                    {
                        public void mousePressed (MouseEvent e)
                        {
                            probablyShowPopup (e);
                        }

                        public void mouseReleased (MouseEvent e)
                        {
                            probablyShowPopup (e);
                        }

                        void probablyShowPopup (MouseEvent e)
                        {
                            if (e.isPopupTrigger ())
                            {
                                x = e.getX ();
                                y = e.getY ();
                                popup.show (e.getComponent (),
                                        e.getX (),
                                        e.getY ());}
```

```
                                    }
                                });

        getContentPane ().add (new JScrollPane (tree));

        setSize (400, 300);
        setVisible (true);
    }

    private void createNodes (File rootDir, DefaultMutableTreeNode rootNode)
    {
      File [] files = rootDir.listFiles ();
      for (int i = 0; i < files.length; i++)
      {
          DefaultMutableTreeNode node;
          node = new DefaultMutableTreeNode (files [i]);
          rootNode.add (node);

          if (files [i].isDirectory ())
              createNodes (files [i], node);
      }
    }
}

public static void main (String [] args)
{
  String rootDir = ".";
  if (args.length > 0)
  {
      rootDir = args [0];
      if (!rootDir.endsWith ("\\"))
          rootDir += "\\";
  }

  final String _rootDir = rootDir;
  Runnable r = new Runnable ()
                {
                    public void run ()
                    {
                        new FileManager ("File Manager",
                                    new File (_rootDir));
                    }
                };
  EventQueue.invokeLater (r);
  }
}
```

代码清单 3-1 枚举了在当前目录或者是由应用程序的第一个命令行参数所指定目录上的所有的文件类型和目录，然后通过一个树组件呈现该树型结构。当触发该树组件绑定的弹出式菜单时，该菜单将为目录和文件给出 Open 菜单项，而仅为文件显示 Edit 和

Print 菜单项。

注意

最初想在弹出式菜单(针对文件)中添加一个 Mail 菜单项，当激活该弹出式菜单时，将被选择的文件作为附件来激活邮件编写窗口。但是 Desktop 的 mail(URI mailtoURI)方法并不支持附件。这个不足可能在 Desktop 未来的版本中得以解决。

3.2 动态布局

全时缩放(live resizing)是 Java SE 6 中一种可视化的增强特性。该特性使窗口中的内容随着窗口的缩放而动态布局，其内容在窗口缩放完成之前一直根据当前窗口的最后大小刷新显示。相反，非全时缩放仅在缩放完成之后才开始布局窗口内容。平台如 Mac OS 和 Windows XP 都支持全时缩放。Java 将全时缩放作为动态布局。

Java 1.4 通过 awt.dynamicLayoutSupported 桌面属性引入对动态布局的支持。为了确定平台是否支持动态布局，需要调用 java.awt.Toolkit 类的 public final Object getDesktopProperty(String propertyName) 方法，并将 propertyName 设置为 "awt.dynamicLayoutSupported"。如果平台支持且启用动态布局，那么该方法返回一个包含值 true 的 Boolean 对象；如果平台不支持或是已经禁用动态布局，那么该方法将返回一个包含值 false 的 Boolean 对象。Java 1.4 也通过在 Toolkit 类中添加新的动态布局方法引入了对动态布局的支持，这些方法如表 3-2 所示(Java 1.4 以后的版本除了支持表 3-2 中所列出的方法以外，也支持 awt.dynamicLayoutSupported)。

表 3-2　Toolkit 类的动态布局方法

方　　法	描　　述
public void setDynamicLayout(boolean dynamic)	通过编程的方式确定容器布局是在缩放中进行动态验证(true 传给参数 dynamic)；或是仅仅在缩放完成之后才进行验证(false 传给参数 dynamic)。将参数 dynamic 设置为 true 以调用该方法对不支持动态布局的平台而言没有任何效果。在 Java SE 6 以前的版本中，setDynamicLayout (false) 是默认情况。但是在 Java SE 6 中，setDynamicLayout(true)变成了默认情况
public boolean isDynamicLayoutActive()	如果平台支持动态布局，并且在平台层启用动态布局，那么该方法将返回 true。同样，如果动态布局是以编程的方式启用，即通过默认设置或以 true 为参数调用前面的 setDynamicLayout()，该方法也会返回 true

下面创建一个示范应用程序让您体验 awt.dynamicLayoutSupported、setDynamicLayout()

和 isDynamicLayoutActive()。该应用程序的源代码如代码清单 3-2 所示。

代码清单 3-2　DynamicLayout.java

```java
//DynamicLayout.java

import java.awt.*;
import java.awt.event.*;

import javax.swing.*;

public class DynamicLayout extends JFrame
{
  public DynamicLayout (String title)
  {
    super (title);
    setDefaultCloseOperation (EXIT_ON_CLOSE);

    getContentPane ().setLayout (new GridLayout (3, 1));

    final Toolkit tk = Toolkit.getDefaultToolkit ();
    Object prop = tk.getDesktopProperty ("awt.dynamicLayoutSupported");

    JPanel pnl = new JPanel ();
    pnl.add (new JLabel ("awt.DynamicLayoutSupported:"));
    JLabel lblSetting1;
    lblSetting1 = new JLabel (prop.toString ());
    pnl.add (lblSetting1);

    getContentPane ().add (pnl);

    pnl = new JPanel ();
    pnl.add (new JLabel ("Dynamic layout active:"));
    final JLabel lblSetting2;
    lblSetting2 = new JLabel (tk.isDynamicLayoutActive () ? "yes" : "no");
    pnl.add (lblSetting2);

    getContentPane ().add (pnl);

    pnl = new JPanel ();
    pnl.add (new JLabel ("Toggle dynamic layout"));
    JCheckBox ckbSet = new JCheckBox ();
    ckbSet.addItemListener (new ItemListener ()
                           {
                               public void itemStateChanged (ItemEvent ie)
                               {
                                   if (tk.isDynamicLayoutActive ())
                                     tk.setDynamicLayout (false);
                                   else
```

```
                                      tk.setDynamicLayout (true);

                              boolean active;
                              active = tk.isDynamicLayoutActive ();
                              lblSetting2.setText (active ? "yes"
                                                          : "no");
                        }
                    });
        pnl.add (ckbSet);

        getContentPane ().add (pnl);

        pack ();
        setVisible (true);
    }

    public static void main (String [] args)
    {
        Runnable r = new Runnable ()
                {
                    public void run ()
                    {
                        new DynamicLayout ("Dynamic Layout");
                    }
                };
        EventQueue.invokeLater (r);
    }
}
```

DynamicLayout 应用程序给出了一个包括 5 个标签和 1 个复选框的 GUI。上面 2 个标签标识并报告 awt.dynamicLayoutSupported 变量的值。如果显示为 false，那么需要在平台上启用动态布局(如果可能的话)以查看其效果。中间的 2 个标签标识并报告 isDynamicLayoutActive()方法的值。如果显示为 yes，并且调整窗口的大小，那么在缩放中，标签和复选框都将移动。但是如果显示的是 no，那么只有在缩放完成后，标签和复选框才移动。下面的一个标签和复选框可以激活或者停止动态布局。但是，如果 awt.dynamicLayoutSupported 标签显示为 false，那么该切换行为将没有任何影响。

提示

Windows XP 默认情况下启用全时缩放。如果使用的是 XP 平台，那么可以通过 System Properties 对话框禁用全时缩放和重新启用全时缩放。通过打开 Control Panel，并选择 System 图标，可以打开该对话框。然后选择 Advanced 选项卡并单击 Performance 部分中的 Settings 按钮以打开 Performance Options 对话框。选择 Visual Effects 选项卡，然后再在该选项卡的滚动列表中选中(打开全时缩放)或者不选中(关闭全时缩放) "Show window contents while dragging" 选项。

3.3　对非英语地区输入的改善支持

如果您正在 Solaris 或者 Linux 平台上的一种非英文地区的环境下使用 Java，那么您一定会为 Java SE 6 修补了这些平台上与非英语地区键盘输入相关的很多 bug 而高兴不已。这些 bug 主要有：

- 2107667：“KP_Separator handled wrong in KeyEvents”
- 4360364：“Cyrillic input isn't supported under JRE 1.2.2 & 1.3 for Linux”
- 4935357：“Linux X cannot generate {}[] characters on Danish keyboards (remote display)”
- 4957565：“Character '|', '~' and more cannot be entered on Danish keyboard”
- 5014911：“b32c, b40, b42 input Arabic and Hebrew characters fail in JTextComponents”
- 6195851：“As XKB extension is ubiquitous now, #ifdef linux should be removed from awt_GraphicsEnv code”

其他一些非英语键盘 bug 也已经得到了解决。可以在 Sun 公司的 Bug Database(http://bugs.sun.com/bugdatabase/index.jsp)中找到完整信息。

注意

如果想了解更多关于键盘布局以及 X 键盘扩展(XKB)的知识，建议阅读一下维基百科上关于键盘布局的文章(http://en.wikipedia.org/wiki/Keyboard_layout)、关于 AltGr 键的文章(http://en.wikipedia.org/wiki/AltGr_key)以及关于 XKB 的文章(http://en.wikipedia.org/wiki/X_keyboard_extension)。

3.4　新模态模型和 API

AWT 的模态模型(modality model)支持模态和非模态对话框。一个模态对话框将阻塞对各种顶层窗口的输入，而一个非模态对话框则不阻塞任何窗口。在 Java SE 6 之前，这种模型在很多方面都存在缺陷。例如，Bug 4080029 “Modal Dialog block input to all frame windows not just its parent”说明一个模态对话框可能阻塞应用程序的所有框架窗口而不仅是作为对话框拥有的框架窗口。可以通过编译并运行该 bug 附随的 ModalDialogTest 演示应用程序来验证这一点。

为了修补这些缺陷，Java SE 6 引入了一个新模态模型。该模型可以限制对话框的阻塞范围。Java SE 6 通过引入了 4 种模态类型来达到这一目的：

- **非模态(modeless)**：当一个非模态的对话框可见时，没有任何窗口被阻塞。
- **文档模态(document-modal)**：当文档模态对话框打开时，所有从同一文档创建的窗口(对话框的子窗口除外)都被阻塞。一个文档是窗口的一个层次结构，所有

　　　　这些窗口共享一个共同的祖先，即文档根(document root)。文档根是最近的、无主祖先。
- **应用程序模态(Application modal)**：当应用程序模态对话框打开时，和该对话框位于同一个应用程序中的所有窗口都被阻塞，该对话框的子窗口除外。
- **工具包模态(toolkit modal)**：当工具包模态对话框打开时，和该对话框位于同一个工具包中的所有窗口都被阻塞，该对话框的子窗口除外。

　　通过创建一个文档模态对话框就可以解决 ModalDialogTest 中的问题。这是因为每个框架都是一个文档根。通过调用 java.awt.Dialog 类新的 public Dialog(Window owner, String title,Dialog.ModalityType modalityType) 构造函数将可以完成此任务，其中 Dialog.ModalityType 是前面所列出的模态类型的一个枚举类型。将 modalityType 设置为 Dialog.ModalityType.DOCUMENT_MODAL 即可。因此，程序将不是如下设置：

```
d1 = new Dialog(f1, "Modal Dialog", true);
```

而是设置如下：

```
d1 = new Dialog(f1, "Modal Dialog", Dialog.ModalityType.DOCUMENT_MODAL);
```

　　Java 中最有名的缺陷可能与 JavaHelp 相关。JavaHelp 是一组 API，它使得 Java 应用可以在一个单独的对话框中显示 Java 应用的帮助内容。当 Help 对话框显示时，只要不使用模态对话框(如文件打开对话框)就可以很方便地在应用程序的主窗口和该 Help 对话框窗口之间来回切换。在这种环境下，模态对话框阻止用户和 Help 对话框的交互。

　　利用 java.awt.Window 类的新方法 public void setModalExclusionType (Dialog.Modal ExclusionType exclusionType) 就可以解决 JavaHelp 的问题。在此，Dialog.ModalExclusionType 是一个排除类的枚举类型，就是将一个窗口标记为被排除窗口从而不会被模态对话框阻塞。为了演示这一概念，创建一个转换一些单位的应用程序，如千克转换为磅，或者进行反向转换。代码清单 3-3 给出了该应用程序的源代码。

代码清单 3-3　UnitsConverter.java

```
//UnitsConverter.java

import java.awt.*;
import java.awt.event.*;

import java.io.*;

import javax.swing.*;

public class UnitsConverter extends JFrame
{
  Converter [] converters =
  {
    new Converter ("Acres", "Square meters", "Area", 4046.8564224),
    new Converter ("Square meters", "Acres", "Area", 1.0/4046.8564224),
```

```java
    new Converter ("Pounds", "Kilograms", "Mass or Weight", 0.45359237),
    new Converter ("Kilograms", "Pounds", "Mass or Weight", 1.0/0.45359237),
    new Converter ("Miles/gallon (US)", "Miles/liter", "Fuel Consumption",
                   0.2642),
    new Converter ("Miles/liter", "Miles/gallon (US)", "Fuel Consumption",
                   1.0/0.2642),
    new Converter ("Inches/second", "Meters/second", "Speed", 0.0254),
    new Converter ("Meters/second", "Inches/second", "Speed", 1.0/0.0254),
    new Converter ("Grains", "Ounces", "Mass (Avoirdupois)/UK", 1.0/437.5),
    new Converter ("Ounces", "Grains", "Mass (Avoirdupois)/UK", 437.5)
  };

public UnitsConverter (String title)
{
  super (title);
  setDefaultCloseOperation (EXIT_ON_CLOSE);
  getRootPane ().setBorder (BorderFactory.createEmptyBorder (10, 10, 10,
                                                             10));

  JPanel pnlLeft = new JPanel ();
  pnlLeft.setLayout (new BorderLayout ());

  pnlLeft.add (new JLabel ("Converters"), BorderLayout.CENTER);

  final JList lstConverters = new JList (converters);
  lstConverters.setSelectionMode (ListSelectionModel.SINGLE_SELECTION);

  lstConverters.setSelectedIndex (0);
  pnlLeft.add (new JScrollPane (lstConverters), BorderLayout.SOUTH);

  JPanel pnlRight = new JPanel ();
  pnlRight.setLayout (new BorderLayout ());

  JPanel pnlTemp = new JPanel ();
  pnlTemp.add (new JLabel ("Units:"));
  final JTextField txtUnits = new JTextField (20);
  pnlTemp.add (txtUnits);
  pnlRight.add (pnlTemp, BorderLayout.NORTH);

  pnlTemp = new JPanel ();
  JButton btnConvert = new JButton ("Convert");
  ActionListener al;
  al = new ActionListener ()
      {
        public void actionPerformed (ActionEvent ae)
        {
          try
          {
            double value = Double.parseDouble (txtUnits.getText ());
```

```java
                    int index = lstConverters.getSelectedIndex ();
                    txtUnits.setText (""+converters [index].convert (value));
                }
                catch (NumberFormatException e)
                {
                    JOptionPane.showMessageDialog (null, "Invalid input "+
                                                "-- please re-enter");
                }
            }

        };
        btnConvert.addActionListener (al);
        pnlTemp.add (btnConvert);
        JButton btnClear = new JButton ("Clear");
        al = new ActionListener ()
            {
                public void actionPerformed (ActionEvent ae)
                {
                    txtUnits.setText ("");
                }
            };
        btnClear.addActionListener (al);
        pnlTemp.add (btnClear);
        JButton btnHelp = new JButton ("Help");
        al = new ActionListener ()
            {
                public void actionPerformed (ActionEvent ae)
                {
                    new Help (UnitsConverter.this, "Units Converter Help");
                }
            };
        btnHelp.addActionListener (al);
        pnlTemp.add (btnHelp);
        JButton btnAbout = new JButton ("About");
        al = new ActionListener ()
            {
                public void actionPerformed (ActionEvent ae)
                {
                    new About (UnitsConverter.this, "Units Converter");
                }
            };
        btnAbout.addActionListener (al);
        pnlTemp.add (btnAbout);

        pnlRight.add (pnlTemp, BorderLayout.CENTER);

        getContentPane ().add (pnlLeft, BorderLayout.WEST);
        getContentPane ().add (pnlRight, BorderLayout.EAST);
```

```
      pack ();
      setResizable (false);
      setVisible (true);
   }

   public static void main (String [] args)
   {
      Runnable r = new Runnable ()
                     {
                          public void run ()
                          {
                              new UnitsConverter ("Units Converter 1.0");
                          }
                     };
      EventQueue.invokeLater (r);
      }
}

class About extends JDialog
{
   About (Frame frame, String title)
   {
       super (frame, "About", true);

       JLabel lbl = new JLabel ("Units Converter 1.0");
       getContentPane ().add (lbl, BorderLayout.NORTH);

       JPanel pnl = new JPanel ();
       JButton btnOk = new JButton ("Ok");
       btnOk.addActionListener (new ActionListener ()
                                   {
                                        public void actionPerformed
                                        (ActionEvent e)
                                        {
                                            dispose ();
                                        }
                                   });
       pnl.add (btnOk);
       getContentPane ().add (pnl, BorderLayout.SOUTH);

       pack ();
       setResizable (false);
       setLocationRelativeTo (frame);
       setVisible (true);
   }
}

class Converter
{
```

```java
    private double multiplier;

    private String srcUnits, dstUnits, cat;

    Converter (String srcUnits, String dstUnits, String cat, double multiplier)
    {
        this.srcUnits = srcUnits;
        this.dstUnits = dstUnits;
        this.cat = cat;
        this.multiplier = multiplier;
    }

    double convert (double value)
    {
        return value*multiplier;
    }

    public String toString ()
    {
        return srcUnits+" to "+dstUnits+" -- "+cat;
    }
}

class Help extends JDialog
{
    Help (Frame frame, String title)
    {
        super (frame, title);
        setModalExclusionType (Dialog.ModalExclusionType.APPLICATION_EXCLUDE);

        try
        {
            JEditorPane ep = new JEditorPane ("file:///"+new File ("").
                                        getAbsolutePath ()+"/uchelp.html");
            ep.setEnabled (false);
            getContentPane ().add (ep);
        }
        catch (IOException ioe)
        {
            JOptionPane.showMessageDialog (frame,
                                        "Unable to install editor pane");
            return;
        }

        setSize (200, 200);
        setLocationRelativeTo (frame);
        setVisible (true);
    }
}
```

该单位转换应用程序的用户界面包括 Help 和 About 按钮。单击 Help 按钮将创建并出现一个非模态对话框以显示帮助信息。为了创建并显示一个模态对话框以表示关于应用程序的信息，需要单击 About 按钮。如果单击 Help 按钮，然后再单击 About 按钮，那么可以很容易地切换回 Help 对话框(不需要关闭 About 按钮)，因为 setModalExclusionType(Dialog.ModalExclusionType.APPLICATION_EXCLUDE)已经有效地说明 Help 对话框将不会被任何应用模态对话框所阻塞。如果注释掉该方法调用，那么当 About 窗口打开时，将再也不能切换回 Help 对话框。

注意

想了解更多新模态模型及其 API 的信息和示例，请查阅 Sun 公司 Developer Network 文章"The New Modality API in Java SE 6"(http://java.sun.com/developer/technicalArticles/J2SE/Desktop/javase6/modality/)。

3.5 Splash Screen API

Java SE 6 引入了特定于应用程序的闪屏支持。闪屏在应用程序执行长时间的启动初始化任务时，如图像加载，将吸引用户的注意力。

闪屏是通过一个简单的闪屏窗口来实现的，该窗口可以显示一个 GIF 图像(包括动画 GIF 图像)、JPEG 图像或 PNG 图像。新的 Splash Screen API 将允许用户自定义闪屏。

3.5.1 生成一个闪屏

为响应-splash 命令行选项，java 应用程序启动平台将创建一个闪屏窗口以显示该选项的图像参数。例如，如下的命令将创建一个显示 logo.gif 文件所保存图像的闪屏窗口：

```
java -splash:logo.gif Application
```

另外，也可以通过应用程序 JAR 文件的 SplashScreen-Image 清单条目来创建一个闪屏窗口并显示图像。例如，假定清单包含如下内容：

```
Manifest-Version: 1.0
Main-Class: Application
SplashScreen-Image: logo.gif
```

另外假定 logo.gif 以及其他需要的文件都已经打包到 Application.jar 中。那么如下的命令行：

```
java -jar Application.jar
```

将创建一个闪屏窗口，并显示 logo.gif 文件所保存的图像。

注意

如果同时设定-splash 命令行选项和 SplashScreen-Image 清单条目，如 java

-splash:logo2.gif -jar Application.jar，那么-splash 命令行选项将具有较高优先级。在本例中，闪屏窗口将显示 logo2.gif 中的图像。

3.5.2　自定义闪屏

闪屏窗口通常与覆盖(overlay)图像相关，覆盖图像可以是窗口图像绘制的或是 alpha 混合的图像，可以自定义闪屏。自定义闪屏要求使用 java.awt.SplashScreen 类。表 3-3 描述了该类的方法。

表 3-3　SplashScreen 类的方法

方　　法	描　　述
public void close()	隐藏并关闭闪屏窗口，然后释放所有资源。如果闪屏窗口已经关闭，该方法将抛出一个 IllegalStateException 异常
public Graphics2D createGraphics()	创建并返回一个绘制覆盖图像的图形上下文。由于绘制该图像并不需要更新闪屏窗口，因此，当您希望立刻用覆盖图像更新闪屏窗口时，应该调用 update()方法。如果闪屏窗口已经关闭，该方法将抛出一个 IllegalStateException 异常
public Rectangle getBounds()	返回闪屏窗口的边界。这些边界对于您用自己的窗口替换闪屏窗口是非常重要的。如果闪屏窗口已经关闭，该方法将抛出一个 IllegalStateException 异常
public URL getImageURL()	返回所显示的闪屏图像。如果闪屏窗口已经关闭，该方法将抛出一个 IllegalStateException 异常
public Dimension getSize()	返回闪屏窗口的大小。该大小对于您用自己的窗口替换闪屏窗口是非常重要的。如果闪屏窗口已经关闭，该方法将抛出一个 IllegalStateException 异常
public static SplashScreen getSplashScreen()	返回用于控制启动时闪屏窗口的 SplashScreen 对象。如果没有闪屏窗口(或者是窗口已经关闭)，该方法返回 null。如果当前 AWT 工具包的实现不支持闪屏，那么该方法将抛出一个 UnsupportedOperationException 异常。如果没有显示设备，那么该方法将抛出一个 java.awt.HeadlessException 异常
public boolean isVisible()	如果闪屏窗口是可见的，那么该方法返回 true。如果窗口已经通过调用 close()方法隐藏，或是当第一个 AWT/Swing 窗口可见时，那么该方法将返回 false

(续表)

方　　法	描　　述
public void setImageURL (URL imageURL)	将闪屏图像改变成从 imageURL 中加载的图像。该方法支持 GIF、JPEG 以及 PNG 图像格式。该方法在图像被加载并且闪屏窗口更新以后返回。窗口将随图像的大小改变而改变，并且在屏幕上居中显示。如果将 null 作为参数传递给 imageURL，那么该方法将抛出一个 NullPointerException 异常；如果加载图像时发生错误，那么该方法将抛出一个 IOException 异常；如果闪屏窗口已经被关闭，那么该方法将抛出一个 IllegalStateException 异常
public void update()	用覆盖图像的当前内容更新闪屏窗口。如果覆盖图像不存在(createGraphics()从来没有被调用)，或者闪屏窗口已经关闭，那么该方法将抛出一个 IllegalStateException 异常

不能直接实例化 SplashScreen 对象，因为如果闪屏窗口没有创建(响应-splash 或者 SplashScreen-Image)，该对象没有任何意义。相反，必须调用 getSplashScreen()方法来获取该对象。如果闪屏窗口不存在，那么该方法返回 null。因此在对窗口实现自定义之前，需要测试该方法的返回值：

```
SplashScreen splashScreen = SplashScreen.getSplashScreen ();
if (splashScreen != null)
{
    //执行相应的自定义。
}
```

创建一个简单的文档阅读器应用程序(您提供文档阅读器的代码)以演示如何自定义闪屏。代码清单 3-4 给出了该应用程序的源代码。

代码清单 3-4　DocViewer.java

```
//DocViewer.java

import java.awt.*;

public class DocViewer
{
    public static void main (String [] args)
    {
        SplashScreen splashScreen = SplashScreen.getSplashScreen ();
        if (splashScreen != null)
        {
```

//用一个边框环绕图像，该边框的粗细为图像宽和高中较小者的 5%。

```
Dimension size = splashScreen.getSize ();
int borderDim;
if (size.width < size.height)
    borderDim = (int) (size.width * 0.05);
else
    borderDim = (int) (size.height * 0.05);

Graphics g = splashScreen.createGraphics ();
g.setColor (Color.blue);
for (int i = 0; i < borderDim; i++)
    g.drawRect (i, i, size.width-1-i*2, size.height-1-i*2);
```

//在绘制之前确保文本可以适应于闪屏窗口——文本
//在闪屏窗口的下面部分居中显示。

```
FontMetrics fm = g.getFontMetrics ();
int sWidth = fm.stringWidth ("Initializing...");
int sHeight = fm.getHeight ();
if (sWidth < size.width && 2*sHeight < size.height)
{
    g.setColor (Color.blue);
    g.drawString ("Initializing...",
                  (size.width-sWidth)/2,
                  size.height-2*sHeight);
}
```

//用覆盖图像更新闪屏窗口

```
splashScreen.update ();
```

//暂停 5 秒以模拟一个较长的初始化任务，然后浏览图像。

```
try
{
    Thread.sleep (5000);
}
catch (InterruptedException e)
{
}

}
//继续 DocViewer 应用程序。
  }
}
```

通过 java -splash:dvlogo.jpg DocViewer 运行该应用程序。在验证闪屏窗口存在以及图像显示后，DocViewer.java 源代码在覆盖图像上画了一个蓝色的边框，并写了一段初始化信息(也是蓝色的)。splashScreen.update()方法调用 alpha 混合该覆盖图像和底层的 dvlogo.jpg 图像。图 3-1 给出得到的组合图像。

图 3-1　当光标移到 splash 窗口上时，Windows XP 显示一个沙漏型的鼠标光标

注意

想了解更多关于自定义闪屏的信息，请参考 Sun 公司 Developer Network 文章 "New Splash-Screen Functionality in Java SE 6" (http://java.sun.com/developer/technicalArticles/ J2SE/Desktop/javase6/splashscreen/index.html)。

3.6　System Tray API

新的 System Tray API 使应用程序可以访问桌面的系统托盘(system tray)，它给出了系统时间以及与系统托盘交互的应用程序的图标。为了访问这些应用程序，用户需要将鼠标置于托盘图标上并执行相应的鼠标动作。例如，右击一个图标可能启用一个特定于应用程序的弹出式菜单，而双击一个图标则可能打开该应用程序的主窗口(如果平台支持这些特性)。System Tray API 包含 java.awt.SystemTray 和 java.awt.TrayIcon 两个类。前一个类可以和系统托盘交互，重点是 TrayIcon 实例。而后一个类允许添加监听器以及其他自定义单独的 TrayIcon。

3.6.1　分析 SystemTray 和 TrayIcon 类

利用 SystemTray 类可以添加和删除托盘图标、添加属性变化监听器，以及获取系统托盘的相关信息。表 3-4 描述了 SystemTray 类的有关方法。

表 3-4　SystemTray 类的方法

方　　法	描　　述
public void add(TrayIcon trayIcon)	在系统托盘中添加 trayIcon 所描述的托盘图标。该托盘图标在添加以后就变成可见。托盘图标在系统托盘中出现的顺序依赖于底层的平台。当该应用程序退出时，或者每当系统托盘变得不可用时，应用程序的所有托盘图标都被自动删除。如果将 null 赋给 trayIcon，那么该方法将抛出一个 NullPointerException 异常；如果试图多次添加同一个托盘图标，那么该方法将抛出一个 IllegalArgumentException 异常；如果没有系统托盘，那么该方法将抛出一个 java.awt.AWTException 异常

(续表)

方　　法	描　　述
public void addPropertyChangeListener (String propertyName, PropertyChangeListener listener)	为 trayIcons 属性(该属性的名字必须是 propertyName)的属性变化监听器列表添加 Listener。当该应用程序从系统托盘中添加或者删除一个托盘图标时，又或者每当系统托盘变得不可用且应用程序的所有托盘图标被删除时，该监听器将被调用。如果将 null 赋给 listener，那么不会产生任何异常，但也不会执行任何动作
public PropertyChangeListener[] getPropertyChangeListeners(String propertyName)	返回与 propertyName 相关的所有属性变化监听器的数组。目前，该方法仅支持 trayIcons 属性。如果将 null 赋给 propertyName，那么该方法将返回空数组；如果将某个不是 trayIcons 属性的属性传给 propertyName，或者没有任何监听器与 trayIcons 属性相关，那么该方法也将返回一个空数组
public static SystemTray getSystemTray()	返回表示桌面系统托盘的 SystemTray 对象。每个应用程序调用该方法都获取相同的 SystemTray 实例。由于特定的平台可能不支持系统托盘，所以应该在调用该方法之前调用 isSupported()方法。如果平台支持系统托盘，那么该方法将返回 SystemTray 实例，否则该方法将抛出一个 UnsupportedOperationException 异常。如果没有显示设备，那么该方法将抛出一个 HeadlessException 异常。同样，如果平台安装了安全管理器，而且 accessSystemTray java.awt.AWTPermission 没有被授权，那么该方法将抛出一个 SecurityException 异常
public TrayIcon[] getTrayIcons()	返回一个表示由该应用程序在系统托盘上添加托盘图标的所有 TrayIcon 的数组。为防止真正的 TrayIcon 数组被修改，返回的数组仅仅是该数组的一个副本。如果应用程序没有在系统托盘中添加任何托盘图标，那么该数组将为空
public Dimension getTrayIconSize()	以一个 java.awt.Dimension 对象返回系统托盘中某个托盘图标所占有空间的水平和垂直大小(以像素计)。在该方法创建图标之前获取托盘图标的最佳尺寸是非常有效
public static boolean isSupported()	如果平台对系统托盘有一个最小支持，那么该方法返回 true。除了显示一个托盘图标外，最小支持还包括一个弹出式菜单(每当右击托盘图标时所显示的菜单)或者一个动作事件(每当双击托盘图标时所触发的事件)

（续表）

方　　法	描　　述
public void remove(TrayIcon trayIcon)	从系统托盘上删除由 trayIcon 所描述的托盘图标。如果将 null 赋给 trayIcon，那么该方法不会抛出任何异常，但也不会执行任何动作。当应用程序退出或者系统托盘变成不可用时，该应用程序所添加的所有托盘图标都将自动从系统托盘上删除
public void removePropertyChange Listener(String propertyName, PropertyChangeListener listener)	从 trayIcons 属性(propertyName 必须为该属性名)的属性变化监听器列表中删除 listener。如果将 null 赋给 listener，那么该方法不会抛出任何异常，但也不会采取任何动作

正如不能实例化 SplashScreen 对象一样，也不能实例化 SystemTray 对象。相反，需要调用 getSystemTray()重新获得 SystemTray 单例对象。由于如果平台不支持系统托盘，那么该方法将抛出一个 UnsupportedOperationException 异常，因此最好是先调用 isSupported()：

```
if (SystemTray.isSupported ())
{
    SystemTray systemTray = SystemTray.getSystemTray ();

    //使用系统托盘。
}
```

针对该 SystemTray 实例，可以添加一个属性变化监听器。无论添加或是删除系统托盘图标，该监听器都会被调用。另外，系统托盘变得不可用时——在此情况下所有的托盘图标都将自动删除，该监听器也会被调用。下面的例子演示了如何创建一个属性变化监听器，它输出两个 TrayIcon 数组(第一个数组详细列出了添加/删除之前的 TrayIcons；第二个数组详细列出了添加/删除之后的 TrayIcons)，以及如何在系统托盘上附加监听器：

```
PropertyChangeListener pcl;
pcl = new PropertyChangeListener ()
    {
      public void propertyChange (PropertyChangeEvent pce)
      {
      System.out.println (pce.getPropertyName ()+
                          " has changed\n");
      System.out.println ();

      TrayIcon [] tia = (TrayIcon []) pce.getOldValue ();
      if (tia != null)
      {
          System.out.println ("TrayIcon array before:");
          for (TrayIcon ti: tia)
```

```
                System.out.println (ti);
                System.out.println ();
        }

        tia = (TrayIcon []) pce.getNewValue ();
        if (tia != null)
        {
            System.out.println ("TrayIcon array after:");
            for (TrayIcon ti: tia)
                System.out.println (ti);
            System.out.println ();
        }
    }
  };
systemTray.addPropertyChangeListener("trayIcons", pcl);
```

也可以创建 TrayIcon，并在 SystemTray 中添加它们。表 3-5 描述了 TrayIcon 类创建 TrayIcon 的构造函数以及自定义这些实例的方法。

表 3-5　TrayIcon 类的构造函数和方法

public TrayIcon(Image image)	构造一个显示指定 image 的 TrayIcon。如果将 null 赋给 image，那么该方法将抛出一个 IllegalArgumentException 异常；如果平台不支持系统托盘，那么该方法将抛出一个 UnsupportedOperationException 异常；如果平台没有显示设备，那么该方法将抛出一个 HeadlessException 异常；如果 accessSystemTray AWTPermission 没有被授权，那么方法将抛出一个 SecurityException 异常
public TrayIcon(Image image, String tooltip)	构造一个显示指定 image 和 tooltip 的 TrayIcon。如果将 null 赋给 image，那么该方法将抛出一个 IllegalArgumentException 异常；如果平台不支持系统托盘，那么该方法将抛出一个 UnsupportedOperationException 异常；如果平台没有显示设备，那么该方法将抛出一个 HeadlessException 异常；如果 accessSystemTray AWTPermission 没有被授权，那么方法将抛出一个 SecurityException 异常
public TrayIcon(Image image, String tooltip, PopupMenu popup)	构造一个显示指定 image 和 tooltip，并与 popup 菜单相关联的 TrayIcon。如果将 null 赋给 image，那么该方法将抛出一个 IllegalArgumentException 异常；如果平台不支持系统托盘，那么该方法将抛出一个 UnsupportedOperationException 异常；如果平台没有显示设备，那么该方法将抛出一个 HeadlessException 异常；如果 accessSystemTray AWTPermission 没有被授权，那么该方法将抛出一个 SecurityException 异常

(续表)

public void addActionListener (ActionListener listener)	在该 TrayIcon 中添加一个动作监听器 listener。当用户通过鼠标或者键盘选择托盘图标时，则该监听器通常会由于某个动作事件而被调用。但是到底会产生什么样的动作事件则与平台相关。如果将 null 赋给 listener，那么该方法将不执行任何操作
public void addMouseListener (MouseListener listener)	在该 TrayIcon 中添加一个鼠标监听器 listener。该监听器接收该 TrayIcon 的所有鼠标事件，但是不识别鼠标进入托盘图标和鼠标移出托盘图标。鼠标的坐标是和屏幕相关。如果将 null 赋给 listener，该方法将不执行任何操作
public void addMouseMotion Listener(MouseMotionListener listener)	在该 TrayIcon 中添加一个鼠标移动 listener。该监听器接收 TrayIcon 的所有鼠标移动事件，但是不识别鼠标拖动。只要鼠标指针在系统托盘的相关图标上移动，鼠标移动事件就将发送给该监听器。鼠标的坐标是与屏幕相关。如果将 null 赋给 listener，那么该方法将不执行任何操作
public void displayMessage(String caption, String text, TrayIcon.MessageType messageType)	在托盘图标附近显示一个弹出消息。该消息在一定的时间间隔(该时间间隔很可能和平台相关)或者是用户单击消息(这可能会产生一个动作事件)后消失。该消息包含一个可选的 caption 和可选的 text。如果有的话，则标题显示(通常是加粗的)在文本之上。可以将 null 赋给 caption 或者 text，但两者不能同时为 null。如果试图将两者同时赋为 null，那么该方法将抛出一个 NullPointerException 异常。messageType 枚举类型标识消息的类型有：错误、信息、警告或者是简单文本。在消息的标题旁边显示一个特定于消息类型的图标，对于不同消息类型，图标各不相同；另外不同的消息也可能产生不同的系统声音。某些平台可能会截断文本或者标题——文本和标题的字符数显示与平台相关。某些平台甚至可能不显示消息
public String getActionCommand()	返回由该 TrayIcon 触发的动作事件的命令名(可能为 null)
public ActionListener[] getActionListeners()	返回在该 TrayIcon 中添加的所有动作监听器的数组。如果没有添加任何动作监听器，则该数组为空
public Image getImage()	返回该 TrayIcon 的图像
public MouseListener[] getMouseListeners()	返回在该 TrayIcon 中添加的所有鼠标监听器的数组。如果没有添加任何鼠标监听器，则该数组为空
public MouseMotionListener[] getMouseMotionListeners()	返回在该 TrayIcon 中添加的所有鼠标移动监听器的数组。如果没有添加任何鼠标移动监听器，则该数组为空

(续表)

public PopupMenu getPopupMenu()	返回和该 TrayIcon 相关的弹出式菜单。如果该 TrayIcon 没有相关的弹出式菜单,那么该方法返回 null
public Dimension getSize()	将系统托盘中一个托盘图标所占有的水平和垂直空间大小(以像素计)返回为一个 Dimension 对象。该方法的源代码显示该方法的实现是基于 SystemTray 的 getTrayIconSize()方法的
public String getToolTip()	返回该 TrayIcon 的提示信息。如果该图标没有提示信息,那么该方法将返回 null
public boolean isImageAutoSize()	返回该 TrayIcon 的 autosize 属性值(true 表示图像将自动调整大小)。autosize 属性确定了托盘图标是否自动调整大小以适应它在系统托盘中的可用空间大小
public void removeActionListener (ActionListener listener)	从该 TrayIcon 的动作监听器列表中删除 listener。如果将 null 赋给 listener,那么该方法将不执行任何操作
public void removeMouseListener (MouseListener listener)	从该 TrayIcon 的鼠标监听器列表中删除 listener。如果将 null 赋给 listener,那么该方法将不执行任何操作
public void removeMouseMotion Listener(MouseMotionListener listener)	从该 TrayIcon 的鼠标移动监听器列表中删除 listener。如果将 null 赋给 listener,那么该方法将不执行任何操作
public void setActionCommand (String command)	设定该 TrayIcon 的动作事件的命令名;默认设置为 null。该方法对于在多个 TrayIcon 之间共享同一个动作监听器时非常方便。在这种环境下,您需要知道是哪个 TrayIcon 触发了动作事件,并调用该监听器。如果每个 TrayIcon 都事先被赋予与自己相关的命令名,那么监听器能够通过字符串快速确定引发事件的 TrayIcon
public void setImage(Image image)	设置该 TrayIcon 的图像,这对于显示应用程序状态的改变是非常方便的。如果不调用 java.awt.Image 的 public void flush()方法,那么前一个图像是不会被丢弃的;因此需要在前一个图像上手动调用该方法。如果图像是一个动画,那么它将在系统托盘上动态显示。如果用当前显示的同一个图像调用该方法,那么它不会执行任何操作。如果将 null 赋给 image,那么该方法将抛出一个 NullPointerException 异常
public void setImageAutoSize (boolean autosize)	设置该 TrayIcon 的 autosize 属性。该属性确定了托盘图标是否自动适应它在系统托盘中的可用空间。如果该值设置为 true,那么当图像太小时,拉伸图像;或者图像太大时,剪辑图像以适应可用的空间。该属性默认为 false

(续表)

public void setPopupMenu (PopupMenu popup)	设置 TrayIcon 的弹出式菜单。该弹出式菜单仅仅可以和该 TrayIcon 相关。如果试图在多个 TrayIcon 之间共享该弹出式菜单，那么该方法将抛出一个 IllegalArgumentException 异常。一些平台可能不支持在右击托盘图标时显示弹出式菜单。在这种情况下，或者没有菜单显示，或者显示菜单的一个本地版本。将 null 赋给 popup 删除该 TrayIcon 的当前弹出式菜单
public void setToolTip (String tooltip)	设定该 TrayIcon 的提示信息。当鼠标指针悬停在托盘图标上时，提示信息将自动显示(尽管根据平台不同提示信息可能被截取)。将 null 赋给 tooltip 删除该 TrayIcon 的当前提示信息

继续前面的例子，以下的例子创建一个 TrayIcon 并在系统托盘中添加它(由 SystemTray 标识)中：

```
Image image = Toolkit.getDefaultToolkit ().createImage ("image.gif");
systemTray.add (new TrayIcon (image));
```

3.6.2 通过系统托盘快速启动程序

可以在系统托盘中方便地添加图标，但是何种应用程序才合适系统托盘呢？不管怎么，系统托盘是一个有限的资源，因此不应该将一些旧应用程序的图标放在系统托盘上。应该在系统托盘上添加的应用程序类型包括电池状态指示器、打印任务控制、音量控制、反病毒软件、QuickTime 电影播放器以及屏幕控制程序。另外一个应该放在系统托盘上的应用程序是程序启动器。该应用程序的源代码如代码清单 3-5 所示。

代码清单 3-5 QuickLaunch.java

```
//QuickLaunch.java

import java.awt.*;
import java.awt.event.*;
import java.awt.geom.*;
import java.awt.image.*;

import java.io.*;

import javax.swing.*;

public class QuickLaunch
{
  static AboutBox aboutBox;
  static ChooseApplication chooseApplication;
```

```java
public static void main (String [] args)
{
  if (!SystemTray.isSupported ())
  {
    JOptionPane.showMessageDialog (null, "System tray is not supported");
    System.exit (0);
  }

  SystemTray systemTray = SystemTray.getSystemTray ();

  //创建该托盘图标的图像。

  Dimension size = systemTray.getTrayIconSize ();
  BufferedImage bi = new BufferedImage (size.width, size.height,
                                        BufferedImage.TYPE_INT_RGB);
  Graphics g = bi.getGraphics ();
  g.setColor (Color.black);
  g.fillRect (0, 0, size.width, size.height);
  g.setFont (new Font ("Arial", Font.BOLD, 10));
  g.setColor (Color.yellow);
  g.drawString ("QL", 1, 11);

  try
  {
    //创建一个弹出式菜单，并在菜单中添加 QuickLaunch 菜单项。
    //为每个执行一些有用操作的菜单项绑定一个动作监听器。

    PopupMenu popup = new PopupMenu ();

    MenuItem miAbout = new MenuItem ("About QuickLaunch");
    ActionListener al;
    al = new ActionListener ()
        {
            public void actionPerformed (ActionEvent e)
            {
                if (aboutBox == null)
                {
                    aboutBox = new AboutBox ();
                    aboutBox.setVisible (true);
                }
            }
        };
    miAbout.addActionListener (al);
    popup.add (miAbout);

    popup.addSeparator ();

    MenuItem miChoose = new MenuItem ("Choose Application");
    al = new ActionListener ()
```

```
            {
                public void actionPerformed (ActionEvent e)
                {
                    if (chooseApplication == null)
                    chooseApplication = new ChooseApplication ();
                }
        };
miChoose.addActionListener (al);
popup.add (miChoose);

MenuItem miLaunch = new MenuItem ("Launch Application");
ActionListener alLaunch;
alLaunch = new ActionListener ()
            {
                public void actionPerformed (ActionEvent e)
                {
                    try
                    {
                        JTextField txt;
                        txt = ChooseApplication.txtApp;
                        String cmd = txt.getText ().trim ();
                        Runtime r = Runtime.getRuntime ();
                        if (!cmd.equals (""))
                            r.exec (cmd);
                    }
                    catch (IOException ioe)
                    {
                        JOptionPane.showMessageDialog (null,
                                            "Unable to "+
                                            "launch");
                    }
                }
            };
miLaunch.addActionListener (alLaunch);
popup.add (miLaunch);

popup.addSeparator ();

MenuItem miExit = new MenuItem ("Exit");
al = new ActionListener ()
    {
        public void actionPerformed (ActionEvent e)
        {
            System.exit (0);
        }
    };
miExit.addActionListener (al);
popup.add (miExit);
```

//创建一个托盘图标，并将其添加到系统托盘。
//使用前面创建的带 Quick Launch 提示的图像和弹出式菜单。

```
    TrayIcon ti = new TrayIcon (bi, "Quick Launch", popup);
    ti.addActionListener (alLaunch);
    systemTray.add (ti);
}
catch (AWTException e)
{
    JOptionPane.showMessageDialog (null, "Unable to create and/or "+
                                   "install tray icon");
    System.exit (0);
}
}
}

class AboutBox extends JDialog
{
    AboutBox ()
    {
```
//创建一个无主的模态对话框。为了区分 JDialog(Dialog, boolean) 和
//JDialog(Frame, boolean) 构造函数，类项的强制转换是必需的。

```
    super ((java.awt.Dialog) null, true);

    setDefaultCloseOperation (DO_NOTHING_ON_CLOSE);
    addWindowListener (new WindowAdapter ()
                    {
                        public void windowClosing (WindowEvent e)
                        {
                            dispose ();
                        }

                        public void windowClosed (WindowEvent e)
                        {
                            QuickLaunch.aboutBox = null;
                        }
                    });
    JPanel pnl;
    pnl = new JPanel ()
        {
            {
                setPreferredSize (new Dimension (250, 100));
                setBorder (BorderFactory.createEtchedBorder ());
            }

            public void paintComponent (Graphics g)
            {
                Insets insets = getInsets ();
```

```
                    g.setColor (Color.lightGray);
                    g.fillRect (0, 0, getWidth ()-insets.left-insets.right,
                                getHeight ()-insets.top-insets.bottom);

                    g.setFont (new Font ("Arial", Font.BOLD, 24));
                    FontMetrics fm = g.getFontMetrics ();
                    Rectangle2D r2d;
                    r2d = fm.getStringBounds ("Quick Launch 1.0", g);
                    int width - (int)((Rectangle2D.Float) r2d).width;

                    g.setColor (Color.black);
                    g.drawString ("Quick Launch 1.0", (getWidth()-width)/2,
                            insets.top+(getHeight ()-insets.bottominsets.
                            top)/2);
                }
            };
        getContentPane ().add (pnl, BorderLayout.NORTH);

        final JButton btnOk = new JButton ("Ok");
        btnOk.addActionListener (new ActionListener ()
                            {
                                public void actionPerformed (ActionEvent e)
                                {
                                    dispose ();
                                }
                            });
    getContentPane ().add (new JPanel () {{ add (btnOk); }},
                        BorderLayout.SOUTH);

  pack ();
  setResizable (false);
  setLocationRelativeTo (null);
  }
}

class ChooseApplication extends JFrame
{
  static JTextField txtApp = new JTextField ("", 30);

  ChooseApplication ()
  {
    setDefaultCloseOperation (DO_NOTHING_ON_CLOSE);
    addWindowListener (new WindowAdapter ()
                    {
                        public void windowClosing (WindowEvent e)
                        {
                            dispose ();
                        }
```

```
                         public void windowClosed (WindowEvent e)
                         {
                             QuickLaunch.chooseApplication = null;
                         }
                     });

    JPanel pnl = new JPanel ();
    pnl.add (new JLabel ("Enter application"));
    pnl.add (txtApp);
    getContentPane ().add (pnl);

    pack ();
    setResizable (false);
    setLocationRelativeTo (null);
    setVisible (true);
    }
}
```

QuickLauncher.java 源代码描述了一个系统托盘应用程序的体系结构，该应用程序可以选择并快速启动任意应用程序。在确定平台支持系统托盘以后，该应用程序将创建相应的托盘图标图像。另外，它也创建一个具有 About QuickLaunch、Choose Application、Launch Application 以及 Exit 菜单项的弹出式菜单。接着创建与托盘图标以及弹出式菜单相关的 TrayIcon，并绑定一个动作监听器，然后在 SystemTray 中添加 TrayIcon，其中的动作监听器将调用默认的 Launch Application 菜单项的动作监听器(只要用户执行相应的鼠标动作，如在 Windows XP 下双击托盘图标)。图 3-2 显示该应用程序的托盘图标和弹出式菜单。

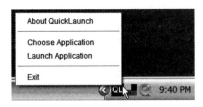

图 3-2　QuickLaunch 在系统托盘中添加一个程序启动器图标

弹出式菜单选项的功能如下：

- About QuickLaunch 选项激活一个基于 Swing 的对话框以给出程序的相关信息。该信息目前限制程序标题。通过单击对话框的 OK 按钮或者是单击系统菜单的 Close 菜单项关闭该对话框。
- Choose Application 选项可以选择一个应用程序启动。出现的对话框有一个文本域让用户输入应用名(例如，在 Windows XP 系统中可以输入 notepad.exe)。选择系统菜单的 Close 菜单项来关闭该对话框。
- Launch Application 选项启动选择的应用程序。
- Exit 选项终止该应用程序，并自动删除该应用程序的托盘图标。

注意

Sun 公司 Developer Network 文章 "New System Tray Functionality in Java SE 6"
(http://java.sun.com/developer/technicalArticles/J2SE/Desktop/javase6/systemtray/)提供其他
的系统托盘 API 信息和例子。

3.7 Solaris 系统上的 XAWT 支持

Java 5.0 为 Solaris 和 Linux 重新实现 AWT，从而使得 AWT 不再和本地的 Motif 小
部件类库以及本地的 Xt(X 工具包)小部件支持类库相绑定。这样做是为了提高 AWT 的
性能和正确性。所得到的基于 X11 协议的 XAWT 工具包大部分都是用 Java 写的；少部
分的本地代码则用来和 XLib(X Window System 协议客户端类库)通信。该类库包含和 X
服务器交互的本地函数。

尽管 XAWT 已经成为 Linux 上 AWT 的默认实现，Solaris 仍然依赖 Motif 作为其默
认的 AWT 实现。在 Java SE 6 中，Solaris AWT 实现现在默认为 XAWT。这就意味着当
在 Solaris 上运行 Java 应用程序时，为了选择 XAWT 实现，不再需要设置 AWT_TOOLKIT
环境变量或者是将-Dawt.toolkit 命令行参数设置为 sun.awt.X11.XToolkit。

3.8 小结

AWT 是基于 AWT GUI 和基于 Swing GUI 的基础。Java SE 6 在多个不同方面增强该
基础，首先就是提供了新的 Desktop API。

Desktop API 弥补了 Java 和运行在桌面上的本地应用程序之间的鸿沟，使得 Java 应
用程序可以启动与特定文件类型相关的应用程序以打开、编辑，以及打印基于这些类型
的文件。它也使得 Java 应用程序可以用特定的 URI 启动默认的 Web 浏览器，以及启动
默认的电子邮件客户端。

Java 中用来实现动态布局的全时缩放是一个可视化增强特性。在全时缩放时，窗口
的内容随着窗口缩放进行动态部局。在 Java SE 6 中，Toolkit 的 setDynamicLayout(boolean
dynamic)方法的默认行为已经发生了改变。该方法将在缩放的过程动态地验证容器布局。

对于那些在非英语地区使用 Java 的开发人员而言，Java SE 6 修补了很多在 Solaris
和 Linux 平台上与键盘输入相关的 bug。

在 Java SE 6 以前，AWT 的模态模型在多个方面都有缺陷。为了修补这些缺陷，Java
SE 6 引入了一个可以限制对话框的阻塞范围的新模态模型。该模型也允许将一个窗口标
记为被排除，因此该窗口将不会被一个模态对话框所阻塞。

Java SE 6 支持闪屏，允许在应用程序加载时给出一个简单的闪屏窗口以显示一个
GIF、JPEG 或者 PNG 图像。可以通过-splash 命令行选项或一个应用程序 JAR 文件的
SplashScreen-Image 清单条目来完成该任务。新的 Splash Screen API 提供相应的方法来绘
制与闪屏窗口相关的覆盖图像来自定义闪屏。

除了 Desktop API 和 Splash Screen API 以外，Java SE 6 也提供 System Tray API，从而使 Java 应用程序成为桌面系统的一等公民。System Tray API 允许应用程序访问桌面的系统托盘。可以利用该 API 的 SystemTray 类与系统托盘交互。还可以使用该 API 的 TrayIcon 类来向 TrayIcon 添加监听器和自定义单独的托盘图标。

最后，Java SE 6 在 Solaris 平台上 AWT 的实现默认为 XAWT。

3.9 练习

您对 AWT 工具包的改变理解如何？通过回答下面问题，测试您对本章内容的理解(参考答案见附录 D)。

(1) 用您自己的链接组件创建一个对话框。当该链接被单击时，调用 Desktop 类的 browse()方法来启动默认的浏览器并显示由链接所标识的页面。

(2) 在 UnitsConverter.java(代码清单 3-3)中，当您做如下改变时，将会有一些奇怪的情况发生：

```
setModalExclusionType (Dialog.ModalExclusionType.APPLICATION_EXCLUDE);
```

改成：

```
frame.setModalExclusionType (Dialog.ModalExclusionType.APPLICATION_EXCLUDE);
```

做这样的改变后，单击 About 按钮，只要 About 窗口还在屏幕上，它仍然会阻塞对底层 GUI 的访问。但是，如果您单击 Help 按钮，关闭 Help 对话框，之后再单击 About 按钮激活 About 对话框，那么当 About 对话框仍然在屏幕上时，还可以访问底层的 GUI。为什么？

(3) 如果同时设定-splash 命令行选项和 SplashScreen-Image 清单条目，哪个具有更高的优先级？

(4) 与托盘图标相关的弹出式菜单通常用加粗的字体类型来显示默认菜单项。修改 QuickLaunch.java(代码清单 3-5)用粗体显示默认的 Launch Application 菜单项。

第 4 章

GUI 工具包：Swing

Swing 是抽象窗口工具包(AWT)的扩展，是构建最新 GUI 的首选工具包。本章将讨论 Java SE 6 在 Swing 中所引入的新特性及改进特性：

- 在 JTabbedPane 选项卡标题上使用任意组件
- 改进的 SpringLayout
- 改进的 Swing 组件拖放
- JTable 排序与过滤
- 外观的改进
- 新的 SwingWorker 类
- 文本组件打印

4.1 在 JTabbcdPane 选项卡标题上放置任意组件

javax.swing.JtabbedPane 类实现了一个可以分为多个选项卡的组件。每个选项卡都包含一个组件。通过结合使用布局管理器和容器，可以将多个组件放在一个选项卡内。用户通过单击选项卡的标题来切换选项卡。

在 Java SE 6 以前，标题被限制为一个 String 标签和一个 javax.swing.Icon(以及一个工具提示 String)的组合。很多开发人员发现这个限制太严格了；例如，他们希望能够在标题上添加一个关闭按钮，以允许用户关闭该选项卡。现在，Java SE 6 允许在标题上显示任意类型的 java.awt.Component。

JtabbedPane 添加了三个方法以支持在选项卡标题添加任意的组件。表 4-1 给出了这些方法的详细描述。

表 4-1 JTabbedPane 类的选项卡组件方法

方　　法	描　　述
public void setTabComponentAt(int index, Component component)	指定为指定选项卡呈现标题的 component。该选项卡由基于零的 index 标识。如果 index 小于零或者是大于最终的选项卡索引，那么该方法抛出一个 IndexOutOfBoundsException 异常；如果该选项卡已经指定一个组件，那么该方法将抛出一个 IllegalArgumentException 异常

方　　法	描　　述
public　Component　getTabComponentAt(int index)	返回与 index 选项卡相关的组件。如果 index 小于零或者是大于最终的选项卡索引，那么该方法抛出一个 IndexOutOfBoundsException 异常
public int indexOfTabComponent(Component tabComponent)	返回与 tabComponent 相关的选项卡的索引。如果没有相应的选项卡，则方法返回 - 1

为了演示 setTabComponentAt()和 getTabComponentAt()方法，本章准备了一个功能最简单的 Web 浏览器应用程序。该应用程序可以输入一个 URL，并在当前选项卡中显示其网页。通过菜单添加新的选项卡，并在选项卡之间切换，通过单击选项卡标题上的关闭按钮来关闭选项卡并移除显示的页面。代码清单 4-1 给出了该应用程序的源代码。

代码清单 4-1　Browser.java

```java
//Browser.java

import java.awt.*;
import java.awt.event.*;

import java.io.*;

import javax.swing.*;
import javax.swing.event.*;

public class Browser extends JFrame implements HyperlinkListener
{
  private JTextField txtURL;

  private JTabbedPane tp;

  private JLabel lblStatus;

  private ImageIcon ii = new ImageIcon ("close.gif");

  private Dimension iiSize = new Dimension (ii.getIconWidth (),
                                            ii.getIconHeight ());

  private int tabCounter = 0;

  public Browser ()
  {
    super ("Browser");
    setDefaultCloseOperation (EXIT_ON_CLOSE);
```

```
JMenuBar mb = new JMenuBar ();
JMenu mFile = new JMenu ("File");
JMenuItem mi = new JMenuItem ("Add Tab");
ActionListener addTab1 = new ActionListener ()
                    {
                        public void actionPerformed (ActionEvent e)
                        {
                            addTab ();
                        }
                    };
mi.addActionListener (addTab1);
mFile.add (mi);
mb.add (mFile);
setJMenuBar (mb);

JPanel pnlURL = new JPanel ();
pnlURL.setLayout (new BorderLayout ());
pnlURL.add (new JLabel ("URL: "), BorderLayout.WEST);
txtURL = new JTextField ("");
pnlURL.add (txtURL, BorderLayout.CENTER);
getContentPane ().add (pnlURL, BorderLayout.NORTH);

tp = new JTabbedPane ();
addTab ();
getContentPane ().add (tp, BorderLayout.CENTER);

lblStatus = new JLabel (" ");
getContentPane ().add (lblStatus, BorderLayout.SOUTH);

ActionListener al;
al = new ActionListener ()
    {
      public void actionPerformed (ActionEvent ae)
      {
        try
        {
            Component c = tp.getSelectedComponent ();
            JScrollPane sp = (JScrollPane) c;
            c = sp.getViewport ().getView ();
            JEditorPane ep = (JEditorPane) c;
            ep.setPage (ae.getActionCommand ());
        }
        catch (Exception e)
        {
            lblStatus.setText ("Browser problem: "+e.getMessage ());
        }
      }
    };
txtURL.addActionListener (al);
```

```java
        setSize (300, 300);
        setVisible (true);
    }

    void addTab ()
    {
        JEditorPane ep = new JEditorPane ();
        ep.setEditable (false);
        ep.addHyperlinkListener (this);
        tp.addTab (null, new JScrollPane (ep));

        JButton tabCloseButton = new JButton (ii);
        tabCloseButton.setActionCommand (""+tabCounter);
        tabCloseButton.setPreferredSize (iiSize);

        ActionListener al;
        al = new ActionListener ()
            {
                public void actionPerformed (ActionEvent ae)
                {
                    JButton btn = (JButton) ae.getSource ();
                    String s1 = btn.getActionCommand ();
                    for (int i = 1; i < tp.getTabCount (); i++)
                    {
                        JPanel pnl = (JPanel) tp.getTabComponentAt (i);
                        btn = (JButton) pnl.getComponent (0);
                        String s2 = btn.getActionCommand ();
                        if (s1.equals (s2))
                        {
                            tp.removeTabAt (i);
                            break;
                        }
                    }
                }
            };
        tabCloseButton.addActionListener (al);

        if (tabCounter != 0)
        {
            JPanel pnl = new JPanel ();
            pnl.setOpaque (false);
            pnl.add (tabCloseButton);
            tp.setTabComponentAt (tp.getTabCount ()-1, pnl);
            tp.setSelectedIndex (tp.getTabCount ()-1);
        }

        tabCounter++;
    }
```

```
public void hyperlinkUpdate (HyperlinkEvent hle)
{
    HyperlinkEvent.EventType evtype = hle.getEventType ();

    if (evtype == HyperlinkEvent.EventType.ENTERED)
       lblStatus.setText (hle.getURL ().toString ());
    else
    if (evtype == HyperlinkEvent.EventType.EXITED)
       lblStatus.setText (" ");
}

public static void main (String [] args)
{
  Runnable r = new Runnable ()
               {
                   public void run ()
                   {
                      new Browser ();
                   }
               };
  EventQueue.invokeLater (r);
  }
}
```

注意，代码清单 4-1 使用了 tabCounter、setActionCommand()以及 getActionCommand()
以唯一标识各选项卡。本例使用这些方法是为了标识究竟哪个选项卡的关闭按钮被单击
了。尽管曾经尝试使用 JTabbedPane 类的 getSelectedIndex()方法完成相同的任务，但是如
果选项卡没有被选中，而其关闭按钮被单击时，该方法是没用的。

在编译该源代码后，启动该应用程序。如图 4-1 所示，该 GUI 包含一个 File 菜单(为
了添加选项卡)、一个用于输入 URL 的文本域和一个选项卡区域，该区域具有唯一的用
于查看 Web 页面的选项卡以及一个用于查看链接和错误信息的状态栏。该起始选项卡并
没有关闭按钮，因为要添加按钮，至少需要一个选项卡。

图 4-1 一个简单 Web 浏览器应用程序，该应用程序允许添加显示关闭按钮的选项卡

在文本域中输入一个完整的 URL(例如：http://www.apress.com)，然后页面将出现在起始选项卡上。(如果页面加载错误，状态栏将给出一个错误信息)。从 File 菜单上，选择 Add Tab 菜单项来添加另外一个选项卡，然后再输入另外一个完整的 URL。注意在这个新选项卡标题上的关闭按钮。在这些选项卡切换之后，单击该按钮以关闭新添加的选项卡。

警告
该 Browser 应用程序必须能够加载显示关闭按钮图形的 close.gif。如果该文件不能加载，那么就不能在选项卡标题上看到关闭按钮(起始选项卡标题上从来不显示关闭按钮)，且不能关闭这些选项卡。

4.2　改进的 SpringLayout

SpringLayout 布局管理器包括 javax.swing.SpringLayout 类和它的嵌套 SpringLayout.Constraints 类。这些类通过 springs(包含不同最小值、首选值以及最大值的三元组)和 struts(最小值、首选值以及最大值相同的 springs)一起协同工作来对组件布局。该布局管理器背后的思想是在一个 GUI 进行缩放后，维护该 GUI 的组件和容器边界或者其他组件边界之间的相对位置。

SpringLayout 在 Java 2 Platform，Standard Edition 1.4 版本中首次由官方发布。该布局管理器的早期版本在 Swing 的 alpha 版和 beta 版中都已经存在了，但是由于其没有最终完成，在 Java 1.4 版以前都没有正式引入。即使在官方把它变成 Swing 的一部分以后，SpringLayout 仍然需要一些额外的工作。例如，SpringLayout 并不能总是正确地解决其约束问题。该问题通过 Bug 4726194 "SpringLayout doesn't always resolve constraints correctly." 引起了 Sun 公司的关注。正如在该 bug 条目中的解释一样，该问题后来在 Java SE 6 中得到了解决。Java SE 6 通过将用于计算 spring 的算法建立在最后两个指定 spring 上，并沿着各个轴进行计算来解决这个问题。

注意
尽管可以手工编码使用该布局管理器的 GUI，但是 SpringLayout 最初是为辅助 GUI 构建工具而创建的。

4.3　改进的 Swing 组件拖放

Java SE 6 大大地改善了 Swing 组件的拖放。这些改进主要涉及到告诉组件如何确定放置的位置，以及让 Swing 在转换期间提供所有相关的转换信息。首先，考虑在 Swing 文本组件——javax.swing.JTextComponent 子类中的第一个改进。

在拖放过程中，文本组件将脱字符号(文本插入点)移动到鼠标位置，从视觉上标识选中的文本将放置在何处。在 Java SE 6 之前，该动作将临时性地清除此选项，这将导致用户丢失被拖动文本的上下文。

Java SE 6 通过在 JTextComponent 类中引入一个 public final void setDropMode(DropMode dropMode)方法来弥补这种情况。同时，Java SE 6 还引入了 javax.swing.DropMode 枚举类型，该枚举类型的常量标识拖放时组件跟踪的方式以及指示组件放置的位置。在由该枚举类型所提供的各个常量中，仅有 DropMode.INSERT 和 DropMode.USE_SELECTION 可用于文本组件。

DropMode.INSERT 常量指定放置位置将根据插入数据的位置进行跟踪。这就意味着被选中的文本是不会被清除的(即使是暂时的也不会)。相反，DropMode.USE_SELECTION 则指定文本组件的脱字符号将用来跟踪放置位置，因此选中的文本将暂时不被选中。

创建一个应用程序以演示这两种拖放模式的不同。该应用程序的源代码如代码清单 4-2 所示。

代码清单 4-2　TextDrop.java

```java
//TextDrop.java

import java.awt.*;
import java.awt.event.*;

import java.io.*;

import javax.swing.*;

public class TextDrop extends JFrame
{
  private JTextField txtField1, txtField2;

  public TextDrop (String title)
  {
  super (title);
  setDefaultCloseOperation (EXIT_ON_CLOSE);

  getContentPane ().setLayout (new GridLayout (3, 1));

  JPanel pnl = new JPanel ();
  pnl.add (new JLabel ("Text field 1"));
  txtField1 = new JTextField ("Text1", 25);
  txtField1.setDragEnabled (true);
  pnl.add (txtField1);
  getContentPane ().add (pnl);

  pnl = new JPanel ();
  pnl.add (new JLabel ("Text field 2"));
  txtField2 = new JTextField ("Text2", 25);
  txtField2.setDragEnabled (true);
```

```
        pnl.add (txtField2);
        getContentPane ().add (pnl);

        pnl = new JPanel ();
        pnl.add (new JLabel ("Drop mode"));
        JComboBox cb = new JComboBox (new String [] { "USE_SELECTION",
                                                      "INSERT" });
        cb.setSelectedIndex (0);
        ActionListener al;
        al = new ActionListener ()
              {
                  public void actionPerformed (ActionEvent e)
                  {
                      JComboBox cb = (JComboBox) e.getSource ();
                      int index = cb.getSelectedIndex ();
                      if (index == 0)
                      {
                          txtField1.setDropMode (DropMode.USE_SELECTION);
                          txtField2.setDropMode (DropMode.USE_SELECTION);
                      }
                      else
                      {
                          txtField1.setDropMode (DropMode.INSERT);
                          txtField2.setDropMode (DropMode.INSERT);
                      }
                  }
              };
        cb.addActionListener (al);
        pnl.add (cb);
        getContentPane ().add (pnl);

        pack ();
        setVisible (true);
    }

    public static void main (String [] args)
    {
      Runnable r = new Runnable ()
                    {
                        public void run ()
                        {
                            new TextDrop ("Text Drop");
                        }
                    };
      EventQueue.invokeLater (r);
    }
}
```

当运行该应用程序时，它的 GUI 显示 3 个标签、2 个文本域和 1 个组合框。其思想是在文本域中选择文本，然后将选中的文本拖放到另一个文本域中。通过从组合框中选择拖放模式，可以验证每个拖放模式对选中文本和取消选中文本的影响。

图 4-2 显示了一个复制操作，在此，上方文本域中的文本已经被预先选中。复制的文本将拖到上方文本域的末尾，并将放置在此。注意，此时组合框指示为 INSERT 拖放模式。当切换到 USE_SELECTION 拖放模式时，在拖动操作过程中，看到的是文本，而不是选项(在拖放文本的复制时，按住 Ctrl 键)。

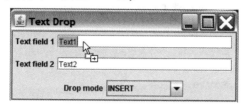

图 4-2   TextDrop 应用程序演示 DropMode.INSERT 和 DropMode.USE_SELECTION 拖放模式

注意

JTextComponent 也提供相应的方法 public final DropMode getDropMode()以返回当前的拖放模式。为了实现向后兼容，DropMode.USE_SELECTION 被设置为默认的拖放模式。

4.4   JTable 排序与过滤

Java SE 6 已经简化了排序和过滤 javax.swing.JTable 内容的能力。通过单击列标题，可以根据列的内容对行排序。也可以根据正则表达式和其他的准则对行过滤，从而只显示和准则相匹配的那些行。

4.4.1   排序表格行

三个类为排序和过滤 JTable 的内容提供了基础：
- 抽象的 javax.swing.RowSorter<M>类，该类在底层数据源(如模型)和视图之间提供了一个映射。
- javax.swing.DefaultRowSorter<M, I>，该类为前一个类的抽象子类，支持对基于网格的数据模型进行排序和过滤。
- DefaultRowSorter<M, I>的 javax.swing.table.TableRowSorter<M extends TableModel>子类，该子类通过 javax.swing.table.TableModel 提供表格组件排序和过滤功能。

在表格组件中引入排序功能比较容易。在创建一个表格模型，并用该模型初始化表格组件后，将该模型传递给 TableRowSorter<M extends TableModel>的构造函数。然后将得到的 RowSorter<M>传递给 JTable 的 public void setRowSorter(RowSorter<? extends TableModel> sorter)方法即可：

```
TableModel model = ...
JTable table = new JTable (model);
```

```
RowSorter<TableModel> sorter = new TableRowSorter<TableModel> (model);
table.setRowSorter (sorter);
```

为了演示在表格中添加排序功能是多么简单，作者设计了一个简单的应用程序。该应用程序在一个两列的表格中详细列出了一些杂货及其价格。代码清单 4-3 给出了源代码。

代码清单 4-3　PriceList1.java

```java
//PriceList1.java

import javax.swing.*;
import javax.swing.table.*;

public class PriceList1 extends JFrame
{
  public PriceList1 (String title)
  {
    super (title);
    setDefaultCloseOperation (EXIT_ON_CLOSE);

    String [] columns = { "Item", "Price" };

    Object [][] rows =
    {
        { "Bag of potatoes", 10.98 },
        { "Magazine", 7.99 },
        { "Can of soup", 0.89 },
        { "DVD movie", 39.99 }
    };

    TableModel model = new DefaultTableModel (rows, columns);
    JTable table = new JTable (model);
    RowSorter<TableModel> sorter = new TableRowSorter<TableModel> (model);
    table.setRowSorter (sorter);
    getContentPane ().add (new JScrollPane (table));

    setSize (200, 150);
    setVisible (true);
  }

  public static void main (String [] args)
  {
      Runnable r = new Runnable ()
                   {
                       public void run ()
                       {
                           new PriceList1 ("Price List #1");
                       }
```

```
                    };
        java.awt.EventQueue.invokeLater (r);
    }
}
```

运行该应用程序，将看到类似图 4-3 所示表格的输出。

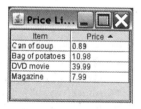

图 4-3　未排序的表格

单击 Item 列的标题，表格的行将根据该列值的升序排列。一个小的向上的三角形将出现在列名旁边以标识当前的排序方向，如图 4-4 所示。

假定基于价格的升序(价格最小项在第一个)对条目进行排序。单击 Price 列的标题之后，在列名的旁边出现了一个小的向上的三角形。但是，如图 4-5 所示，排序结果并不是我们所预期的。

图 4-4　基于 Item 列排序的表格　　　　图 4-5　基于字符串比较排序价格

这个价格并不是按照它们的数字值进行排序的。如果是按数字值排序的话，包含 DVD movie 和 39.99 的行将是整个表格的最后一行。相反，表格的行是基于价格值的字符串表示进行排序的。

根据 TableRowSorter<M extends TableModel>类的 JDK 文档，在进行排序时，使用 java.util.Comparator<T>比较器来比较对象。Comparator<T>比较器基于 5 个规则来进行选择。下面这几个规则(自上而下是确定的顺序)是从文档中摘录的(进行必要的说明)：

- 如果已经通过 setComparator 方法为该列指定 Comparator<T>，那么使用该比较器。
- 如果由 getColumnClass 返回的列类是 String，那么使用 Collator.getInstance()返回的 Comparator<T>。
- 如果列类实现 Comparable<T>，那么使用调用 compareTo 方法的 Comparator<T>。
- 如果列已经指定 javax.swing.table.TableStringConverter，那么使用该类将值转换成 String，然后再利用由 Collator.getInstance()返回的 Comparator<T>。
- 否则在调用对象的 toString 返回的结果上使用 Collator.getInstance()返回的 Comparator<T>。

如果通过 public void setComparator(int column, Comparator<?> comparator)在列中显式地绑定 Comparator<T>，那么在排序时将使用该 Comparator<T>(如第一条规则所示)。相反，建立 javax.swing.table.DefaultTableModel 的子类并重写 public Class getColumnClass (int column)方法将更为简单。代码清单 4-4 给出这样实现的源代码。

代码清单 4-4　PriceList2.java

```java
//PriceList2.java

import javax.swing.*;
import javax.swing.table.*;

public class PriceList2 extends JFrame
{
  public PriceList2 (String title)
  {
    super (title);
    setDefaultCloseOperation (EXIT_ON_CLOSE);

    String [] columns = { "Item", "Price" };

    Object [][] rows =
    {
        { "Bag of potatoes", 10.98 },
        { "Magazine", 7.99 },
        { "Can of soup", 0.89 },
        { "DVD movie", 39.99 }
    };

    TableModel model = new DefaultTableModel (rows, columns)
                       {
                           public Class getColumnClass (int column)
                           {
                               if (column >= 0 &&
                                 column <= getColumnCount ())
                                 return getValueAt (0, column).getClass ();
                               else
                                   return Object.class;
                           }
                       };
    JTable table = new JTable (model);
    RowSorter<TableModel> sorter = new TableRowSorter<TableModel> (model);
    table.setRowSorter (sorter);
    getContentPane ().add (new JScrollPane (table));

    setSize (200, 150);
    setVisible (true);
  }
```

```
public static void main (String [] args)
{
  Runnable r = new Runnable ()
                 {
                     public void run ()
                     {
                         new PriceList2 ("Price List #2");
                     }
                 };
  java.awt.EventQueue.invokeLater (r);
}
}
```

DefaultTableModel 总是会从它的 getColumnClass()方法中返回 Object.class。根据第五条规则，这将导致在排序过程中调用 toString()方法(结果如前面的图 4-5 所示)。通过重写 getColumnClass()方法，并让重写的方法返回相应的类型，那么根据第三条规则，排序将利用返回的 Class 对象的 Comparable<T>进行，如果有的话。图 4-6 给出了正确排序的价格列表。

图 4-6　在基于价格排序的表格中，DVD movie 项现在显示在最后一行

提示

JTable 的 public void setAutoCreateRowSorter(boolean autoCreateRowSorter)方法提供最简单的方法在表格组件中绑定行排序器。想了解该方法的更多信息，请查阅 "Mustang (Java SE 6) Gallops into Town" (http://www.informit.com/articles/article.asp? p=661371&rl=1)。

4.4.2　过滤表格行

DefaultRowSorter<M, I>类提供 public void setRowFilter(RowFilter<? super M,? super I> filter)方法为表格安装一个过滤器，从而允许您确定哪些行需要显示，哪些行需要隐藏。可以将 javax.swing.RowFilter<M, I>抽象类的静态方法返回的过滤器的一个实例传递给 filter，从而实现对表格行的过滤；或者将 null 传递给该参数，从而移除所有已经安装的过滤器并允许显示所有行。表 4-2 显示 RowFilter 的过滤器工厂方法。

表 4-2　RowFilter 的过滤器工厂方法

方　　法	描　　述
public static <M,I> RowFilter<M,I> andFilter(Iterable<? extends RowFilter<? super M,? super I>> filters)	返回一个行过滤器。如果所有指定的行 filters 都包含某一行，那么该过滤器包含该行
public static <M,I> RowFilter<M,I> dateFilter(RowFilter.ComparisonType type, Date date, int... indices)	返回一个行过滤器。该过滤器仅仅包含在 indices 列中至少有一个 java.util.Date 值满足由 type 指定准则的那些行。如果 indices 参数没有指定，那么所有的列都要检测
public static <M,I> RowFilter<M,I> notFilter(RowFilter<M,I> filter)	返回一个行过滤器，该过滤器包含指定的行 filter 所不包含的行
public static <M,I> RowFilter<M,I> numberFilter(RowFilter.ComparisonType type, Number number, int... indices)	返回一个行过滤器。该过滤器仅仅包含在 indices 列中至少有一个 Number 值满足由 type 指定准则的那些行。如果 indices 参数没有指定，那么所有的列都要被检测
public static <M,I> RowFilter<M,I> orFilter(Iterable<? extends RowFilter<? super M,? super I>> filters)	返回一个行过滤器，该过滤器包含任意指定的行 filters 所包含的行
public static <M,I> RowFilter<M,I> regexFilter(String regex, int... indices)	返回一个行过滤器。该过滤器使用一个正则表达式来确定哪些行包含在其中。由 indices 包含的每一列都将被检查。如果某一列的值匹配 regex，那么该行将被返回。如果 indices 参数没有指定，那么所有的列都将被检查

　　行过滤在数据库应用程序的环境中是非常有用的。将一个 SQL SELECT 语句提交给数据库管理系统从而实现基于某些准则检索一个表格行中的子集将可能非常昂贵，而使用表格组件及其行过滤器肯定要快得多。例如，假定表格组件给出一个测试软件发现 bug 的日志(bug 标识符、描述、填写日期和修改日期)。此外，假定仅仅展现那些描述匹配输入的正则表达式的行。代码清单 4-5 给出了完成该任务的应用程序。

代码清单 4-5　BugLog.java

```
//BugLog.java

import java.awt.*;
import java.awt.event.*;

import java.text.*;
```

```java
import java.util.*;

import javax.swing.*;
import javax.swing.table.*;

public class BugLog extends JFrame
{
  private static DateFormat df;

  public BugLog (String title) throws ParseException
  {
    super (title);
    setDefaultCloseOperation (EXIT_ON_CLOSE);

    String [] columns = { "Bug ID", "Description", "Date Filed",
                          "Date Fixed" };

    df = DateFormat.getDateTimeInstance (DateFormat.SHORT,
                                         DateFormat.SHORT,Locale.US);

    Object [][] rows =
    {
        { 1000, "Crash during file read", df.parse ("2/10/07 10:12 am"),
          df.parse ("2/11/07 11:15 pm") },
        { 1020, "GUI not repainted", df.parse ("3/5/07 6:00 pm"),
          df.parse ("3/8/07 3:00 am") },
        { 1025, "File not found exception", df.parse ("1/18/07 9:30 am"),
          df.parse ("1/22/07 4:13 pm") }
    };

    TableModel model = new DefaultTableModel (rows, columns);
    JTable table = new JTable (model);
    final TableRowSorter<TableModel> sorter;
    sorter = new TableRowSorter<TableModel> (model);
    table.setRowSorter (sorter);
    getContentPane ().add (new JScrollPane (table));

    JPanel pnl = new JPanel ();
    pnl.add (new JLabel ("Filter expression:"));
    final JTextField txtFE = new JTextField (25);
    pnl.add (txtFE);
    JButton btnSetFE = new JButton ("Set Filter Expression");
    ActionListener al;
    al = new ActionListener ()
        {
            public void actionPerformed (ActionEvent e)
            {
                String expr = txtFE.getText ();
                sorter.setRowFilter (RowFilter.regexFilter (expr));
```

```
                  sorter.setSortKeys (null);
                }
            };
        btnSetFE.addActionListener (al);
        pnl.add (btnSetFE);
        getContentPane ().add (pnl, BorderLayout.SOUTH);

        setSize (750, 150);
        setVisible (true);
    }

    public static void main (String [] args)
    {
        Runnable r = new Runnable ()
                    {
                        public void run ()
                        {
                            try
                            {
                                new BugLog ("Bug Log");
                            }
                            catch (ParseException pe)
                            {
                                JOptionPane.showMessageDialog (null,
                                                    pe.getMessage ());
                                System.exit (1);
                            }
                        }
                    };
        EventQueue.invokeLater (r);
    }
}
```

运行该应用程序，并指定[F|f]ile 为正则表达式，然后单击 Set Filter Expression 按钮。这样，只显示第一行和第三行。为了获取所有行，将文本域保持空白并单击该按钮即可。

注意

调用 sorter.setSortKeys (null);方法将在改变行过滤器之后打乱底层模型的视图排序。换句话说，如果通过单击某些列标题实现一个排序，那么在执行该方法调用后，被排序的视图将转变成为未排序的视图。

4.5 外观的改进

和其他基于 Java 的 GUI 工具包不同，Swing 将其 API 从底层平台的窗口系统工具包中解耦。这种解耦导致了平台独立性和忠实再现本地窗口系统外观之间的一个折衷。由于用户需要最高保真的窗口系统的外观，Java SE 6 通过允许 Windows 外观和 GTK 外观使用本地的小部件来呈现 Swing 的小部件(称为组件也可以)，从而改善了这些外观。

从 Java SE 6 开始，Sun 公司的工程师重新实现了 Windows 外观使用 UxTheme。Windows API 是微软公司及流行的 WindowsBlinds(http://www.stardock.com/products/windowblinds/)主题化工程的作者推敲出来的。该 API 展示了呈现 Windows 控件的方式。因此，一个运行在 Windows XP 上的 Swing 应用程序看起来就像 XP 一样；当该应用程序运行在 Windows Vista 上时，它应该看起来像 Vista。为了完整性，原来的 Windows 外观作为 Windows 经典外观(com.sun.java.swing.plaf.windows.WindowsClassicLookAndFeel)仍然可用。

Sun 公司的工程师也重新实现了 GTK 的外观以在 GIMP 工具包(GTK)引擎中使用本地调用。如果正在运行 Linux 或者是 Solaris，那么现在可以使用所有喜爱的 GTK 主题来呈现 Swing 应用程序，从而让这些应用程序巧妙地集成到桌面系统中(视觉上)。

4.6 新的 SwingWorker 类

多线程 Swing 程序可以包含长期运行的任务,如跨网络执行穷尽数据库搜索的任务。如果这些任务是在事件-派发线程(将事件派发到 GUI 监听器的线程)上运行，那么应用程序将变得无法响应。出于这个原因，任务必须运行在工作者线程(worker thread)上，这类线程也称为后台线程(background thread)。当任务完成并且 GUI 需要更新时，工作者线程必须确保 GUI 在事件-派发线程上被更新，因为大多数 Swing 方法都不是线程安全的。尽管 public static void invokeLater(Runnable doRun)和 public static void invokeAndWait(Runnable doRun)方法(或者是它们的 java.awt.EventQueue 对应方法)可以用来完成该目标，但是使用 Java SE 6 中新的 javax.swing.SwingWorker<T, V>类将更为容易，因为该类考虑了线程之间的通信。

注意

尽管新的 SwingWorker<T, V>类和老的 SwingWorker 类具有相同的名字，它们的使用大部分是为了相同的目的(但是在官方从来都不是 Swing 的一部分)，但这两个类还是有很大不同。例如，执行相同功能的方法具有不同的名字。同样，新的 SwingWorker<T, V>类的一个单独实例需要一个新的后台任务，但是老的 SwingWorker 实例是可以多次使用的。

SwingWorker<T, V>是一个实现 java.util.concurrent.RunnableFuture<T, V>接口的抽象类。该类的子类必须实现 protected abstract T doInBackground()方法以执行一个长期的任务，该方法是在工作者线程上运行。当该方法结束时，事件-派发线程调用 protected void done()方法。默认情况下，该方法不执行任何操作。但是，可以重写 done()来安全更新 GUI。

类型参数 T 指定 doInBackground()的返回类型,同时也是 SwingWorker<T, V>类 public final T get()方法和 public final T get(long timeout, TimeUnit unit)方法的返回类型。这些方

法通常会无限期地等待或者是等待一特定的时间周期来完成任务。当在 done()方法中被调用时，这些方法立即返回任务的结果。

类型参数 V 指定工作者线程计算所得临时结果的类型。特定情况下，该类型参数将被 protected final void publish(V... chunks)方法使用以将过程的中间结果发送给事件-派发线程，且该方法主要是在 doInBackground()中被调用。这些结果将由被重写的 protected void process(List<V> chunks)方法检索，该方法是在事件-派发线程上运行。如果没有中间结果要处理，可以将 V 设定为 Void(并避免使用 publish()和 process()方法)。

图像加载是 SwingWorker<T, V>发挥作用的一个例子。没有该类，可能要考虑在显示 GUI 之前加载所有的图像，或者是从事件-派发线程加载这些图像。如果在显示 GUI 之前加载图像，那么在 GUI 出现之前可能有比较大的延时。显然新的闪屏特性(参阅第 3 章)能够减轻这种影响。如果试图从事件-派发线程加载图像，那么 GUI 将很长时间都不能响应，它需要大量时间来完成对所有图像的加载。例如使用 SwingWorker<T, V>加载图像，请查看 *The Java Tutorial* (http://java.sun.com/docs/books/tutorial/uiswing/concurrency/simple.html)中的"Simple Background Tasks"一课。

为演示 SwingWorker<T, V>，已经创建了一个简单的应用程序。该应用程序允许输入一个整数，然后单击按钮以计算该整数是否为一个素数。该应用程序的 GUI 包含一个带标签的文本域以输入数字、一个按钮以检查数字是否为素数，以及另外一个标签以显示结果。代码清单 4-6 给出该应用程序的源代码。

代码清单 4-6 PrimeCheck.java

```java
// PrimeCheck.java

import java.awt.*;
import java.awt.event.*;

import java.math.*;

import java.util.concurrent.*;

import javax.swing.*;

public class PrimeCheck extends JFrame
{
  public PrimeCheck ()
  {
    super ("Prime Check");
    setDefaultCloseOperation (EXIT_ON_CLOSE);

    final JLabel lblResult = new JLabel (" ");

    JPanel pnl = new JPanel ();
    pnl.add (new JLabel ("Enter integer:"));
    final JTextField txtNumber = new JTextField (10);
```

```java
        pnl.add (txtNumber);
        JButton btnCheck = new JButton ("Check");
        ActionListener al;
        al = new ActionListener ()
            {
                public void actionPerformed (ActionEvent ae)
                {
                    try
                    {
                      BigInteger bi = new BigInteger (txtNumber.getText ());
                      lblResult.setText ("One moment...");
                      new PrimeCheckTask (bi, lblResult).execute ();
                    }
                    catch (NumberFormatException nfe)
                    {
                      lblResult.setText ("Invalid input");
                    }
                }
            };
        btnCheck.addActionListener (al);
        pnl.add (btnCheck);
        getContentPane ().add (pnl, BorderLayout.NORTH);

        pnl = new JPanel ();
        pnl.add (lblResult);
        getContentPane ().add (pnl, BorderLayout.SOUTH);

        pack ();
        setResizable (false);
        setVisible (true);
    }

    public static void main (String [] args)
    {
      Runnable r = new Runnable ()
                {
                    public void run ()
                    {
                        new PrimeCheck ();
                    }
                };
      EventQueue.invokeLater (r);
    }
}


class PrimeCheckTask extends SwingWorker<Boolean, Void>
{
  private BigInteger bi;
  private JLabel lblResult;
```

```
PrimeCheckTask (BigInteger bi, JLabel lblResult)
{
    this.bi = bi;
    this.lblResult = lblResult;
}

@Override
public Boolean doInBackground ()
{
    return bi.isProbablePrime (1000);
}

@Override
public void done ()
{
  try
  {
    try
    {
      boolean isPrime = get ();
      if (isPrime)
         lblResult.setText ("Integer is prime");
      else
         lblResult.setText ("Integer is not prime");
    }
    catch (InterruptedException ie)
    {
       lblResult.setText ("Interrupted");
    }
  }
  catch (ExecutionException ee)
  {
    String reason = null;
    Throwable cause = ee.getCause ();
    if (cause == null)
       reason = ee.getMessage ();
    else
       reason = cause.getMessage ();

    lblResult.setText ("Unable to determine primeness");
  }
 }
}
```

当用户单击按钮时，它的动作监听器调用 new PrimeCheckTask(bi, lblResult).execute ()
以实例化并执行一个 PrimeCheckTask 实例、一个 SwingWorker<T, V>子类，bi 形参引用
了一个 java.math.BigInteger 实参，该实参表示需要检测的整数。lblResult 实参引用了一

个 javax.swing.Jlabel，用于显示素数/非素数结果(或者是一个错误消息)。

执行该实例将导致一个新的工作者线程启动，并调用被重写的 doInBackground()方法。当该方法调用结束时，它返回一个存储在 future 中的值(future 是一个对象，它存储第 2 章所讨论过的异步计算的结果)。此外，方法的结束还导致了在事件-派发线程上重写的 done()方法的调用。在该方法中，调用 get()返回的值将存储在 future 中，然后该值将用来设置标签的文本。

doInBackground()方法调用 bi.isProbablePrime (1000)方法来确定保存在 bi 中的整数是否为一个素数。如果该整数是素数的可能性超过 $1-1/2^{1000}$(实际上该整数 100%是素数)，那么返回 true 由于判断一个很多位的整数是否为一个素数需要大量的时间，因此当输入一个很大的数字时 "One Moment..." 消息将显示很长一段时间。在消息的显示期间，该GUI 还是可以响应。可以很容易地关闭应用程序，甚至是单击 Check 按钮(尽管直到看到消息表示该整数是否为素数，都不应该单击该按钮)。

4.7 文本组件打印

Java 5 通过几个新的 print()方法和一个新的 getPrintable()方法在 JTable 中集成对打印的支持。而 Java SE 6 通过在 JTextComponent 超类中集成一些新的方法，使 javax.swing.JTextField、javax.swing.JtextArea 以及 javax.swing.JEditorPane 都支持打印功能。

其中一个新方法就是 public Printable getPrintable(MessageFormat headerFormat, MessageFormat footerFormat)。该方法返回一个 java.awt.print.Printable 对象。该对象将JTextComponent 的内容打印出来，就像在屏幕上看到的一样，但是重新格式化，使它适合打印纸的大小。可以将该 Printable 对象打包在另外的 Printable 中以创建复杂的报表和其他类型的复杂文档。由于 Printable 和 JTextComponent 共享一个文档，因此该文档在被打印时一定不能改变。否则，打印行为将是无法定义的。

另外一个新方法是 public boolean print (MessageFormat headerFormat, MessageFormat footerFormat, boolean showPrintDialog, PrintService service, PrintRequestAttributeSet attributes, boolean interactive)。该方法打印 JTextComponent 的内容。其参数指定如下：

- 通过 headerFormat 和 footerFormat 指定页眉文本和页脚文本。每个 java.text.MessageFormat 标识一个格式模式。该格式除了包含文字文本外，还包含唯一一个格式项——一个标识当前页码的 Integer。如果没有页眉，将 null 传给参数 headerFormat；如果没有页脚，将 null 传给参数 footerFormat。
- 如果想显示打印对话框(除非无知模式有效)以允许用户改变打印属性或者取消打印，将 true 传给 showPrintDialog。
- 通过 service 为打印对话框指定初始的 javax.print.PrintService。使用默认打印服务，将 null 传给 service。
- 通过 attributes 为打印对话框指定一个包含初始属性集的 javax.print.attribute.PrintRequestAttributeSet 对象。当对话框关闭时，这些属性可能有多个副本被打印或者提供需要的值。如果没有打印属性，那么将 null 传给参数 attributes。

- 确定打印是否以 interactive 模式执行。如果无知模式无效，那么 true 传给 interactive 将产生一个有模式(当在事件-派发线程中调用时为有模式的，否则为无模式的)进程对话框。该对话框在打印期间将显示一个中止选项。如果在事件-派发线程上调用该方法，并将 interactive 设置为 false，那么直到打印完成，所有的事件(包括刷新页面)都将被阻塞。因此，只能在没有可视化 GUI 的情况下如此设定。

如果由于打印系统错误而导致打印作业中止，将抛出一个 java.awt.print.PrinterException 异常。如果当前线程通过安装的安全管理器而不允许启动一个打印作业的话，print()方法将抛出一个 SecurityException 异常。

另外，Java SE 6 还提供两个便捷的方法。public boolean print(MessageFormat headerFormat, MessageFormat footerFormat)通过 print(headerFormat, footerFormat, true, null, null, true)调用更一般的 print()方法。public boolean print()方法通过 print(null, null, true, null,null, true)调用更一般的 print()方法。

利用 public boolean print()方法在前面所示的 Web 浏览器应用程序(代码清单 4-1)中添加了打印能力。修订之后的源代码如代码清单 4-7 所示。

代码清单 4-7 BrowserWithPrint.java

```java
//BrowserWithPrint.java

import java.awt.*;
import java.awt.event.*;
import java.awt.print.*;

import java.io.*;

import javax.swing.*;
import javax.swing.event.*;

public class BrowserWithPrint extends JFrame implements HyperlinkListener
{
  private JTextField txtURL;

  private JTabbedPane tp;

  private JLabel lblStatus;

  private ImageIcon ii = new ImageIcon ("close.gif");

  private Dimension iiSize = new Dimension (ii.getIconWidth (),
                                            ii.getIconHeight ());

  private int tabCounter = 0;

  public BrowserWithPrint ()
```

```java
{
  super ("Browser");
  setDefaultCloseOperation (EXIT_ON_CLOSE);

  JMenuBar mb = new JMenuBar ();
  JMenu mFile = new JMenu ("File");
  JMenuItem miFile = new JMenuItem ("Add Tab");
  ActionListener addTabl = new ActionListener ()
                           {
                                   public void actionPerformed (ActionEvent e)
                                   {
                                       addTab ();
                                   }
                           };
  miFile.addActionListener (addTabl);
  mFile.add (miFile);
  final JMenuItem miPrint = new JMenuItem ("Print...");
  miPrint.setEnabled (false);
  ActionListener printl = new ActionListener ()
                          {
                            public void actionPerformed (ActionEvent e)
                            {
                              Component c = tp.getSelectedComponent ();
                              JScrollPane sp = (JScrollPane) c;
                              c = sp.getViewport ().getView ();
                              JEditorPane ep = (JEditorPane) c;

                              try
                              {
                                    ep.print ();
                              }
                              catch (PrinterException pe)
                              {
                                  JOptionPane.showMessageDialog
                                      (BrowserWithPrint.this,
                                       "Print error: "+pe.getMessage
    ());
                              }
                            }
                          };
  miPrint.addActionListener (printl);
  mFile.add (miPrint);
  mb.add (mFile);
  setJMenuBar (mb);

  JPanel pnlURL = new JPanel ();
  pnlURL.setLayout (new BorderLayout ());
  pnlURL.add (new JLabel ("URL: "), BorderLayout.WEST);
  txtURL = new JTextField ("");
```

```
          pnlURL.add (txtURL, BorderLayout.CENTER);
          getContentPane ().add (pnlURL, BorderLayout.NORTH);

          tp = new JTabbedPane ();
          addTab ();
          getContentPane ().add (tp, BorderLayout.CENTER);

          lblStatus = new JLabel (" ");
          getContentPane ().add (lblStatus, BorderLayout.SOUTH);

          ActionListener al;
          al = new ActionListener ()
              {
                  public void actionPerformed (ActionEvent ae)
                  {
                      try
                      {
                          Component c = tp.getSelectedComponent ();
                          JScrollPane sp = (JScrollPane) c;
                          c = sp.getViewport ().getView ();
                          JEditorPane ep = (JEditorPane) c;
                          ep.setPage (ae.getActionCommand ());
                          miPrint.setEnabled (true);
                      }
                      catch (Exception e)
                      {
                          lblStatus.setText ("Browser problem: "+e.getMessage ());
                      }
                  }
              };
          txtURL.addActionListener (al);

          setSize (300, 300);
          setVisible (true);
      }

      void addTab ()
      {
          JEditorPane ep = new JEditorPane ();
          ep.setEditable (false);
          ep.addHyperlinkListener (this);
          tp.addTab (null, new JScrollPane (ep));

          JButton tabCloseButton = new JButton (ii);
          tabCloseButton.setActionCommand (""+tabCounter);
          tabCloseButton.setPreferredSize (iiSize);

          ActionListener al;
          al = new ActionListener ()
```

```
                {
                    public void actionPerformed (ActionEvent ae)
                    {
                        JButton btn = (JButton) ae.getSource ();
                        String s1 = btn.getActionCommand ();
                        for (int i = 1; i < tp.getTabCount (); i++)
                        {
                            JPanel pnl = (JPanel) tp.getTabComponentAt (i);
                            btn = (JButton) pnl.getComponent (0);
                            String s2 = btn.getActionCommand ();
                            if (s1.equals (s2))
                            {
                                tp.removeTabAt (i);
                                break;
                            }
                        }
                    }
                };
        tabCloseButton.addActionListener (al);

        if (tabCounter != 0)
        {
            JPanel pnl = new JPanel ();
            pnl.setOpaque (false);
            pnl.add (tabCloseButton);
            tp.setTabComponentAt (tp.getTabCount ()-1, pnl);
            tp.setSelectedIndex (tp.getTabCount ()-1);
        }

        tabCounter++;
    }

    public void hyperlinkUpdate (HyperlinkEvent hle)
    {
        HyperlinkEvent.EventType evtype = hle.getEventType ();

        if (evtype == HyperlinkEvent.EventType.ENTERED)
            lblStatus.setText (hle.getURL ().toString ());
        else
        if (evtype == HyperlinkEvent.EventType.EXITED)
            lblStatus.setText (" ");
    }

    public static void main (String [] args)
    {
        Runnable r = new Runnable ()
                    {
                        public void run ()
                        {
```

```
                            new BrowserWithPrint ();
                    }
                };
        EventQueue.invokeLater (r);
    }
}
```

在选择 Print 菜单项后，当前选项卡的编辑器面板将被检索，而其 print()方法将被调用以打印其 HTML 内容。图 4-7 显示了打印对话框。

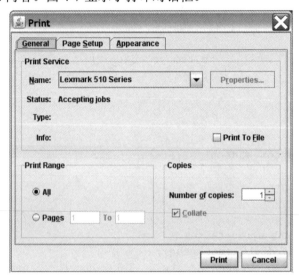

图 4-7   给出自身选项卡界面的打印对话框

4.8   小结

对于构建最新的 GUI 而言，Swing 是首选的工具包。Java SE 6 在多个方面改进了该工具包。

首先，Java SE 6 改进了 JTabbedPane，从而可以在选项卡面板的选项卡标题上添加任意的组件。不再受限于只能将一个字符串标签和一个图标放置在选项卡的标题上了。

SpringLayout 布局管理器使利用 springs 和 struts 对 GUI 实施布局成为可能。尽管该布局管理器在 Java SE 6 之前就已经有了，但是它还有很多 bug，如不是总能正确地解决其约束。Java SE 6 通过将计算 spring 的算法建立在最后两个指定的 spring 上，并沿着各个轴计算 springs 修订了这一 bug。

Java SE 6 也大大地改善了 Swing 组件的拖放。这些改进使必须告诉组件如何确定放置位置以及在转换期间让 Swing 提供所有的相关转换信息。

Java SE 6 简化了排序和过滤 JTable 内容的能力。通过单击列标题，可以根据列的内容排序行。也可以基于正则表达式和其他的准则过滤行，从而只显示那些满足准则的行。

Java SE 6 通过允许 Windows 外观和 GTK 外观使用本地的小部件来呈现 Swing 组件，

从而改进它们。这些改进使 Java 应用在 Windows、Linux 以及 Solaris 平台上忠实再现本地窗口系统的外观成为可能。

一个多线程的 Swing 程序可以包含一个长时间运行的任务，而且在任务完成期间需要更新 GUI。因此，该任务一定不能在事件-派发线程上运行；否则 GUI 将无法响应。GUI 除了在事件-派发线程上更新外，不能在任何其他线程上更新；否则程序将很难维护 Swing 工具包的单线程特性。由于编写满足这种需求的代码比较困难，Java SE 6 引入了一个新的 SwingWorker<T, V>类。该类的子类运行在工作者线程上，并实现了 doInBackground()方法以执行一个长时间运行的任务。当该方法结束时，done()方法(由子类重写)将在事件-派发线程上被调用。GUI 的更新可以很安全的在该方法中执行。

最后，Java SE 6 在 JTextComponent 中集成对打印的支持，因此可以打印不同文本组件的内容。这些支持包含一个 getPrintable()方法和三个 print()方法。

4.9 练习

您对 Swing 工具包中的改变理解如何？通过回答下面问题，测试您对本章内容的理解(参考答案见附录 D)。

(1) 如果一个选项卡没有和它的 Component 参数相关联，那么 indexOfTabComponent() 方法将返回什么？

(2) DropMode.INSERT 和 DropMode.USE_SELECTION 中哪种方式会导致选中的文本暂时取消选定？

(3) JTable 的 public int convertRowIndexToModel(int viewRowIndex)方法将其视图上的行索引映射到底层模型。public int convertRowIndexToView(int modelRowIndex)方法则将其模型的行索引映射到视图。为了更好地理解视图和模型索引之间的关系，用一个列表选项监听器扩展 PriceList1。该监听器通过一个选项面板对话框表示选中的行(视图)索引和模型索引(通过 convertRowIndexToModel())。当通过不同的列标题对表格进行排序并选择不同行(可能想将表格的选项模式设定为单行选项)时，您将会注意到排序仅仅影响视图而不是模型。

(4) 为什么需要 SwingWorker<T, V>的 doInBackground()方法返回一个值，然后在 done()方法中检索该值？

(5) 修改 BrowseWithPrint.java(代码清单 4-7)以使用 PrintRequestAttributeSet。

第 5 章

国　际　化

Java SE 6 的国际化(i18n)支持包括面向抽象窗口工具包的非英语地区输入 bug 的修正(参见第 3 章)、面向网络的国际化域名(参见第 8 章)，以及如下的 i18n 所特有的特性：

- 日本皇家纪年日历
- 区分地区服务
- 新地区
- Normalizer API
- ResourceBundle 的改进

5.1　日本皇家纪年日历

很多日本人通常都使用罗马日历。但是，由于日本政府在各种政府文档中也使用日本皇家纪年日历，因此 Java SE 6 引入了对该日历的支持。

在日本皇家纪年日历中，纪年是基于皇帝的统治期；一个纪年起始于一个皇帝的即位。该日历将一年表示为多个部分，包括日本的纪年名(如 Heisei)和一个在该年代中从 1 开始计算的年数。例如，Heisei 1 年对应 1989 年，而 Heisei 19 年则对应 2007 年。Java 的日本皇家纪年日历中支持的纪年还包括 Meiji、Taiso 和 Showa。该日历规则记录纪年和年代。

5.1.1　日期处理

可以通过调用 java.util.Calendar 类的 public static Calendar getInstance(Locale aLocale) 方法，并将地区输入设为 ja_JP_JP，来获取日本皇家纪年日历的一个实例。在获取该实例后，可以设置、提取和修改日期，如下所示：

```
Calendar cal = Calendar.getInstance (new Locale ("ja", "JP", "JP"));
cal.setTime (new Date ());
System.out.println (cal.get (Calendar.ERA));
System.out.println (cal.get (Calendar.YEAR));
cal.add (Calendar.DAY_OF_MONTH, -120);
System.out.println (cal.get (Calendar.ERA));
System.out.println (cal.get (Calendar.YEAR));
```

如果当前日期是 2007 年 4 月 13 日，那么前面两个 System.out.println()方法调用的输出将分别是 4(对应 Heisei 时代)和 19。从该日期减去 120 天后，纪年保持不变，但是年数将会变为 18。

注意
Sun 公司的 Supported Calendars 文档(http://java.sun.com/javase/6/docs/technotes/guides/intl/calendar.doc.html)对所支持的日本皇家纪年日历提供一个详细的说明。

5.1.2　日历页面显示

假定想创建一个 Swing 程序,该程序的日历页面组件给出当前月份的一个日历页面。该组件将基于地区采用不同的日历。为了简单起见,将该程序限定在 English Gregorian、Japanese Gregorian 以及 Japanese Imperial Era。同时还假设已经安装相应的字体以显示日文文本。该程序的需求如下:

使用地区特有的文本显示出月和纪年。这两个需求都可以通过 Calendar 类中新的 public String getDisplayName(int field, int style, Locale locale)方法来完成。该方法使用 Calendar 中新的 LONG 和 SHORT 样式常量来获取某日历域(如 Calendar.ERA)的长短样式(如 January 与 Jan 相对)的地区特有的显示名。如果没有字符串表示可以应用到该特有的日历 field,那么该方法将返回 null。

使用地区特有的文本来显示短的星期名。例如,日历应该显示 Fri 而不是 Friday。尽管可以调用 getDisplayName(Calendar.DAY_OF_WEEK, Calendar.SHORT, locale)来为当前星期获取该文本, 但是也需要获取其他的星期名。这些名字可以通过调用 java.text.DateFormatSymbols 类的 public String[] getShortWeekdays()方法来获取。所得到的数组必须以 Calendar.SUNDAY、Calendar.MONDAY 以及 Calendar 的其他星期常数来索引。

显示当前日期。作为日历页面的一部分,组件将显示当前日期。为了实现这一点,组件调用 DateFormat.getDateInstance(DateFormat.FULL, locale)以返回一个地区特有的格式器,然后调用该类的 public final String format(Date date)方法来根据地区格式化当前日期。

本节已经创建一个程序以满足所有这些需求。为了方便起见,选择将该程序实现为一个基于 Swing 的 applet。该 applet 的源代码如代码清单 5-1 所示。

代码清单 5-1　ShowCalPage.java

```
//ShowCalPage.java

import java.applet.Applet;

import java.awt.*;
import java.awt.event.*;
```

```java
import java.text.*;

import java.util.*;

import javax.swing.*;

public class ShowCalPage extends JApplet
{
  public void init ()
  {
    try
    {
        EventQueue.invokeAndWait (new Runnable ()
                                 {
                                     public void run ()
                                     {
                                         createGUI ();
                                     }
                                 });
    }
    catch (Exception exc)
    {
        System.err.println (exc);
    }
  }

  private void createGUI ()
  {
    String [] localeDescriptions =
    {
        "English",
        "Japanese Gregorian",
        "Japanese Imperial Era"
    };

    final Locale [] locales =
    {
        Locale.ENGLISH,
        Locale.JAPANESE,
        CalPage.JAPAN_IMP_ERA
    };

    final CalPage cp = new CalPage (getWidth ()-50, getHeight ()-50,
                                    locales [0]);
    cp.setBorder (BorderFactory.createEtchedBorder ());
    JPanel pnl = new JPanel ();
    pnl.add (cp);
    getContentPane ().add (pnl, BorderLayout.NORTH);
```

```
        pnl = new JPanel ();
        pnl.add (new JLabel ("Locale:"));
        JComboBox cbLocales = new JComboBox (localeDescriptions);
        ItemListener il;
        il = new ItemListener ()
            {
                public void itemStateChanged (ItemEvent e)
                {
                    if (e.getStateChange () == ItemEvent.SELECTED)
                    {
                        JComboBox cb = (JComboBox) e.getSource ();
                        cp.setNewLocale (locales [cb.getSelectedIndex ()]);
                    }
                }
            };
        cbLocales.addItemListener (il);
        pnl.add (cbLocales);
        getContentPane ().add (pnl, BorderLayout.CENTER);
    }
}

class CalPage extends JPanel
{
    final static Locale JAPAN_IMP_ERA = new Locale ("ja", "JP", "JP");

    private Locale locale;

    CalPage (int width, int height, Locale initLocale)
    {
        setPreferredSize (new Dimension (width, height));

        locale = initLocale;
    }

    public void paintComponent (Graphics g)
    {
      int width = getWidth ();
      int height = getHeight ();

      g.setColor (Color.white);
      g.fillRect (0, 0, width, height);

      Calendar cal = Calendar.getInstance (locale);
      Date now = new Date ();
      cal.setTime (now);

      String header = cal.getDisplayName (Calendar.MONTH, Calendar.LONG,
                                          locale);
      if (locale.equals (JAPAN_IMP_ERA))
```

```
        header = cal.getDisplayName (Calendar.ERA, Calendar.LONG,
                locale)+" "+cal.get (Calendar.YEAR)+" -- "+header;
else
    header += " "+cal.get (Calendar.YEAR);

FontMetrics fm = g.getFontMetrics ();
Insets insets = getInsets ();
g.setColor (Color.black);
g.drawString (header, (width-fm.stringWidth (header))/2,
            insets.top+fm.getHeight ());

DateFormatSymbols dfs = new DateFormatSymbols (locale);
String [] weekdayNames = dfs.getShortWeekdays ();
int fieldWidth = (width-insets.left-insets.right)/7;
g.drawString (weekdayNames [Calendar.SUNDAY], insets.left+
            (fieldWidth-
            fm.stringWidth (weekdayNames [Calendar.SUNDAY]))/2,
            insets.top+3*fm.getHeight ());
g.drawString (weekdayNames [Calendar.MONDAY], insets.left+fieldWidth+
            (fieldWidth-
            fm.stringWidth (weekdayNames [Calendar.MONDAY]))/2,
            insets.top+3*fm.getHeight ());
g.drawString (weekdayNames [Calendar.TUESDAY], insets.left+2*fieldWidth+
            (fieldWidth-
            fm.stringWidth (weekdayNames [Calendar.TUESDAY]))/2,
            insets.top+3*fm.getHeight ());
g.drawString (weekdayNames [Calendar.WEDNESDAY], insets.left+3*
            fieldWidth+(fieldWidth-
            fm.stringWidth (weekdayNames [Calendar.WEDNESDAY]))/2,
            insets.top+3*fm.getHeight ());
g.drawString (weekdayNames [Calendar.THURSDAY], insets.left+4*
            fieldWidth+(fieldWidth-
            fm.stringWidth (weekdayNames [Calendar.THURSDAY]))/2,
            insets.top+3*fm.getHeight ());
g.drawString (weekdayNames [Calendar.FRIDAY], insets.left+5*fieldWidth+
            (fieldWidth-
            fm.stringWidth (weekdayNames [Calendar.FRIDAY]))/2,
            insets.top+3*fm.getHeight ());
g.drawString (weekdayNames [Calendar.SATURDAY], insets.left+6*
            fieldWidth+(fieldWidth-
            fm.stringWidth (weekdayNames [Calendar.SATURDAY]))/2,
            insets.top+3*fm.getHeight ());

int dom = cal.get (Calendar.DAY_OF_MONTH);
cal.set (Calendar.DAY_OF_MONTH, 1);

int col = 0;
```

```
        switch (cal.get (Calendar.DAY_OF_WEEK))
        {
            case Calendar.MONDAY: col = 1; break;

            case Calendar.TUESDAY: col = 2; break;

            case Calendar.WEDNESDAY: col = 3; break;

            case Calendar.THURSDAY: col = 4; break;

            case Calendar.FRIDAY: col = 5; break;

            case Calendar.SATURDAY: col = 6;
        }
        cal.set (Calendar.DAY_OF_MONTH, dom);

        int row = 5*fm.getHeight ();
        for (int i = 1; i <= cal.getActualMaximum (Calendar.DAY_OF_MONTH); i++)
        {
            g.drawString (""+i, insets.left+fieldWidth*col+
                          (fieldWidth-fm.stringWidth (""+i))/2, row);
            if (++col > 6)
            {
                col = 0;
                row += fm.getHeight ();
            }
        }

        row += 2*fm.getHeight ();
        DateFormat df = DateFormat.getDateInstance (DateFormat.FULL, locale);
        g.drawString (df.format (now),
                      (width-fm.stringWidth (df.format (now)))/2, row);
    }

    void setNewLocale (Locale locale)
    {
        this.locale = locale;
        repaint ();
    }
}
```

除了日历页面组件之外，该 applet 的 GUI 还包括一个组合框组件用于选择合适的日历类型：English、Japanese Gregorian 和 Japanese Imperial Era。当从该组合框中选择一个日历类型时，它的条目监听器将传输相关的地区信息给日历页面组件，该组件将更新其显示以反映新的日历日期。当前日期在日历页面的底部显示。图 5-1 显示了针对日本皇家纪年日历的 GUI。

图 5-1　显示日本皇家纪年日历的 ShowCalendar applet

5.2　区分地区服务

是否已经疲于等待 Sun 公司实现一个对应用程序很重要的特定地区版本呢？如果是的话，您将希望好好分析一下区分地区服务。该 Java SE 6 新特性由各种 Service Provider Interface(SPI)类组成。这些类可以将依赖地区的数据和服务插入到 Java 中去。

5.2.1　Service Provider Interface 类

java.text.spi 包中的 SPI 类主要返回一些地区化的对象，如 break iterators 和数字格式。表 5-1 描述了这些 SPI 类

表 5-1　在 java.text.spi 包中的 SPI 类

服务提供程序类	描　述
BreakIteratorProvider	一个抽象类，通过实现 public abstract BreakIterator getCharacterInstance(Locale locale)、public abstract BreakIterator getLineInstance(Locale locale)、public abstract BreakIterator getSentenceInstance(Locale locale)，以及 public abstract BreakIterator getWordInstance(Locale locale)方法，它的子类提供 java.text.BreakIterator 的具体实现
CollatorProvider	一个抽象类。通过实现 public abstract Collator getInstance(Locale locale)，它的子类提供 java.text.Collator 的具体实现
DateFormatProvider	一个抽象类。通过实现 public abstract DateFormat getDateInstance(int style, Locale locale)、public abstract DateFormat getDateTimeInstance(int dateStyle, int timeStyle, Locale locale)以及 public abstract DateFormat getTimeInstance(int style, Locale locale)方法，它的子类提供 java.text.DateFormat 的具体实现

(续表)

服务提供程序类	描 述
DateFormatSymbols Provider	一个抽象类。通过实现 public abstract DateFormatSymbols getInstance(Locale locale)，它的子类提供 java.text.DateFormatSymbols 的具体实现
DecimalFormatSymbolsProvider	一个抽象类。通过实现 public abstract DecimalFormatSymbols getInstance(Locale locale)，它的子类提供 java.text.DecimalFormat Symbols 的具体实现
NumberFormatProvider	一个抽象类。通过实现 public abstract NumberFormat getCurrency Instance(Locale locale)、public abstract NumberFormat getIntegerInstance (Locale locale)、abstract NumberFormat getNumberInstance(Locale locale)以及 public abstract NumberFormat getPercentInstance(Locale locale)方法，它的子类提供 java.text.NumberFormat 的具体实现

java.util.spi 包中的 SPI 类返回地区的货币符号和其他地区的名字。表 5-2 中给出了所有这些类。

表 5-2 java.util.spi 包中的 SPI 类

服务提供程序类	描 述
CurrencyNameProvider	一个抽象类，它的子类通过提供 public abstract String getSymbol(String currencyCode, Locale locale)的具体实现来为 java.util.Currency 类提供地区的货币符号
LocaleNameProvider	一个抽象类，它的子类通过提供 public abstract String getDisplayCountry(String countryCode，Locale locale)、public abstract String getDisplayLanguage(String languageCode，Locale locale)以及 public abstract String getDisplayVariant(String variant，Locale locale)方法的具体实现来为 java.util.Locale 类提供地区的名字
LocaleServiceProvider	Java.text.spi 包和 java.util.spi 包中所有 SPI 类的抽象超类。该超类的 public abstract Locale[] getAvailableLocales()方法返回一个所有地区的列表。该服务将为所有这些地区提供地区对象或者名字。这些 Locales 包含所有由 BreakIterator、Collator、DateFormat、DateFormatSymbols、DecimalFormatSymbols、NumberFormat，以及 Locale 的 getAvailableLocales()方法所返回的 Locale 数组

(续表)

服务提供程序类	描　　述
TimeZoneNameProvider	一个抽象类，它的子类通过提供 public abstract String getDisplayName(String ID, boolean daylight, int style,Locale locale) 的具体实现来为 java.util.TimeZone 类提供地区的时区名

为了完全支持一个新的地区，需要实现表 5-1 和表 5-2 中所有的 SPI 类。为了实现部分支持，可能仅仅需要实现一部分类。在为给定的地区实现类之后，将这些类和一个提供程序配置文件打包到 JAR 文件中，然后再将该 JAR 文件放在一个扩展目录中(参见第 2 章所讨论的新 ServiceLoader API 以获取更多信息)。

5.2.2　Java 中一个新的货币表示

厄立特里亚是一个独立的非洲国家，位于苏丹、吉布提、埃塞俄比亚和红海之间。它的官方货币是 Nafka(ISO 4217 代码为 ERN；货币符号为 Nfk)，它的语言之一是提格里尼亚语(厄立特里亚中部的 Tigray-Tigrinya 人的语言)。由于 Java 官方目前还不支持该地区，所以本节准备了一个简单的例子为新的 ti_ER 地区引入一个货币名称提供程序。该新的货币名称提供程序类如代码清单 5-2 所示。

代码清单 5-2　CurrencyNameProviderImpl.java

```java
//CurrencyNameProviderImpl.java

import java.util.*;
import java.util.spi.*;

public class CurrencyNameProviderImpl extends CurrencyNameProvider
{
    final static Locale [] locales = new Locale [] { new Locale ("ti", "ER") };

    public Locale [] getAvailableLocales ()
    {
        return locales;
    }

    public String getSymbol (String currencyCode, Locale locale)
    {
        if (currencyCode == null || locale == null)
            throw new NullPointerException ();

        if (currencyCode.length () != 3)
            throw new IllegalArgumentException ("currency code length not 3");

        for (int i = 0; i < 3; i++)
```

```
        if (!Character.isUpperCase (currencyCode.charAt (i)))
            throw new IllegalArgumentException ("bad currency code");

    if (!locale.equals (locales [0]))
        throw new IllegalArgumentException ("unsupported locale");

    if (currencyCode.equals ("ERN"))
        return "Nfk";
    else
        return null;
    }
}
```

CurrencyNameProviderImpl 类遵循 CurrencyNameProvider 类的 JDK 文档建立的所有规则。例如，如果它的 currencyCode 或者 locale 参数中任意一个为 null，那么 getSymbol() 方法将抛出 NullPointerException 异常。

现在，在 Java 中添加该货币名称提供程序。该任务可以分为两个子任务：

创建 JAR 文件。该 JAR 文件必须包含 CurrencyNameProviderImpl.class 和一个 META-INF 目录，该目录的 services 子目录存储 java.util.spi.CurrencyNameProvider。该文件必须包含一行代码：CurrencyNameProviderImpl。假定当前目录包含 CurrencyNameProviderImpl.class 和 META-INF，那么如下的命令将创建一个 tiER.jar 文件：

```
jar cf tiER.jar -C META-INF/ services CurrencyNameProviderImpl.class
```

将该 JAR 文件安装为一个可选包(标准扩展)。将该 JAR 文件复制到扩展目录。对于安装了 JDK 1.6.0 和 JRE 1.6.0 的 Windows XP 平台而言，当通过 JDK 的 java.exe 工具(位于 JDK 的 bin 目录)运行 Java 应用程序时，必须保证该文件放置在 JDK 的 jre\lib\ext 目录中。(如果通过放在 windows\system32 目录下的 java.exe 工具来运行 Java 应用程序，那么将该文件放置在 JRE 的 lib\ext 目录下)。

如果该货币名提供程序已经成功安装，那么 Locale.getAvailableLocales() 将把 ti_ER 包含在它的可用地区列表中。然后，可以基于该地区来获取一个 Currency 实例，根据该地区也可以获取 Nafka 货币代码和货币符号。请查看代码清单 5-3。

代码清单 5-3　ShowCurrencies.java

```
//ShowCurrencies.java

import java.awt.*;

import java.util.*;

import javax.swing.*;
import javax.swing.table.*;

public class ShowCurrencies extends JFrame
{
```

```java
public ShowCurrencies ()
{
  super ("Show Currencies");
  setDefaultCloseOperation (EXIT_ON_CLOSE);

  final Locale [] locales = Locale.getAvailableLocales ();

  TableModel model = new AbstractTableModel ()
  {
    public int getColumnCount ()
    {
        return 3;
    }

    public String getColumnName (int column)
    {
        if (column == 0)
           return "Locale";
        else
        if (column == 1)
           return "Currency Code";
        else
           return "Currency Symbol";
    }

    public int getRowCount ()
    {
        return locales.length;
    }

    public Object getValueAt (int row, int col)
    {
        if (col == 0)
          return locales [row];
        else
           try
           {
              if (col == 1)
                 return Currency.getInstance (locales [row])
                              .getCurrencyCode ();
              else
                 return Currency.getInstance (locales [row])
                              .getSymbol (locales [row]);
           }
           catch (IllegalArgumentException iae)
           {
              return null;
           }
    }
```

```
    };

    JTable table = new JTable (model);
    JScrollPane sp = new JScrollPane (table);

    //确保表格刚好显示10行。

    Dimension size = sp.getViewport ().getPreferredSize ();
    size.height = 10*table.getRowHeight ();
    table.setPreferredScrollableViewportSize (size);

    getContentPane ().add (sp);

    pack ();
    setVisible (true);
}

public static void main (String [] args)
{
    Runnable r = new Runnable ()
                {
                    public void run ()
                    {
                        new ShowCurrencies ();
                    }
                };
    EventQueue.invokeLater (r);
}
}
```

代码清单 5-3 的 Swing 应用程序给出了一个地区名、货币代码和货币单位的表格。除非选择缩放该 GUI，不然仅可以看到 10 行地区数据，如图 5-2 所示。

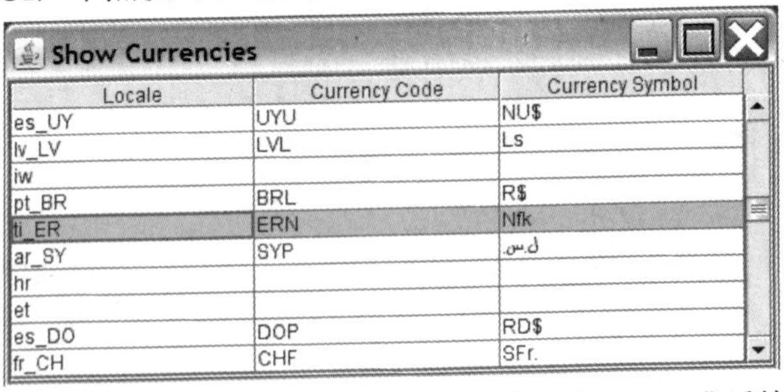

Locale	Currency Code	Currency Symbol
es_UY	UYU	NU$
lv_LV	LVL	Ls
iw		
pt_BR	BRL	R$
ti_ER	ERN	Nfk
ar_SY	SYP	د.س
hr		
et		
es_DO	DOP	RD$
fr_CH	CHF	SFr.

图 5-2   加亮的一行显示了 ti_ER 地区，其货币代码为 ERN，货币符号为 Nfk

注意

如果想知道为什么 Sun 公司创建新的 SPI 而不是将有限的资源用于实现相应的 java.text 和 java.util 类，请查阅 "Locale Sensitive Services SPI" 博客(http://blogs.sun.com/ norbert/entry/locale_sensitive_services_spi)。

5.3 新地区

Java SE 6 在 Java 平台上添加了几个新的地区，并提供了完整的地区敏感类支持。表 5-3 列出了这些新地区。

表 5-3 新 地 区

地 区 ID	语 言	国 家
el_CY	希腊语	塞浦路斯
en_MT	英语	马耳他
en_PH	英语	菲律宾群岛
en_SG	英语	新加坡
es_US	西班牙语	美国
ga_IE	爱尔兰语	爱尔兰
in_ID	印度尼西亚语	印度尼西亚
ja_JP_JP	日语(日本皇家纪年日历)	日本
ms_MY	马来语	马来西亚
mt_MT	马耳他语	马耳他
sr_BA	塞尔维亚语	波丝维亚和黑塞哥维那
sr_CS	塞尔维亚语	塞尔维亚和蒙特内哥罗
zh_SG	中文(简体中文)	新加坡

和以前的地区处理不同，Sun 公司从 Unicode 联盟的通用地区数据库 (http://unicode.org/cldr/)中获取这些新地区的数据(如，货币单位、地区名字以及日历数据)，并将这些基于 XML 的数据转换成 JRE 的地区数据格式。

5.4 Normalizer API

文本通常在被处理之前都需要转换；该行为被称为文本标准化(text normalization)。文本标准化任务的例子包括将小写字母转换成等价的大写字母、移除标点符号，以及扩展缩写。一个重要的文本标准化类别是统一字符编码的标准化(Unicode normalization)。该过程将等价的字符序列(或者单个字符)转换成一个一致的表示以方便比较。这个能力对于搜索和排序是非常重要的。

Unicode 联盟已经将 Unicode Standard Annex(UAX)#15：Unicode Normalization Forms (http://www.unicode.org/reports/tr15/)放到了一起，该形式是一个技术文档，描述了四种统一编码标准化：标准化形式的规范分解(Normalization Form Canonical Decomposition，NFD)、标准化形式的规范组合(Normalization Form Canonical Composition，NFC)、标准

化形式的兼容性分解(Normalization Form Compatibility Decomposition，NFKD)，以及标准化形式的兼容性组合(Normalization Form Compatibility Composition，NFKC)。在这些形式背后包含着以下的一些概念：

- 预制字符：由字母和可区分的标记组成的字符。如，德语的元音 ü(统一编码为 U+00FC)就是一个预制字符，它由基本(无音调)字母 u(U+0075)和区分标记(音调)元音音变(U+0308)组成。
- 组合：将字母和区分标记组合成一个预制字符。
- 分解：将预制字符划分成它们的基本字母和区分标记。
- 规范的等价：字符和字符序列看上去是没有区别的，而且从文本比较和修饰的角度看来确实是完全一样的意义。例如，德语的元音 ü 和字符序列 u 后面紧跟元音音变在规范上是等价的。
- 兼容性等价：字符和字符序列看上去是有差别的，而且在语义信息上有很大区别。例如，阿拉伯数字 1、上标 [1] 和下标 [1] 是兼容等价的，因为它们都是相同的基本字符 1 的不同变体。

统一编码标准化的 4 种形式和它们在 java.text.Normalizer.Form 中所定义的枚举常量如表 5-4 所示。

表 5-4 统一编码标准形式及其枚举常量

标准化形式	枚 举 常 量	描 述
NFD	Normalizer.Form.NFD	规范分解
NFC	Normalizer.Form.NFC	在规范组合之前的规范分解
NFKD	Normalizer.Form.NFKD	兼容性分解
NFKC	Normalizer.Form.NFKC	兼容性组合之前的兼容性分解

Normalizer.Form 枚举类型仅仅是新的 java.text.Normalizer 实用类的一部分。该类还包含一个 public static String normalize(CharSequence src, Normalizer.Form form)方法以根据特定的统一编码的标准化 form 来对 chars 序列 src 进行标准化；和一个 public static boolean isNormalized(CharSequence src，Normalizer.Form form)方法根据特定的 form 如果 src 已经标准化，那么该方法返回 ture。如果将 null 传递给 src 或者是 form，这两个方法都将抛出 NullPointerException 异常。

有趣的是，Normalizer 并不是真正的新 API。在 Java SE 6 之前，该类的一个版本就在一个私有包中存在了。该类在使用 java.text.RuleBasedCollator 类的后台使用，以基于不同规则执行地区敏感的 String 比较。java.text.RuleBasedCollator 类是 Collator 类的具体子类。尽管可以将 Normalizer 和 String 的 equals()和 compareTo()方法一起使用以执行更精确的字符串比较，但是比较字符串时真正使用的是 Collator/RuleBasedCollator。这是因为 Collator 和 RuleBasedCollator 类认识到排序带音调的字符在不同的语言中将有所不同。此外，当对带音调的字符进行排序时，某些语言将音调字母放在所有的基本字母之后，而另外一些语言则将音调字母紧接着放在其基本字母之后。

当需要实现其他的 Collator 子类来处理比较复杂的比较时，可以考虑使用 Normalizer。另外，该类对于用没有音调的字母替换字符串中带音调的字符串也是非常方便的；然后，可以使用得到的字符串来命名文件、目录数据库表格、URI 或者是平台上其他在名字中不支持带音调字母的条目。代码清单 5-4 给出了完成该任务的一个方便实用的应用程序的源代码。

代码清单 5-4　RemoveAccents.java

```java
//RemoveAccents.java

import java.awt.*;
import java.awt.event.*;

import java.text.*;

import javax.swing.*;

public class RemoveAccents extends JFrame
{
  public RemoveAccents ()
  {
    super ("Remove Accents");
    setDefaultCloseOperation (EXIT_ON_CLOSE);
    JPanel pnl = new JPanel ();
    pnl.add (new JLabel ("Enter text"));

    final JTextField txtText;
    txtText = new JTextField ("façade, touché"+
        "Rindfleischetikettierungsüberwachungsaufgabenübertragungsgesetz ");
    pnl.add (txtText);

    JButton btnRemove = new JButton ("Remove");
    ActionListener al;
    al = new ActionListener ()
        {
            public void actionPerformed (ActionEvent e)
            {
                String text = txtText.getText ();
                text = Normalizer.normalize (text, Normalizer.Form.NFD);
                txtText.setText (text.replaceAll ("[^\\p{ASCII}]", ""));
            }
        };
    btnRemove.addActionListener (al);
    pnl.add (btnRemove);

    getContentPane ().add (pnl);

    pack ();
```

```
        setVisible (true);
    }

    public static void main (String [] args)
    {
        Runnable r = new Runnable ()
                {
                    public void run ()
                    {
                        new RemoveAccents ();
                    }
                };
        EventQueue.invokeLater (r);
    }
}
```

该应用程序的 GUI 包含一个带标签的文本域和一个按钮。该文本域包含一些带音调字母的文本。(Rindfleischetikettierungsüberwachungsaufgabenübertragungsgesetz，它是德语中最长的单词，翻译成英语是"cattle marking and beef labeling supervision duties delegation law")。当单击该按钮时，normalize()被调用以在文本的预制字符(ç、é,和 ü)上执行规范分解。由于标准化的结果包含基本字母以及在这些字母之后的区分标记，所以用一个正则表达式来丢弃这些标记。

5.5 ResourceBundle 的改进

资源束(Resource bundle)存储地区特有的对象，如文本、图标、度量单位以及音频。这些有助于在一个新的地区适应一个已经国际化的程序——该任务被称为本地化。由于本书只介绍 java.util.ResourceBundle 类中的新内容，如果需要回顾一下资源束的内容，可以查阅 John O'Conner 的文章"Java Internationalization: Localization with ResourceBundles"(http://java.sun.com/developer/technicalArticles/Intl/ResourceBundles/)。

ResourceBundle 包含一个 Control 内部类和 8 个新的方法，如表 5-5 所述。

表 5-5　新的 ResourceBundle 方法

方　　法	描　　述
public static final void clearCache()	从缓存里面删除所有已经使用调用者的类加载器加载的资源束
public static final void clearCache (ClassLoader loader)	从缓存里面删除所有已经使用指定的类加载器加载的资源束。如果 loader 为 null，那么该方法抛出 NullPointerException 异常
public boolean containsKey (String key)	如果指定的 key 包含在该资源束或者是其父资源束中时，该方法返回 true。如果 key 为 null，那么该方法将抛出一个 NullPointerException 异常

(续表)

方　　法	描　　述
public static ResourceBundle getBundle(String baseName, Locale targetLocale, ClassLoader loader, ResourceBundle.Control control)	使用指定的 baseName、targetLocal、loader 和 control 返回一个资源束。ResourceBundle.Control 将资源束加载过程中的每一步都提供为一个单独的方法。如果 baseName、targetLocal、loader 或 control 为 null，那么该方法抛出一个 NullPointerException 异常。如果 baseName 没有找到，那么该方法抛出一个 java.util.MissingResourceException 异常。如果 Control 不能正常工作(例如：control.getCandidateLocales()返回 null)，那么该方法抛出一个 IllegalArgumentException 异常
public static final ResourceBundle getBundle(String baseName, Locale targetLocale, ResourceBundle.Control control)	使用指定的 baseName、targetLocal、调用者的类加载器，以及指定的 control 返回一个资源束。如果 baseName、targetLocal 或 control 为 null，那么该方法抛出一个 NullPointerException 异常。如果 baseName 没有找到，那么该方法抛出一个 java.util.MissingResourceException 异常。如果 Control 不能正常工作(例如：control.getCandidateLocales()返回 null)，那么该方法抛出一个 IllegalArgumentException 异常
public static final ResourceBundle getBundle(String baseName, ResourceBundle.Control control)	使用指定的 baseName、默认地区、调用者的类加载器，以及指定的 control 返回一个资源束。如果 baseName 或 control 为 null，那么该方法抛出一个 NullPointerException 异常。如果 baseName 没 有 找 到，那 么 该 方 法 抛 出 一 个 java.util.MissingResourceException 异常。如果 Control 不能正常工作(例如：control.getCandidateLocales()返回 null)，那么该方法将抛出一个 IllegalArgumentException 异常
protected Set<String> handleKeySet()	仅仅返回该资源束中基于字符串的关键字集
public Set<String> keySet()	返回该资源束及其父辈中基于字符串的关键字集

　　为了提高性能，ResourceBundle 缓存资源束；getBundle()方法则是返回被缓存的资源束。由于长期以来都希望能够支持可重新加载的资源束，特别是在长期运行的服务器程序中(参见 Bug 4212439 "No way to reload a ResourceBundle for a long-running process")，因此现在 ResourceBundle 包含了一对 clearCache()方法来清除缓存的资源束。

　　为了解决长期的 Bug 4286358 "RFE: Want ResourceBundle.hasKey()." Java SE 6 引入了 containsKey()方法。在 containsKey()以前，确定键值是否存在的唯一方法就是调用 ResourceBundle 的 public final Object getObject(String key)方法，并采用该方法为不存在的键值抛出 MissingResourceException 异常。但是，仅仅为了确定键值是否存在而抛出和采

用一个异常是非常浪费时间的。

Java SE 6 添加了 3 个新的 getBoundle()方法，从而可以控制资源束存储所使用的格式、定位资源束的方式、缓存资源束的方式等。这些方法均使用 ResourceBundle.Control 类，在资源束加载过程中的每一步都提供为一个独立的方法。每个方法均可以被重写和自定义，从而获取期望的行为。

在 Java SE 6 之前，ResourceBundle 的 public abstract Enumeration<String> getKeys() 方法几乎没有文档说明。没有方法说明该方法是只返回该资源束的键值，还是返回该资源束的键值以及其父资源束的所有键值。从 Java SE 6 开始，该方法就有完整的文档说明返回该资源束的键值和其父资源束的键值。因此，ResourceBundle 子类可以实现 getKeys() 方法，从而仅返回当前资源束的键值或者是通过受保护的 parent 域，沿着继承关系链检索所有的键值；参见 Bug 4095319 "ResourceBundle inheritance and getKeys()" 以获取更多的信息。这种状态也导致新的 handleKeySet() 和 keySet() 方法的引入。keySet() 和 containsKey() 方法调用 handleKeySet()。

如果查看 handleKeySet() 的源代码，将发现该方法调用 getKeys()。由于返回的枚举类型可能包含父资源束的键值，handleKeySet() 方法接下来要过滤所有的键值。其中当前资源束的 protected abstract Object handleGetObject(String key) 方法返回 null。换句话说，只有当前资源束的键值才会包含在 handleKeySet() 所返回的字符串集合中。如果 getKeys() 仅仅返回当前资源束的键值，那么这样效率非常低下。出于这个原因，可以重写 handleKeySet()，以显式地仅仅返回当前资源束所支持的键值，如 ResourceBundle 的 JDK 文档所示。

5.5.1 利用缓存清空

服务器程序一般都意味着需要持续运行；如果程序经常中断，那么将可能丢失客户，并且得到一个非常糟糕的声誉。因此，最好是交互式地改变其行为的某些方面，而不是停止程序，然后重启。在 Java SE 6 之前，可能不能为从资源束中获取地区化文本的服务器程序动态更新资源束，并将这些文本发送给客户端。由于资源束是被缓存的，因此资源束属性文件的改变将永远不会在缓存上反映，最终也就不会反映给客户端。

有了 Java SE 6 的 clearCache() 和 clearCache(ClassLoader loader) 方法，就可以设计一个服务器程序根据命令清空所有缓存的资源束。也可以在更新相应的资源束存储后清空缓存。资源束的存储方式可能是一个文件、一个数据库表或者其他以某种格式存储资源数据的实体。为了演示清空缓存，创建一个日期服务器程序。该程序将地区文本和当前日期(也是地区化的)发送给客户端。该应用程序的资源代码如代码清单 5-5 所示。

代码清单 5-5　DateServer.java

```
//DateServer.java

import java.io.*;
```

```
import java.net.*;

import java.text.*;

import java.util.*;

public class DateServer
{
  public final static int PORT = 5000;

  private ServerSocket ss;

  public DateServer (int port)
  {
    try
    {
      ss = new ServerSocket (port);
    }
    catch (IOException ioe)
    {
      System.err.println ("Unable to create server socket: "+ioe);
      System.exit (1);
    }
  }

  private void runServer ()
  {
    //该服务器应用程序是基于控制台的，而不是基于 GUI 的。

    Console console = System.console ();
    if (console == null)
    {
      System.err.println ("Unable to obtain system console");
      System.exit (1);
    }

    //此处适合于登陆系统管理员。为了简单起见，忽略了该部分内容。
    //
    //启动一个线程以处理客户端请求。

    Handler h = new Handler (ss);
    h.start ();

    //从系统管理员接收输入；响应 exit 和 clear 命令。

    while (true)
    {
      String cmd = console.readLine (">");
      if (cmd == null)
```

```
                    continue;

              if (cmd.equals ("exit"))
                  System.exit (0);

              if (cmd.equals ("clear"))
                  h.clearRBCache ();
          }
      }

   public static void main (String [] args)
   {
       new DateServer (PORT).runServer ();
   }
}

class Handler extends Thread
{
   private ServerSocket ss;

   private volatile boolean doClear;

   Handler (ServerSocket ss)
   {
       this.ss = ss;
   }

   void clearRBCache ()
   {
       doClear = true;
   }

   public void run ()
   {
     ResourceBundle rb = null;

     while (true)
     {
       try
       {
         //等待一个连接。

         Socket s = ss.accept ();

         //获取客户端的 locale 对象。

         ObjectInputStream ois;
         ois = new ObjectInputStream (s.getInputStream ());
         Locale l = (Locale) ois.readObject ();
```

//准备传送给客户端的信息。

```
PrintWriter pw;
pw = new PrintWriter (s.getOutputStream ());
```

//清除请求的 ResourceBundle 缓存。

```
if (doClear && rb != null)
{
    rb.clearCache ();
    doClear = false;
}
```

//获取指定地区的资源束。如果资源束不存在，客户端将等待
//因此发送一个 a？。

```
try
{
    rb = ResourceBundle.getBundle ("datemsg", l);
}
catch (MissingResourceException mre)
{
    pw.println ("?");
    pw.close ();
    continue;
}
```

//准备一个 MessageFormat 以格式化某个特定地区的模板，该模板包含了
//某个特定地区日期的引用。

```
MessageFormat mf;
mf = new MessageFormat (rb.getString ("datetemplate"), l);

Object [] args = { new Date () };
```

//格式化特定地区的消息，并发送给客户端。

```
pw.println (mf.format (args));
```

//关闭 PrintWriter 非常重要，这样消息将写入到客户端 socket 的输出流。

```
        pw.close ();
    }
    catch (Exception e)
    {
        System.err.println (e);
    }
}
```

```
    }
  }
```

在获取控制台(查阅第 2 章的"控制台 I/O"一节以了解该新特性)后，日期服务器启动一个处理器线程来响应客户端对它们本地区格式的当前日期的请求。在该线程创建后，系统可以重复提示输入一个命令：clear 表示清除缓存，exit 表示退出程序，只有这两种可能。在改变资源束后，输入 clear 确保以后的 getBoundle()方法调用将从存储中检索它们的资源束(然后将其缓存供以后调用)。

日期服务器程序依赖基本目录名为 datetemplate 的资源束。创建两个资源束，分别存储在名为 datemsg_en.properties 和 datemsg_fr.properties 的文件中。前者文件的内容如代码清单 5-6 所示。

代码清单 5-6   datemsg_en.properties

```
datetemplate = The date is {0, date, long}.
```

在连接到日期服务器后，日期客户端程序向服务器发送一个 Locale 对象；客户端将收到一个 String 对象作为响应。如果日期服务器不支持该地区(资源束没有找到)，那么它将返回一个包含唯一请求标记的字符串。否则，日期服务器将返回一个包含地区化文本的字符串。代码清单 5-7 给出一个简单日期客户端应用程序的源代码。

代码清单 5-7   DateClient.java

```
//DateClient.java

import java.io.*;

import java.net.*;

import java.util.*;

public class DateClient
{
  final static int PORT = 5000;

  public static void main (String [] args)
  {
    try
    {
      //建立一个到日期服务器的连接。为了简单起见，
      //假定该服务器和客户端运行在同一台机上。
      //客户端和服务器的 PORT 常量必须是一样的。

      Socket s = new Socket ("localhost", PORT);

      //将默认的地区发送给日期服务器。
```

```
        ObjectOutputStream oos;
        oos = new ObjectOutputStream (s.getOutputStream ());
        oos.writeObject (Locale.getDefault ());

        //获取服务器的响应，并将其输出。

        InputStreamReader isr;
        isr = new InputStreamReader (s.getInputStream ());
        BufferedReader br = new BufferedReader (isr);
        System.out.println (br.readLine ());
    }
    catch (Exception e)
    {
        System.err.println (e);
    }
  }
}
```

为了简单起见，日期客户端程序发送默认的地区给服务器。可以通过 java 程序的-D
选项来重写该地区。例如，假定已经启动该日期服务器，java -Duser.language="fr"
DateClient 将发送一个 Locale("fr", "")对象给服务器，并将接收一个法语的回复(通过
http://babelfish.altavista.com/tr 上的 AltaVista 在线翻译工具 Babel Fish Translation 获取法
语文本)。

可以通过利用日期服务器和日期客户端程序执行一个简单的试验来验证清空缓存的
作用。在开始该试验之前，创建代码清单 5-6 的一个副本，并在副本中用 Thee 代替 The。
确保包含 Thee 的属性文件和日期服务器程序在同一个目录下。然后执行以下步骤：

(1) 启动日期服务器程序。

(2) 使用 en 作为地区运行客户端程序(如果 English 是默认地区，那么通过 java
DateClient 运行程序，否则使用 java -Duser.language="en" DateClient 运行程序)，应该看
到一个以"Thee date is"开头的消息。

(3) 将代码清单 5-6 的属性文件复制到服务器程序目录下。

(4) 在服务器提示窗口中输入 clear。

(5) 以 en 作为地区运行客户端程序，这次应该看到一个以"The date is"开头的消息。

警告

有人企图总在调用 getBundle()之前调用 clearCache()。但是，这样就忽略了缓存为应
用程序所带来的性能优势。出于这个原因，就像日期服务器程序所演示的那样，应该少
使用 clearCache()。

5.5.2 控制 getBundle()方法

在 Java SE 6 之前，ResourceBundle 的 getBundle()方法已经硬性绑定了，按照以下方
式来查找资源束。

- 查找某种资源束：基于属性或者是基于类。
- 在某个地方查找资源束：属性文件或者类文件，其目录路径由全限定资源束基本路径名表明。
- 使用某种特定搜索策略搜索资源束：如果基于某个给定的地区搜索失败，那么使用默认的地区实施搜索。
- 使用特定的搜索进程搜索资源束：如果一个类和一个属性文件具有相同的候选资源束名，那么当属性文件保持隐藏时，该类还能被加载。

此外，资源束总是被缓存的。

由于这样做缺乏灵活性，从而不能执行某些任务，如从资源(如 XML 文件或者数据库)而不是属性文件或者类文件中获取资源数据。因此，Java SE 6 修改 ResourceBundle 类以依赖于其 Control 内部类。该嵌套类提供多种回调方法以供资源束搜索-加载过程中调用。通过重写特定的回调方法，可以实现期望的灵活性。如果没有重写其中的任何方法，getBundle()方法将和原来一样执行。表 5-6 描述了 ResourceBundle.Control 的所有方法。

表 5-6　ResourceBundle.Control 方法

方　　法	描　　述
public List<Locale> getCandidateLocales (String baseName, Locale locale)	为指定的 baseName 和 locale 返回候选的地区列表。如果 baseName 或者 locale 为 null，那么该方法抛出一个 NullPointerException 异常
public static final ResourceBundle.Control getControl(List<String> formats)	返回一个 ResourceBundle.Control 对象，其 getFormats() 方法返回指定的格式。如果 formats 列表为 null，那么该方法抛出一个 NullPointerException 异常；如果 formats 列表为未知格式，那么该方法抛出一个 IllegalArgumentException 异常
public Locale getFallbackLocale(String baseName, Locale locale)	为进一步的资源束搜索(通过 ResourceBundle.getBundle())返回一个反馈地区。如果 baseName 或者 locale 为 null，那么该方法抛出一个 NullPointerException 异常
public List<String> getFormats(String baseName)	返回一个字符串列表，该字符串列表标识用于加载共享指定 baseName 的资源束的格式。如果 baseName 为 null，那么该方法抛出一个 NullPointerException 异常
public static final ResourceBundle.Control getNoFallbackControl(List<String> formats)	返回一个 ResourceBundle.Control 对象，其 getFormats() 方法返回指定的格式，和其 getFallBackLocale()方法返回 null。如果 formats 列表为 null，那么该方法抛出一个 NullPointerException 异常。如果 formats 列表为未知格式，那么该方法抛出一个 IllegalArgument Exception 异常

（续表）

方　　法	描　　述
public long getTimeToLive (String baseName, Locale locale)	返回一个通过该 ResourceBundle.Control 所加载的资源束的生存时间值。如果 baseName 或者 locale 为 null，那么该方法抛出一个 NullPointerException 异常
public boolean needsReload(String baseName, Locale locale, String format, ClassLoader loader, ResourceBundle bundle, long loadTime)	通过比较最后修改时间和 loadTime 来确定过期的缓存资源束是否需要重新加载。如果最近修改时间比 loadTime 更近，那么该方法返回 true(资源束需要被重新加载)。如果 baseName、locale、format、loader 或者 bundle 为 null，那么该方法抛出一个 NullPointerException 异常
public ResourceBundle newBundle(String baseName, Locale locale, String format, ClassLoader loader, boolean reload)	基于 baseName 和 locale 的组合，并综合考虑 format 和 loader 创建一个新的资源束。如果 baseName、locale、format 或者 loader 为空(或者被该方法所调用的 toBoundleName()返回 null)，那么该方法抛出一个 NullPointerException 异常。如果 format 是无法识别的数据，或者是由指定的参数所标识的咨源包含残缺数据，那么该方法抛出 IllegalArgumentException 异常。如果被加载的类不能强制转换为 ResourceBundle，那么该方法抛出一个 ClassCast Exception 异常。如果类或者其空构造函数不可访问，那么该方法抛出一个 IllegalAccessException 异常。如果由于其他原因，类不能被实例化，那么该方法抛出一个 InstantiationException 异常。如果类的静态初始化器运行失败，那么方法抛出一个 ExceptionInInitializerError 错误。如果存在安全管理器，而且安全管理器不允许资源束类的实例化，那么该方法抛出一个 SecurityException 异常
public String toBundleName(String baseName, Locale locale)	将指定的 baseName 和 locale 转换为一个资源束名，其组件由下划线字符隔开。例如，如果 baseName 是 MyResource，且 locale 是 en，那么得到的资源束名为 MyResource_en。如果 baseName 或者 locale 为 null，那么该方法抛出一个 NullPointerException 异常

(续表)

方　法	描　述
public final String toResourceName (String bundleName, String suffix)	将指定的 bundleName 转化成一个资源名。斜杠符号替换包的点分隔符；一个点和其后的 suffix 将附加在得到名字后。例如，如果 bundleName 是 com.company.My Resource，而 suffix 为 properties，那么得到的资源名是 com/company/MyResources_en.properties，如果 bundleName 或者 suffix 为 null，那么该方法将抛出一个 NullPointerException 异常

　　getCandidateLocales()方法在 ResourceBundle.getBundle()工厂方法每次为目标地区寻找资源束时都会被该方法调用。可以重写 getCandidateLocales()方法以修改目标地区的父资源束链。例如，如果希望您的 Hong Kong 资源束共享繁体中文字符串，那么可以将 Chinese/Taiwan 资源束作为 Chinese/Hong Kong 资源束的父资源束。*The Java Tutorial* 的"Customizing Resource Bundle Loading"一课中(http://java.sun.com/docs/books/tutorial/i18n/resbundle/control.html)展示了如何完成该任务。

　　getFallbackLocale() 在每次 ResourceBundle.getBundle() 工厂方法不能基于 getFallbackLocale()的 baseName 和 locale 参数找到资源束时被该方法调用。如果不想使用默认的地区继续搜索，可以重写该方法以让其返回 null。

　　getFormats()方法在需要加载缓存中没找到的资源束时由 ResourceBundle.getBundle()工厂方法调用。该方法返回的格式列表确定在搜索期间被搜索的资源仅仅是类文件、仅仅是属性文件、既是类文件也是属性文件、或者是其他应用程序所定义的格式。当重写 getFormats()方法以返回应用程序定义的格式时，也需要重写 newBundle()基于这些格式加载资源束。

　　前面已经演示过如何使用 clearCache()方法来清空 ResourceBundle 缓存中的资源束。除了显式地清空缓存外，也能控制资源束在重新加载前在缓存中保存多长时间。这一点可以通过 getTimeToLive()和 needsReload()方法来完成。getTimeToLive()方法返回下列值之一：

- 一个正值，表示在当前 ResourceBundle.Control 下加载的资源束在不需要验证其源数据的情况下可以在缓存中保存毫秒数。
- 如果每次从缓存中检索资源束都需要验证，那么返回 0。
- 如果资源束没有缓存，返回 ResourceBundle.Control.TTL_DONT_CACHE。
- 如果在任何情况下(除了由内存太低或者显式清空内存的情况)资源束都不会从缓存中删除，那么默认返回 ResourceBundle.Control.TTL_NO_EXPIRATION_ CONTROL。

　　如果 ResourceBundle.getBundle()工厂方法在缓存中发现过期的资源束，那么它调用 needsReload()方法确定该资源束是否需要重新加载。如果该方法返回 true，那么工厂方法从缓存中删除过期的资源束；如果方法返回 false，那么以 getTimeToLive()返回的存活时间更新被缓存的资源束。

当 needsReload()和 newBundle()的默认实现需要将一个基本名字和一个地区转换成一个资源束名时，这些方法实现将调用 toBundleName()方法。也可以通过重写该方法来从不同的包中加载资源束，而不仅仅是从同一个资源束中加载。例如，假定 MyResources.properties 文件存储应用程序的默认(基本)资源束，并且还有一个 MyResources_de.properties 文件存储了应用程序中的德语资源，那么 ResourceBundle.Control 的默认实现将把这些资源束组织在同一个包中。通过重写 toBundleName()方法可以改变如何对这些资源束命名，并且可以将这两个文件放在不同的包中。例如，可能已经有一个 com.company. app.i18n.base.MyResources 包对应 com/company/app/i18n/base/MyResources. properties 资源文件，而另外一个 com.company.app.i18n.de.MyResources 包对应 com/company/app/i18n/de/MyResources.properties 文件。通过研究 Sun 公司的"International Enhancements in Java SE 6"文章中 (http://java.sun.com/developer/technicalArticles/javase/i18n_enhance/)一个类似例子可以学习如何实现这一点。

尽管您将经常建立 ResourceBundle.Control 的子类并重写某些回调方法，但并不是总需要这样做。例如，如果需要将资源束仅仅限制在类文件或者是属性文件时，可以调用 getControl()方法返回一个已经为该任务做好的 ResourceBundle.Control(线程安全的单线程)对象。为了获取该对象，需要将以下的 ResourceBundle.Control 常数之一传递给 getControl()：

- FORMAT_PROPERTIES，描述了一个包含"java.properties"的不可改变的 List<String>
- FORMAT_CLASS，描述了一个包含"java.class"的不可改变的 List<String>
- FORMAT_DEFAULT，描述了一个包含"java.properties"和"java.class"的不可改变的 List<String>

ResourceBundle.Control 的 JDK 文档中的第一个例子使用 getControl()返回一个将资源束限制在属性文件的 ResourceBundle.Control 对象。

也可以调用 getNoFallbackControl()返回一个已经做好的 ResourceBundle.Control 对象、仅仅限制该资源束在类或属性以外，还告诉新的 getBundle()方法当搜索某个资源束时，不要搜索默认的地区。getNoFallbackControl()方法具有和 getControl()一样的 formats 参数；该方法返回一个线程安全的单线程程序，其 getFallbackLocale()方法返回 null。

5.6 小 结

Java SE 6 在 Java 中引入了多个新的 i18n 特性。例如，可以以 ja_JP_JP 作为地区调用 Calendar 类的 public static Calendar getInstance(Locale aLocale)方法来获取一个日本皇家纪年日历的实例。然后可以利用该实例来设置、提取以及修改与皇家纪年(如 Heiei)，对应的日期。

如果已经疲于等待 Sun 公司实现一个对应用程序非常重要的特定地区版本，您将愿意去查看一下区分地区服务。该新特性包含允许在 Java 中插入地区相关数据或者服务的 SPI 类。例如，可以为一个新地区引入新的货币提供程序。

Java SE 6 添加了一个新的地区集(如 in_ID 表示印度尼西亚语/印度尼西亚)。Java 的区分地区类完全支持这些地区。

Java SE 6 的 Normalizer API 支持统一编码标准化的四种形式。该 API 使得将等价的字符序列(或者是单个字符)转换成一个一致的表示以便于比较成为可能。该能力对于搜索和排序而言是非常重要的。

最后，Java SE 6 通过添加 8 个新方法和 1 个新 Control 内部类改进 ResourceBundle 类。这些新的方法包含两个 clearCache()，这两个方法对于在不停止长时间运行程序情况下从 ResourceBundle 的缓存中删除已加载资源束而言非常有用。新的 ResourceBundle.Control 类允许编写应用程序，这些应用程序能够控制资源束的存储格式(如 XML)以及定位资源束的搜索策略等。

5.7 练习

您对新的 i18n 特性理解如何？通过回答下面问题，测试您对本章内容的了解(参考答案见附录 D)。

(1) 在皇家纪年的第一年中，哪个 Calendar 域负责处理不规则的规则？

(2) 所有规范等价的字符同时也是兼容等价吗？

(3) 扩展为一个新的 ti_ER 地区引入一个新的货币名提供程序的例子(见代码清单 5-2 和代码清单 5-3)，使其也包含一个地区名字提供程序。LocaleNameProviderImpl 子类应该实现 getDisplayCountry() 为英语地区返回"Eritrea"，并为 ti_ER 地区返回"\u12a4\u122d\u1275\u122b"作为地区化文本，而其他地区则返回 null。同样，getDisplayLanguage() 应该为英语地区返回"Tigrinya"，并为 ti_ER 地区返回"\u1275\u130d\u122d\u129b"作为地区文本，而为其他地区则返回 null。由于没有变量，getDisplayVariant()应该是返回 null。在编译 LocaleNameProviderImpl.java 后，更新 tiER.jar 文件以包含所得到的类文件。另外，将 java.util.spi.LocaleNameProvider 文本文件(包含 LocaleNameProviderImpl)放置在该 JAR 文件的 META-INF/services 目录中。用这个新的 JAR 文件替换原来已安装的 tiER.jar 文件。

为了验证该 tiER.jar 文件的内容是正确的，并且该 JAR 文件已经被成功安装了，创建一个 ShowLocaleInfo 应用程序，该应用程序调用 ti_ER 地区的 getDisplayCountry()和 getDisplayLanguage()方法。为每个方法产生两个调用。第一个调用以 Locale.ENGLISH 作为参数，第二个调用以 ti_ER Locale 对象作为参数。对于 ti_ER，输出的结果是十六进制的。您的程序应该产生以下输出：

```
Eritrea
12a4 122d 1275 122b
Tigrinya
1275 130d 122d 129b
```

(4) 如果您正在面临一个挑战，需要创建一个类似于 ShowCurrencies 的 ShowLocales 应用程序。用 Country (Default Locale)、Language (Default Locale)、Country (Localized) 和 Language (Localized)列替换 Currency Code 和 Currency Symbol 列。前面两列表示无参数调用 getDisplayCountry()和 getDisplayName()方法的结果；后面两列给出了输入一个 Locale 参数的 getDisplayCountry()和 getDisplayName()方法的返回结果。

Eritrea 和 Tigrinya 的统一编码字符串识别来自于 Ge'ez 字母表的符号(参见 http://en.wikipedia.org/wiki/Ge%27ez_alphabet 上维基百科中 Ge'ez 字母表的条目以了解更多关于该字母表的信息)。在 ShowLocales 的 Windows XP 版本下，可能不能看到这些符号。但是，可以从 ftp://ftp.ethiopic.org/pub/fonts/TrueType/gfzemenu.ttf 上下载 gfzemenu.ttf TrueType 字体，将该文件放置在 windows/fonts directory 目录中，并在 Country(Localized) 和 Language (Localized)类中安装一个表格单元渲染器来修正这一点。该渲染器将扩展 javax.swing.JLabel，并实现 javax.swing.table.TableCellRenderer。此外，当渲染器检测到值包含 " \u12a4\u122d\u1275\u122b " 或者 " \u1275\u130d\u122d\u129b " 时，TableCellRenderer 的 Component getTableCellRendererComponent(JTable table, Object value, boolean isSelected, boolean hasFocus, int row, int column)方法将执行 setFont (new Font ("GF Zemen Unicode", Font.PLAIN,12))。最后所得到的结果类似于图 5-3。此外，还可以修改该程序以扩展 getTableCellComponent()方法，从而突出显示后面两列之上的标题条。

Locale	Country (Default Locale)	Language (Default Locale)	Country (Localized)	Language (Localized)
ar_LB	Lebanon	Arabic	أبنان	العربية
ko		Korean		한국어
fr_CA	Canada	French	Canada	français
et_EE	Estonia	Estonian	Eesti	Eesti
ar_KW	Kuwait	Arabic	الكويت	العربية
es_US	United States	Spanish	Estados Unidos	español
es_MX	Mexico	Spanish	México	español
ar_SD	Sudan	Arabic	السودان	العربية
in_ID	Indonesia	Indonesian	Indonesia	Bahasa Indonesia
ru		Russian		русский
lv		Latvian		Latviešu
es_UY	Uruguay	Spanish	Uruguay	español
lv_LV	Latvia	Latvian	Latvija	Latviešu
iw		Hebrew		עברית
pt_BR	Brazil	Portuguese	Brasil	português
ti_ER	Eritrea	Tigrinya	ኤርትራ	ትግርኛ
ar_SY	Syria	Arabic	□□□□□	□□□□□□
hr		Croatian		hrvatski
et		Estonian		Eesti

图 5-3　为 Eritrea 和 Tigrinya 显示地区化名字的 ShowLocales 应用程序

■ ■ ■

第 6 章

Java 数据库连接

数据库是很多基于客户端和基于服务器的 Java 应用程序的关键组成部分。应用程序使用 Java 数据库连接(Java Database Connectivity, JDBC)以一种数据库管理系统(DBMS)不可知的方式访问数据库。接下来探讨 Java SE 6 改进的 JDBC 的特性集以及其新的 JDBC 可访问的 DBMS:

- JDBC 4.0
- Java DB

6.1 JDBC 4.0

JDBC 4.0 是 Java 数据库访问 API 的最新版本，是根据 JSR 221：JDBC 4.0 API Specification(http://jcp.org/en/jsr/detail?id=221)开发的，是 Java SE 6 的一部分。根据该 JSR，JDBC 4.0 "试图在实用层和 API 层提供一些易于开发的重点特性和改进，以改善 Java 应用程序访问 SQL 数据存储"。

注意

包含 JDBC 4.0 规范的文档可以从 Sun 公司的 JDBC Download 页面(http://java.sun.com/products/jdbc/download.html#corespec40)中的 JDBC 4.0 API Specification Final Release 部分下载。正如该文档所述，JDBC 4.0 的目标之一就集中在为满足 SQL:2003 规范的大部分组件提供支持。因为该规范可能被工业界广泛支持；SQL:2003 XML 数据类型就是一个典型的例子。为了了解更多 SQL:2003 对其前身 SQL:1999 的改进，可以从 Whitemarsh Information Systems Corporation (http://www.wiscorp.com/SQL2003Features.pdf)上查阅 SQL2003Features.pdf 文档。该文档由 IBM 的员工 Krishna Kulkarni 创建。

JDBC 4.0 API 包括 java.sql 包中的核心 API 和 javax.sql 包的 API，后者将 JDBC 从客户端扩展到了服务器端。JDBC 4.0 在这些包中添加了新的类和接口，并用新的方法扩展已有的类型。本章将讨论大部分新添加的类、接口和方法。

注意

早期的 Java SE 6 中还包含 JDBC 4.0 Annotation。该 API 通过将 SQL 查询和 Java 类(使您不用编写大量的代码)相对应简化了创建数据访问对象(Data Access Object，DAO)

的过程。但是，该特性并未集成到 Java SE 6 中，因为 JDBC 4.0 的参考实现有质量控制问题。然而，由于 JDBC4.0 Annotation 特性可能包含在 Java SE 6 的更新或者是 Java SE 7 中，因此可以通过阅读 Srini Penchikala 的 "JDBC 4.0 Enhancements in Java SE 6" (http://www.onjava.com/pub/a/onjava/2006/08/02/jjdbc-4-enhancements-in-java-se-6.html?page=2) 中的 "Annotation-Based SQL Queries" 来了解该特性。

6.1.1 自动驱动器加载

在 Java 1.4 引入 javax.sql.DataSource 之前，java.sql.DriverManager 类是 JDBC 获取到数组源(数据存储设施，包括简单文件，也包括由 DBMS 所管理的复杂数据库系统)连接的唯一方式。在获取一个数据源连接之前，早期的 JDBC 版本要求显式地加载一个适当的驱动器。显式地加载通常是通过为 Class.forName()指定一个实现了 java.sql.Driver 接口的类的名字来实现。例如，JDBC-ODBC Bridge 驱动器(通常只在用户开发和测试时使用，或者是没有其他的驱动器的情况下使用)就是通过调用 Class.forName ("sun.jdbc.odbc.JdbcOdbcDriver")来加载的。在创建其自身的一个实例后，驱动器类的静态初始化器将该实例通过 DriverManager 的 public static void registerDriver(Driver driver) 方法注册该实例。JDBC 后来的版本放松了这种要求，它们允许利用 jdbc.drivers 系统属性来指定一个需要加载的驱动器列表。在其进行初始化时，DriverManager 将试图加载所有这些驱动器。

从 Java SE 6 开始，DriverManager 使用原有的基于 sun.misc.Service 服务提供程序的机制作为隐式加载驱动器的一种方法(第 2 章关于 ServiceLoader API 的讨论提到了 sun.misc.Service)。不再需要记住驱动器类的名字。该机制要求驱动器在一个包含 META-INF/services/java.sql.Driver 的 JAR 文件中被打包。该 JAR 文件必须包含唯一的一行，该行包含了实现 Driver 接口的驱动器实现的类名。第一次调用 DriverManager 的 public static Driver getDriver(String url)、public static Enumeration<Driver> getDrivers()或者它的各种 getConnection()方法都将导致内部方法的调用，从而从所有可访问的 JAR 文件中加载所有通过 jdbc.drivers 系统属性标识的驱动器。每个被加载的驱动器都对自身进行实例化，并将自身通过 registerDriver()方法注册到 DriverManager。当这些方法被调用时，getConnection()方法将遍历所有已加载的驱动器，并从第一个能够识别 getConnection() 方法的 JDBC URL 的驱动器中返回一个 java.sql.Connection。通过查看 DriverManager 的源代码可以查看该过程是如何实现的。

注意

DataSource 的 JDK 文档说明该接口是获取数据源连接的首选方法。当使用该方法时，可以使用数据源的逻辑名而不是对驱动器信息进行硬编码，并且也可以利用连接池和分布式事务处理数据源。如果您不了解 DataSource，*The Java Tutorial* 的 "Establishing a Connection" 一课(http://java.sun.com/docs/books/tutorial/jdbc/basics/connecting.html)提供一个例子来解释该概念。该例子使用该接口获取一个数据源连接。

6.1.2　增强 BLOB 和 CLOB 支持

SQL:1999 引入了二进制大对象(BLOB)和字符型大对象(CLOB)两种数据类型。对于存储大量面向字节的数据，如图像、音乐、视频而言，BLOB 是非常有用的。同样，对于存储大量面向字符的数据而言，CLOB 则非常有用。JDBC 4.0 在以前对 BLOB 和 CLOB 的支持之上做了以下几个方面的扩展：

- 在 Connection 接口中添加 Blob createBlob()方法以创建并返回一个空对象，该对象的类实现了表示 SQL BLOB 类型的 java.sql.Blob 接口。调用一个如 int setBytes(long pos, byte[] bytes)的 Blob 方法可以在该对象中添加数据。

- 在 Blob 接口中添加 void free()和 InputStream getBinaryStream(long pos, long length) 方法以释放一个 Blob 对象(释放其占有的资源)并从一个 BLOB 对象的部分产生一个流。

- 在 java.sql.ResultSet 中添加四个新的 updateBlob()方法以从输入流中更新一个 BLOB 列。

- 在 java.sql.PreparedStatement 接口中添加 void setBlob(int parameterIndex, InputStream inputStream) 和 void setBlob(int parameterIndex, InputStream inputStream, long length)方法以告诉驱动器 inputStream 参数值将以 SQL BLOB 格式发送给数据源。不需要使用 PreparedStatement 的 setBinaryStream()方法来完成此任务。如果使用这种方法，驱动器叮能必须执行一些额外的工作来确定该参数值是要作为一个 SQL LONGVARBINARY 类型发送给数据源，还是要以 SQL BLOB 类型发送给数据源。

- 在 Connection 接口中添加 Clob createClob()方法以创建并返回一个空对象，该对象的对应类实现了表示 SQL CLOB 类型的 java.sql.Clob 接口。调用一个诸如 int setString(long pos, String str)的 Blob 方法可以在该对象中添加数据。

- 在 Clob 接口中添加 void free()和 Reader getCharacterStream(long pos, long length) 方法以释放一个 Clob 对象(释放其占有的资源)，并从一个 CLOB 的部分产生一个流。

- java.sql.ResultSet 添加四个新的 updateClob()方法以从输入流中更新一个 CLOB 列。

- 在 PreparedStatement 接口中添加 void setClob(int parameterIndex, Reader reader) 和 void setClob(int parameterIndex, Reader reader, long length)方法以告诉驱动器 reader 参数值将以 SQL CLOB 格式发送给数据源。不需要使用 PreparedStatement 的 setCharacterStream()方法来完成此任务。如果使用这种方法，驱动器可能必须执行一些额外的工作来确定该参数值是要作为一个 SQL LONGVARCHAR 类型发送给数据源，还是要以 SQL CLOB 类型发送给数据源。

假定有一个 EMPLOYEE 表格，该表格有一个 SQL VARCHAR 类型的 NAME 列、一个 SQL BLOB 类型的 PHOTO 列，并且想在该表格中插入一个新的职员。createBlob() 方法对于创建一个初始为空的 BLOB 对象，然后将该雇员照片所使用的图像图标填充到

该 BLOB 对象中非常容易, 如以下代码片段所示:

```
Connection con = getConnection (); //假定 getConnection()方法存在。
getConnection ()
PreparedStatement ps;
ps = con.prepareStatement ("INSERT INTO EMPLOYEE (NAME, PHOTO) VALUES
                           (?, ?)");
ps.setString (1, "Duke");
Blob blob = con.createBlob ();
//将表示 duke.png 图像的 ImageIcon 对象串行化为 blob。
...
ps.setBlob (2, blob);
ps.execute ();
blob.free ();
ps.close ();
```

createBlob()和 createClob()方法解决了 JDBC 规范中不能高效快捷地创建一个 BLOB 和(或)CLOB 对象以插入一个新的表格行这一长期的难题。查阅 "Insert with BLOB/CLOB - is this a hole in the JDBC spec?" (http://forum.java.sun.com/thread.jspa?threadID=425246) 了解该问题的更多知识。

6.1.3 增强连接管理

由于 Connection 类是通过 JDBC 访问数据库的核心, 优化该接口的实现的性能对于提高整体的 JDBC 性能非常重要, 对于提升建立在 JDBC 上的高层 API 的性能也非常重要。通常的优化技术是连接池(connection pooling)和语句池(statement pooling)。在这些技术当中, 应用程序服务器和 Web 服务器在每个程序连接的基础上重用数据库连接和 SQL 语句对象。

当应用程序服务器或者是 Web 服务器提供连接池时, 应用程序的连接请求将发送到服务器的连接池管理器而不是数据库驱动器。由于驱动器并不参与请求, 因此它不能将应用程序和该连接相关联。所以, 对于基于服务器的监控工具而言, 要标识在 JDBC 连接背后的应用程序是否正在占用 CPU 或以别的方式停顿服务器是不可能的。

JDBC 4.0 通过在 Connection 中添加新的 void setClientInfo(Properties properties)和 void setClientInfo(String name, String value)方法来缓解这一问题。在成功地建立一个连接之后, 应用程序调用以上两个方法中的一个来将客户端特有的信息(如应用程序的名字)与 JDBC 对象相关联。驱动器执行这些方法, 并将该信息传递给数据库服务器。服务器调用 Connection 的 Properties getClientInfo()和 String getClientInfo(String name)方法为监控工具检索这些信息。

通常, 在应用程序的生命周期内, 需要多次执行某些语句。其他一些语句也仅仅执行少数几次。在 JDBC 4.0 以前, 没有相应的方法来指定哪个语句将放置在语句池中。一个语句可能自动地被放置在语句池中, 从而替换由于频繁执行在语句池中仍然需要的其他语句。

从 JDBC 4.0 开始,应用程序可以提示连接池管理器将一个语句放置在语句池中或者是将其从语句池中删除, 这一点是通过调用 java.sql.Statement 接口的 void setPoolable(boolean poolable)方法来实现的。默认情况下, 只有 PreparedStatement 和 java.sql.CallableStatement 语句能够放置在该语句池中。也可以调用 Statement 的 setPoolable(true)方法使该 Statement 能够放置在语句池中。新的 boolean isPoolable()方法指示一个语句是否可以放在语句池中。如果方法返回 true,那么该语句可以放在某个语句池中。

在 JDBC 4.0 以前,连接池管理器不能标识连接是否已经变得不可用。但是连接池管理器可以确定至少某个池的连接已经出现了问题,因为连接池的运行消耗大量资源或者是耗费大量的时间来和数据库通信。通常,如果某个连接出现问题,连接池管理器将结束所有的连接,并用新的连接初始化连接池。这种解决方法将导致潜在数据丢失、性能下降以及极差的用户体验。

某些连接池管理器错误地使用 Connection 的 boolean isClosed()方法来标识不可用的连接。但是该方法仅能确定一个连接是打开的还是关闭的。一个不可用的连接也可能是打开的(耗费资源)。但是,JDBC 4.0 通过在 Connection 中添加新的 Boolean isValid(int timeout)方法解决了这个问题。如果连接对象的连接还没有被关闭,而且连接还是有效的,那么该方法返回 true。如果 isClosed()和 isValid()都返回 false,那么连接不可用,并且可以被关闭。

注意

当 isValid()被调用时,驱动器在该连接上提交一个查询或者使用其他的方法来验证该连接是否仍然有效。

最后,JDBC 4.0 还提供相应的改进,从而使得应用程序在关闭池的预制语句,或者驱动器发现池的预制语句无效时,应用程序允许驱动器通知连接池管理器。当连接池管理器被通知此情况时,可以返回 PreparedStatement 对象给语句池以重用该语句,或者也可以丢弃该无效的语句。该改进包括以下内容:

- javax.sql.StatementEventListener:该接口由连接池管理器实现,用以监听与驱动器检测关闭的和无效的预制语句相关的事件。
- javax.sql.StatementEvent:该类的实例将传递给监听器的 void statementClosed (StatementEvent event)和 void statementErrorOccurred(StatementEvent event)方法。该类包含一个 public PreparedStatement getStatement()方法和一个 public SQLException getSQLException() 方法。前一个方法返回被关闭的 PreparedStatement 语句或者是被发现无效的 PreparedStatement 语句。后一个方法则返回驱动器可能抛出(由于无效的 PreparedStatement 语句)的 java.sql.SQLException 异常。
- void addStatementEventListener(StatementEventListener listener)和 void removeStatement EventListener(StatementEventListener listener):在 javax.sql.Pooled Connection 接口中添加这些方法。

连接池管理器调用 addStatementEventListener()将自身注册为一个监听器以监听驱动器发送的通知。当应用程序关闭一个逻辑预制语句(logical prepared statement，将返回到语句池以便重用的预制语句)时，驱动器为每个注册在连接上的 StatementEventListener 调用 statementClosed()方法。如果驱动器检测到某个无效的预制语句，它将在抛出 SQLException 异常之前调用每个注册的 StatementEventListener 的 statementErrorOccurred() 方法。

6.1.4　增强异常处理

Java 1.4 为将一个异常包装在另一个异常内，从而引入了链式异常(chained exception)(参见 http://java.sun.com/j2se/1.4.2/docs/guide/lang/chained-exceptions.html)作为标准的机制。JDBC 4.0 通过 4 个新的构造函数将该机制引入到 SQLException 异常。每个构造函数都获得标识 SQLException 的原因(也可能不是 SQLException 异常)的 Throwable 参数。

该链式异常机制并不能替代 SQLException 的 public SQLException getNextException() 方法。由于 SQL 标准允许在语句执行时抛出多个 SQLException 异常，因此需要使用 getNextException()和继承得到的 public Throwable getCause()方法来提取所有异常以及异常的原因，如下所示：

```
public static void main (String [] args)
{
  try
  {
      throw new SQLException ("Unable to access database file",
                         new java.io.IOException ("File I/O problem"));
  }
  catch (SQLException sqlex)
  {
    /*
        This clause generates the following output:

        java.sql.SQLException: Unable to access database file
        Cause:java.io.IOException: File I/O problem
    */
    while (sqlex != null)
    {
    System.out.println (sqlex);

    Throwable t = sqlex.getCause ();
    while (t != null)
    {
        System.out.println ("Cause:"+t);
        t = t.getCause ();
    }
```

```
            sqlex = sqlex.getNextException ();
        }
    }
}
```

注意

目前，java.sql.BatchUpdateException 和 java.sql.DataTruncation 两个异常类也支持链式异常。关于 DataTruncation，如果数据在写操作的过程中被删节，那么其 SQLState 现在设为 “22001”，如果在读操作的过程中被数据删节，那么其 SQLState 设置为 “01004”。

在 JDBC4.0 中，SQLException 实现了 Iterable<T>接口，因此可以使用 Java 5 的 for-each 循环来枚举异常及其原因(如果有原因的话)。在这些情况下，for-each 循环调用 SQLException 的 public Iterator<Throwable> iterator()方法以返回一个该任务的迭代器。其结果是一个比较简单的 catch 语句，如以下代码片段所示：

```
catch (SQLException sqlex)
{
  /*
      This clause generates the following output:

      java.sql.SQLException: Unable to access database file
      Cause:java.sql.SQLException: Unable to access database file
      Cause:java.io.IOException: File I/O problem
  */
  while (sqlex != null)
  {
      System.out.println (sqlex);

      for (Throwable t: sqlex)
        System.out.println ("Cause:"+t);

      sqlex = sqlex.getNextException ();
  }
}
```

当抛出一个 SQLException 异常时，该异常的原因并不是非常明显。异常可能是临时错误的结果，如：数据库可能正在重新启动或者是数据库发生了死锁。该异常也可能是由一个永久错误而导致的结果，如在 SQL 语句中存在语法错误或者在涉及外键时违背了相应的约束。

在 JDBC 4.0 之前，需要提取异常的 SQLState 值来查明是什么导致了异常的发生。同时还必须查明该值是否遵循(由驱动器确定)X/Open(现在被称为 Open Group)SQL Call Level Interface(CLI)约定或者 SQL:2003 约定；这些约定可以通过 java.sql.DatabaseMetaData 的 int getSQLStateType()方法被标识。

JDBC 4.0 引入两个新的 SQLException 子类层次结构，从而使得描述异常的原因更加方便。java.sql.SQLTransientException 是描述那些可以立即重试的失败操作所导致的异常类的根类。表 6-1 描述了所有这些类。

表 6-1　SQLTransientException 子类

子　类	描　述
SQLTimeoutException	一个语句的超时已经过期。它没有对应的 SQLState 值
SQLTransactionRollbackException	由于死锁或者某些其他的事务序列失败，DBMS 自动返回当前语句。其 SQLState 值为 "40"
SQLTransientConnectionException	如果重试，那么一个失败的连接操作可能会成功，而不需要在应用程序层次上作任何改变。其 SQLState 为 "08"

和 SQLTransientException 类相反，java.sql.SQLNonTransientException 类是描述那些不通过改变应用程序源代码或者数据源的某些方面，失败操作无法重试的异常类的根类。表 6-2 描述了所有这些子类。

表 6-2　SQLNonTransientException 子类

子　类	描　述
SQLDataException	检测到一个无效的函数参数，如试图除以 0，或者是其他和数据相关的问题。其 SQLState 值为 "22"
SQLFeatureNotSupportedException	驱动器不支持可选的 JDBC 特性，如可选的重载方法。例如，如果驱动器不支持 Connection 可选的重载 Statement createStatement(int resultSetType, int resultSet Concurrency)方法时，那么该方法抛出该异常。其 SQLState 值为 "0A"
SQLIntegrityConstraintViolationException	一个外键或者是其他的完整性约束已经被违背。其 SQLState 值为 "23"
SQLInvalidAuthorizationSpecException	在试图建立一个连接时，指定的授权认证信息无效。其 SQLState 值为 "28"
SQLNonTransientConnectionException	如果失败的原因没有更正，那么一个失败的连接操作重试也不能成功。其 SQLState 值为 "08"
SQLSyntaxErrorException	一个正在进行的查询已经违背了 SQL 语法规则。其 SQLState 值为 "42"

JDBC 4.0 还引入了 java.sql.SQLRecoverableException 和 java.sql. SQLClientInfoException 类。如果一个失败的操作在应用程序执行修复操作后可能成功的话，则抛出一个 SQLRecoverableException 异常的实例。修复操作至少必须关闭当前连接并获取一个新的连接。

当在某个连接上的一个或者是多个客户端信息属性无法设置时，将抛出一个

SQLClientInfoException 异常；例如，在关闭的连接上调用 Connection 的 setClientInfo()方法。该异常标识这些客户端信息属性的列表将不能被设置。

6.1.5　国家字符集支持

为了支持国家字符集，SQL:2003 引入了 NCHAR、NVARCHAR、LONGNVARCHAR 和 NCLOB 数据类型。这些数据类型类似于 CHAR、VARCHAR、LONGVARCHAR 和 CLOB 数据类型，但是它们的值是通过某个国家的字符集进行编码的。

JDBC 4.0 将 NCHAR、NVARCHAR 和 LONGNVARCHAR 数据项表示为 String 对象。它自动在 Java 的 UTF-16 字符编码和国家字符集编码之间进行转换。相反，NCLOB 是通过一个新的 java.sql.NClob 接口表示，它镜像 Blob 和 Clob。JDBC 4.0 并没有自动在 NClob 和 Clob 之间转换。

除了提供 NClob 之外，JDBC4.0 在 PreparedStatement 接口、CallableStatement 接口(一个 PreparedStatement 的子接口)和 ResultSet 接口添加了一些新的方法，以进一步支持 NCHAR、NVARCHAR、LONGNVARCHAR 和 NCLOB 数据类型：

- 应用程序调用 PreparedStatement 的新方法 setNString()、setNClob()、setNCharacterStream()和 setObject()以告诉驱动器何时参数标记的值对应于国家字符集类型(setObject()的 targetSqlType 参数必须是 java.sql.Types.NCHAR、Types.NCLOB、Types.NVARCHAR 或者 Types.LONGNVARCHAR 之一)。如果没有调用该方法，且驱动器检测到一个潜在的数据转换错误，那么驱动器将抛出一个 SQLException 异常。如果应用程序不支持国家字符集类型，且某个 setN*XXX*()方法被调用，那么驱动器也可能抛出该异常。
- 应用程序调用 CallableStatement 的新方法 getNString()、getNClob()、getNCharacterStream()和 getObject()方法以检索国家字符集的值。
- 除了新的 getNString()、getNClob()和 getNCharacterStream()方法外，ResultSet 也提供新的 updateNString()、updateNClob()和 updateNCharacterStream()方法以执行涉及国家字符集的更新操作。

注意

JDBC 4.0 的国家字符集支持扩展到了自定义类型映射(参见 JDBC4.0 规范的第 17 章)。在自定义类型映射中 SQL 的结构化类型和特有类型均被映射到 Java 类。这些支持包括在 java.sql.SQLInput 接口添加的 NClob readNClob()方法和 String readNString()方法，以及在 java.sql.SQLOutput 接口添加的 void writeNClob(NClob x)方法和 void writeNString (String x)方法。

6.1.6　新的标量函数

大部分数据源都支持数值函数、字符串函数、日期/时间函数、转换函数，以及一些系统函数在标量值上的操作。这些函数可以用于 SQL 查询，也可以通过可移植的转义语法{fn function-name (argument list)}来访问。例如，{ fn now()}将以一个 TIMESTAMP 值返回当前日期和时间。表 6-3 描述 JDBC 4.0 规范中 8 个新的标量函数。

表6-3 新的标量函数

函 数	描 述
CHAR_LENGTH(string)	如果由 string 表示的字符串表达式是一个字符数据类型，那么返回该表达式的字符长度。如果该表达式不是一个字符数据类型，那么该函数以字节为单位返回其长度，因此该长度是不小于被 8 整除的位数的最小整数
CHARACTER_LENGTH(string)	CHAR_LENGTH(string)的等价方法
CURRENT_DATE()	CURDATE()的等价方法，该方法以一个 DATE 值返回当前日期
CURRENT_TIME()	CURTIME()的等价方法，该方法以一个 TIME 值返回当前时间
CURRENT_TIMESTAMP()	NOW()的等价方法，该方法返回一个 TIMESTAMP 值以表示当前日期和时间
EXTRACT(field FROM source)	从表示日期时间的 source 中返回 YEAR、MONTH、DAY、HOUR、MINUTE 或者 SECOND 域
OCTET_LENGTH(string)	返回由 string 表示的字符串表达式的字节长度，因此该长度是不小于被 8 整除的位数的最小整数
POSITION(substring IN string)	以 NUMERIC 返回在 string 中第一个 substring 出现的位置。精度是由实现定义的，且标度为 0

如果数据源支持这些新的标量方法，驱动器将把这些转义符语法映射到 DBMS 特有的语法。应用程序可以通过调用 DatabaseMetaData 方法来确定数据源支持哪个标量函数，如 String getStringFunctions()方法为所有支持的字符串函数返回一个由逗号隔开的 Open Group CLI 名字的列表。

为了帮助应用程序发现数据源是否支持特有的标量函数，本节创建了一个简单的实用方法。该方法以连接和函数名为参数，如果数据源支持该函数名，那么该方法将返回布尔值 true。下面是该方法的源代码：

```
static boolean isSupported (Connection con, String func) throws SQLException
{
  DatabaseMetaData dbmd = con.getMetaData ();

  if (func.equalsIgnoreCase ("CONVERT"))
      return dbmd.supportsConvert ();

  func = func.toUpperCase ();
```

```
if (dbmd.getNumericFunctions ().toUpperCase ().indexOf (func) != -1)
    return true;

if (dbmd.getStringFunctions ().toUpperCase ().indexOf (func) != -1)
    return true;

if (dbmd.getSystemFunctions ().toUpperCase ().indexOf (func) != -1)
    return true;

if (dbmd.getTimeDateFunctions ().toUpperCase ().indexOf (func) != -1)
    return true;

return false;
}
```

假如想知道某个数据源是否支持 CHAR_LENGTH 标量函数。在获取一个到该数据源的连接,并用 Connection 类型变量 con 表示该连接后,执行如下语句:

```
System.out.println (isSupported (con, "CHAR_LENGTH"));
```

如果支持 CHAR_LENGTH,则该方法输出 true;如果不支持该标量函数,则该方法输出 false。

当需要检测 CONVERT 标量函数支持时,isSupported()测试为支持在一般情况下任意的 JDBC 类型可以转换成另外一种 JDBC 类型。它不是测试为支持在特殊情况下将某个精确的 JDBC 类型(如 Types.DECIMAL)转换成另外一个精确的 JDBC 类型(如 Types.DOUBLE)。

6.1.7　SQL ROWID 数据类型支持

尽管 SQL:2003 并未定义 SQL ROWID,但是 Oracle、DB2 以及其他 DBMS 均支持该数据类型,其值可以认为是逻辑表格行或者物理表格行的地址(依赖于创建 ROWID 的数据源的不同而不同)。在 Oracle 中,行标识符是访问表格行的最快途径。当需要在某个散列表或者另一种不允许重复的集合中存储一个查询的另外一些不是唯一的行时,也可以利用该 ROWID 的唯一性。

注意

如果还不熟悉 ROWID,*Oracle Database SQL Reference* 讨论了 Oracle 中该数据类型的实现(http://download-east.oracle.com/docs/cd/B19306_01/server.102/b14200/pseudocolumns008.htm)。

JDBC4.0 为支持 SQL ROWID 做了如下的提高:
- 提供 java.sql.RowId 接口以表示 SQL ROWID 数据类型
- 为 CallableStatement 和 ResultSet 提供新的 getRowId()方法
- 为 ResultSet 提供新的 updateRowId()方法
- 为 CallableStatement 和 PreparedStatement 提供新的 setRowId()方法

● 为 DatabaseMetaData 提供新的 RowIdLifetime getRowIdLifetime()方法。该方法将通过表 6-4 所列出的枚举常量来表示某个数据源是否支持 ROWID 和行标识符的生命周期。

表 6-4   java.sql.RowIdLifetime 枚举常量

常　　量	描　　述
ROWID_UNSUPPORTED	该数据源不支持 SQL ROWID 数据类型
ROWID_VALID_FOREVER	只要不删除这些行，该数据源的行标识符的生命周期是无限的
ROWID_VALID_OTHER	该数据源行标识符的生命周期是不确定的，但是它不是由其他 ROWID_VALID_*xxx* 所描述的某个生命周期确定
ROWID_VALID_SESSION	只要不删除这些行，该数据源行标识符的生命周期限制在至少包含该数据行的会话过程中有效
ROWID_VALID_TRANSACTION	只要不删除这些行，该数据源行标识符的生命周期限制在至少包含该数据行的事务过程中有效

重新考虑前面介绍的为支持 BLOB 和 CLOB 的改进所引入的 EMPLOYEE 表格(包含 NAME 和 PHOTO 列)。如果您想将所有的行存储在一个散列表中(散列表中每个键值都是唯一的)或者重写一个表格中的条目将非常冒险时，就不能使用 name 作为键值，因为两个雇员可能会同名。相反，使用行标识符作为主键：

```
Connection con = getConnection (); //Assume agetConnection () method.
PreparedStatement ps;
ps = con.prepareStatement ("SELECT ROWID, NAME, PHOTO FROM EMPLOYEE");
ResultSet rs = ps.executeQuery ();
HashMap<RowId, Employee> emps = new HashMap<RowId, Employee> ();
while (rs.next ())
{
    RowId rowid = rs.getRowId (1);
    String name = rs.getString (2);
    Blob photo = rs.getBlob (3);
    Employee emp = new Employee (name, photo); //假定 Employee 类存在。
    emps.put (rowid, emp);
}
ps.close ();
```

警告
在使用行标识符时，需要谨记行标识符在数据源之间是不可移植的。

6.1.8 SQL XML 数据类型支持

多年以来，许多 DBMS 系统都将 XML 作为其本地数据类型的一种。这种广泛存在的支持在 SQL:2003 标准中通过一个新的 SQL XML 数据类型进行了形式化。由于 JDBC 4.0 支持 SQL XML，应用程序不再需要使用 CLOB 和其他的 SQL 数据类型来存储和检索 XML 数据元素。

JDBC 对 SQL XML 的支持首先是一个新的 java.sql.SQLXML 接口，该接口将 SQL XML 数据类型映射到 Java 类。该接口指定相应的方法来从 SQLXML 对象中检索 XML 值和将 XML 值存储在 SQLXML 对象中。它还指定一个 void free()方法以关闭 SQLXML 对象，并释放该对象所占有的资源。一旦对象被关闭，该对象将变得无效而且是不可访问的。

注意

在应用程序开始使用 SQLXML 接口之前，需要验证和当前连接相关联的数据源是否支持 SQL XML。应用程序可以通过调用 DatabaseMetaData 类的 ResultSet getTypeInfo()方法来完成该验证任务。如果数据源支持 SQL XML，那么该方法的返回结果将包含一个 DATA_TYPE 列设置为 Types.SQLXML 的结果集行。

除了 SQLXML 外，JDBC 还在 Connection 接口、PreparedStatement 接口、CallableStatement 接口和 ResultSet 接口中添加了多个与 SQLXML 相关的新方法：

- 在 Connection 中添加了 SQLXML createSQLXML()以创建一个空的 SQLXML 对象。
- 在 PreparedStatement 中添加了 void setSQLXML(int parameterIndex, SQLXML xmlObject)方法以将一个 SQLXML 对象赋给一个参数。
- 在 CallableStatement 中添加了 void setSQLXML(String parameterName，SQLXML xmlObject)、SQLXML getSQLXML(int parameterIndex)，以及 SQLXML getSQLXML(String parameterName)方法。
- 在 ResultSet 中添加了 SQLXML getSQLXML(int columnIndex)、SQLXML getSQLXML(String columnLabel)、void updateSQLXML(int columnIndex，SQLXML xmlObject)，以及 void updateSQLXML(String columnLabel, SQLXML xmlObject)方法。

假定 EMPLOYEE 表格已经做了修改以包含一个 FAV_RECIPE 列，该列以 XML 格式存储每个雇员所喜欢的食物清单(也许公司领导想在雇员感谢日为每个雇员准备一份食物)。如下的代码清单使用 SQLXML 对象将食物清单和一个新的雇员相关联：

```
Connection con = getConnection (); //假定getConnection()方法存在。
PreparedStatement ps;
ps = con.prepareStatement ("INSERT INTO EMPLOYEE (NAME, PHOTO, FAV_RECIPE)"+
                           "VALUES (?, ?, ?)");
ps.setString (1, "Duke");
Blob blob = con.createBlob ();
//将表示duke.png图像的ImageIcon对象串行化为blob。
ps.setBlob (2, blob);
SQLXML xml = con.createSQLXML ();
xml.setString ("<recipe>...</recipe>");
```

```
ps.setSQLXML (3, xml);
ps.execute ();
xml.free ();
blob.free ();
ps.close ();
```

注意

为了更好地学习如何使用 SQLXML，请参阅 Deepak Vohra 的文章"Using the SQLXML data type"(http://www-128.ibm.com/developerworks/xml/library/x-sqlxml/)。在阅读该文章时，需要谨记该文章写了以后 SQLXML 接口已经发生了变化；该接口不再指定 createXMLStreamReader()和 createXMLStreamWriter()方法。为了获取该功能，首先需要调用相应的 SQLXML 方法来获取输入(输入流、读取器或者数据源)和输出(输出流、书写器或者结果)对象。然后以输入对象为一个参数调用 javax.xml.stream.XMLOutput Factory createXMLStreamWriter()方法和 javax.xml.stream.XMLInputFactory createXML StreamReader()方法。

6.1.9 包装器模式支持

许多 JDBC 驱动器的实现都使用了包装器模式(wrapper pattern)，也称为适配器模式(adapter pattern)来包装 JDBC 扩展。JDBC 扩展通常比标准的 JDBC 更加灵活或者性能更好(维基百科的 Adapter pattern 条目，http://en.wikipedia.org/wiki/Adapter_pattern，讨论了该设计模式)。例如，Oracle 的 oracle.jdbc.OracleStatement 接口提供了性能相关的扩展。

注意

想查找更多的 Oracle 扩展，请查阅 *Oracle 9i JDBC Developer's Guide and Reference* (http://www.stanford.edu/dept/itss/docs/oracle/9i/java.920/a96654/oraint.htm)的第 6 章。

JDBC 4.0 引入了 java.sql.Wrapper 接口以访问这些特定供应商的资源。被封装的对象称为资源代表(resource delegate)。由于 Connection 接口、DatabaseMetaData 接口、ParameterMetaData 接口、ResultSet 接口、ResultSetMetaData 接口、Statement 接口和 DataSource 接口都扩展了 Wrapper，因此这些接口的实现都必须包含 Wrapper 的两个方法：

- boolean isWrapperFor(Class<?> iface)方法，如果调用者实现了 iface 参数，或者是直接或者间接实现该参数的一个对象的包装器，那么该方法将返回 true。
- <T> T unwrap(Class<T> iface)方法返回一个对象，该对象的类实现了 iface 参数。在调用 unwrap()之前，应该调用 isWrapperFor()，因为 unwrap()是一个比较耗时的操作——如果 unwrap()将会失败，那么为什么要浪费这个时间呢？

OracleStatement 接口提供了一个 public synchronized void defineColumnType(int column_index, int type)方法以定义被提取列数据的类型，使得驱动器不需要额外地访问一次 Oracle 数据源来获取该列的类型。如下的代码片段对 OracleStatement 资源代表进行了解封以访问该方法。

```
Connection con = ds.getConnection (); //假定某个数据源存在。
Statement stmt = con.createStatement ();
Class clzz = Class.forName ("oracle.jdbc.OracleStatement");
OracleStatement os;
if (stmt.isWrapperFor (clzz))
{
    os = stmt.unwrap (clzz);
    //将 Oracle 的 NUMBER 类型赋给第 1 列。
    //假定该连接的 Oracle 驱动是 OCI 或者是 Server-Side Internal 驱动器。
    //这些驱动器通过使用 defineColumnType()方法可以获取比较好的性能。
    //相反 Oracle 的 Thin 驱动器则不使用 defineColumnType()方法
    //可以获取比较好的性能。
}
stmt.close ();
```

JDBC 4.0 对包装器模式的支持提供了一种可移植的方式来访问不可移植的特定供应商的资源代表。如果对由一种可移植的方法来访问不可移植的代表感到奇怪的话，那么希望您记住 Wrapper 将不可移植代码限定在资源代表内；也不需要引入不可移植的代码以访问这些代表。

6.2 Java DB

Java DB 是 Sun 公司所支持的 Apache 开源 Derby 产品的发布版，它基于 IBM 的 Cloudscape 关系 DBMS 代码库。这个纯 Java 的 DBMS 是和 JDK 6 绑定的(而不是 JRE)。该数据库具有很好的安全性，支持 JDBC 和 SQL(包括事务、存储过程和并行)，并且有比较小的台面面积——它的核心引擎和 JDBC 驱动器大小仅有 2MB。

Java DB 既可以运行在内嵌式环境下，也可以运行在一个客户端/服务器环境下。在内嵌式环境下，应用程序通过 Embedded JDBC 驱动器访问数据库引擎，而且数据库引擎和应用程序运行在同一个虚拟机之上。图 6-1 给出了内嵌式环境下的体系结构，其中数据库引擎内嵌在应用程序中。

图 6-1　不需要单独的进程来启动或者关闭一个内嵌式的数据库引擎

在客户端/服务器环境下，客户端应用程序和数据库运行在相互隔离的虚拟机上。客户端应用程序通过 Client JDBC 驱动器来访问网络服务器，而和数据库引擎运行在同一个虚拟机上的网络服务器则通过 Embedded JDBC 驱动器来访问数据库引擎。图 6-2 给出了该体系结构。

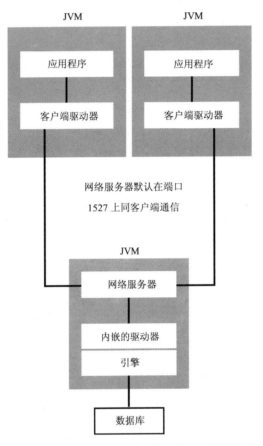

图 6-2　通过网络服务器，多个客户端和同一个数据库引擎通信

Java DB 将图 6-1 和图 6-2 所示体系结构中的数据库部分实现为一个和数据库同名的目录。在该目录中，Java DB 创建了一个 log 目录以存储事务日志，一个 seg0 目录以存储数据文件，以及一个 service.properties 文件以存储配置参数。

注意
Java DB 并不提供 SQL 命令来删除(销毁)数据库。销毁一个数据库需要手动地删除该数据库的目录结构。

6.2.1　Java DB 的安装与配置

当用默认的设置安装 JDK 6 的 1.6.0-b105 或之后的版本时，打包的 Java DB 将同时安装，在 Windows 系统中将安装在%JAVA_HOME%\db 中，或者在 Unix 系统中将安装在对应位置的 db 子目录中。

注意

本章主要集中讨论 Java DB 的 10.2.1.7 版，该版本包含在 JDK 6 的 1.6.0-b105 版本中。本书的讨论都是基于该版本。

db 目录包含了 6 个文件(尽管大部分文件都是面向许可证的，但是 RELEASE-NOTES.html 文件包含一些有用的信息)和 3 个子目录：

- demo 目录分成 database 和 programs 两个子目录。database 目录包含一个在 JAR 文件中打包的样本数据库。programs 目录包含多个例子用以演示不同的 Java DB 特性。
- frameworks 目录分成 embedded 和 NetworkServer 子目录。这两个子目录中的 bin 子目录包含建立内嵌的和客户端/服务器环境(也称为框架)的脚本、运行命令行工具的脚本，以及启动/停止网络服务器的脚本。
- lib 目录包含各种各样的 JAR 文件：包含引擎的类库(derby.jar)、命令行工具类库 (derbytools.jar 和 derbyrun.jar)、网络服务器类库(derbynet.jar)和其他各种本地类库。在该目录中还可以看到 derby.war 文件。由于可以通过 servlet 接口来远程管理 Java DB 网络服务器(参阅 http://db.apache.org/derby/docs/10.1/adminguide/cadminservlet98430.html)，derby.war 将用于在/derbynet 相关路径上注册网络服务器的 servlet。

在运行这些实例和工具，或启动/停止网络服务器之前，必须设定 DERBY_HOME 环境变量。在 Windows 下，按如下方法设置该变量：

```
set DERBY_HOME=%JAVA_HOME%\db
```

在 Unix 平台下(Korn 核)，用如下的命令设置该环境变量：

```
export DERBY_HOME=$JAVA_HOME/db
```

注意

建立内嵌框架和客户端/服务器框架的脚本都引用了 DERBY_INSTALL 环境变量。根据"Re: DERBY_INSTALL and DERBY_HOME"邮件项说明(http://www.mail-archive.com/derby-dev@ db.apache.org/msg22098.html)，DERBY_HOME 等价于 DERBY_INSTALL，但是为了和其他的 Apache 项目保持一致，DERBY_HOME 替换了 DERBY_INSTALL。

在运行示例程序之前，必须设置 classpath 环境变量。设置 classpath 环境变量最简单的方法是运行一个包含在 Java DB 中的脚本文件。Windows 和 Unix 平台下不同版本的 "setxxxCP"脚本文件(该文件扩展了当前 classpath)位于 embedded 和 NetworkServer 的 bin 子目录中。运行的脚本文件根据使用的是内嵌式体系结构还是客户端/服务器体系结构而不同：

- 对于内嵌式框架，调用 setEmbeddedCP 在 classpath 上添加 derby.jar 和 derbytools.jar。

● 对于客户端/服务器框架，调用 setNetworkServerCP 在 classpath 上添加 derby.jar、derbytools.jar 和 derbynet.jar。在一个单独的命令窗口中，调用 setNetworkClientCP 方法在 classpath 上添加 derbyclient.jar 和 derbytools.jar。

注意

随着时间变化，Sun 公司将推出 Java DB 的一个更新版本。在撰写本书时，Java DB 的最新版本是 10.2.2。访问 Sun 公司的 Java DB Downloads 页面(http://developers.sun.com/javadb/downloads/)，并按照指令下载和安装最新的 Java DB 版本。

6.2.2 Java DB 示例

demo 目录下的 programs 子目录包含 HTML 文档以描述包括在 Java DB 中的例子；readme.html 文件是该文档的入口。这些例子包含了使用 Java DB 的简单 JDBC 应用程序、网络服务器样本程序，以及在 *Working with Derby* 手册中介绍的样本程序。

注意

Working with Derby 手册强调了 Java DB 的 Derby 延续性。可以从 Apache 的 Derby 项目站点(http://db.apache.org/derby/index.html)的文档部分中 (http://db.apache.org/derby/manuals/index.html)下载该手册和其他的 Derby 手册。

本节将集中讨论在 programs 子目录中 simple 子目录下的简单 JDBC 应用程序。该应用程序可以在默认的内嵌式环境中运行，也可以在客户端/服务器环境中运行。该应用程序创建并连接 DERBYDB 数据库，接着创建表格并在表格上执行插入/更新/选择操作，然后删除表格，最后断开和数据库的连接。

为了在嵌入式模式下运行该应用程序，打开一个命令行窗口，确定 DERBY_HOME 和 classpath 环境变量是否已经正确设置；调用 setEmbeddedCP 设定类路径。假如 simple 是当前目录，则调用 java SimpleApp 或者 java SimpleApp embedded 就可以运行该应用程序。应该看到以下的结果：

```
SimpleApp starting in embedded mode.
Loaded the appropriate driver.
Connected to and created database derbyDB
Created table derbyDB
Inserted 1956 Webster
Inserted 1910 Union
Updated 1956 Webster to 180 Grand
Updated 180 Grand to 300 Lakeshore
Verified the rows
Dropped table derbyDB
Closed result set and statement
Committed transaction and closed connection
Database shut down normally
SimpleApp finished
```

　　分析该输出将会发现,运行在内嵌式框架下的应用程序在退出之前将关闭数据引擎。关闭数据库引擎是通过执行一个检查点并释放资源完成的。如果该关闭操作没有执行,则 Java DB 认为是没有检查点,从而假定是一个数据库的崩溃,因此在下一个数据连接之前需要执行一些修复代码(这个过程需要花费大量的时间完成)。

　　为了在客户端/服务器环境下运行该应用程序,需要启动网络服务器,并在一个独立的命令行窗口中运行该应用程序。在一个命令行窗口中,设定 DERBY_HOME。通过 startNetworkServer 脚本(该脚本位于 NetworkServer 的 bin 子目录中)启动网络服务器,该脚本将设置类路径。应该看到类似以下的输出:

```
Apache Derby Network Server - 10.2.1.7 - (453926)
started and ready to accept connections on port 1527 similar at 2007-05-30
19:30:43.140 GMT
```

　　在另外一个命令行窗口中,设定 classpath(通过 setNetworkClientCP 脚本)之前,设置 DERBY_HOME。假定 simple 是当前目录,调用 java SimpleApp derbyClient 将运行该应用程序。这时,应该看到如下的输出:

```
SimpleApp starting in derbyclient mode.
Loaded the appropriate driver.
Connected to and created database derbyDB
Created table derbyDB
Inserted 1956 Webster
Inserted 1910 Union
Updated 1956 Webster to 180 Grand
Updated 180 Grand to 300 Lakeshore
Verified the rows
Dropped table derbyDB
Closed result set and statement
Committed transaction and closed connection
SimpleApp finished
```

　　注意,在客户端/服务器环境中,数据库引擎是不会关闭的。尽管在输出中没有指示,但是在内嵌式环境下和在客户端/服务器环境下运行 SimpleApp 还有第二点区别。在内嵌式环境下,derbyDB 数据库目录是创建在 simple 目录中。而在客户端/服务器环境下,该数据库目录是创建在由 DERBY_HOME 所标识的目录中。

　　通过分析 SimpleApp.java,可以了解到很多关于如何使用 Java DB 的知识。除了标识和加载相应的驱动器外(在 JDBC 4.0 中,这些都不再是必需的),源代码还显示如何创建并连接一个 Java DB 数据库,如何在内嵌式环境下关闭数据库引擎:

- conn = DriverManager.getConnection(protocol + "derbyDB;create=true;",props);语句产生了一个到数据库的连接。对于内嵌式环境而言,protocol 设置为"jdbc:derby:"。对于客户端/服务器环境而言,protocol 设置为"jdbc:derby://localhost:1527/"。不管在什么环境下,protocol 后面紧跟着"derbyDB;create=true;",该设置命名数据库(和目录)并导致数据库的创建。props 对象包含该实例的用户名和密码连接属性。

- DriverManager.getConnection("jdbc:derby:;shutdown=true");语句将在内嵌式环境下关闭数据库引擎。由于该语句总会抛出一个 SQLState 为 "XJ015" 的 SQLException 异常(这是正常的),所以该语句放置在一个 try 处理程序中。

注意

当在内嵌式环境下运行 SimpleApp(或者其他 Java DB 应用程序)时,可以通过设置 derby.system.home 属性来确定数据库目录创建在哪。例如, java -Dderby.system.home=c:\ SimpleApp 命令将导致数据库 derbyDB 创建在 Windows 平台 C 盘的根目录下。

在客户端/服务器环境下完成了对 SimpleApp 的操作以后,应该关闭网络服务器和数据库引擎。通过调用 stopNetworkServer 脚本(在 NetworkServer 的 bin 子目录下)可以完成该任务。也可以通过运行 NetworkServerControl 脚本(也在 NetworkServer 的 bin 子目录下)来关闭(或者启动等其他控制)网络服务器。例如,NetworkServerControl shutdown 将关闭网络服务器和数据库引擎。

6.2.3 Java DB 命令行工具

embedded 和 NetworkServer 目录的 bin 子目录下均包含 3 个用于启动命令行工具的 Windows 和 Unix 脚本文件:

- 运行 sysinfo 脚本可以查看 Java 环境配置/Java DB 配置。
- 运行 ij 脚本可以运行执行任意 SQL 命令和执行重复任务的脚本。
- 运行 dblook 可以查看数据库的部分或者是全部数据定义语言(Data Definition Language,DDL)。

如果在使用 Java DB 时遇到了什么困难(比如说无法连接到某个数据库),可以运行 sysinfo 以查看该问题是否和配置相关。该工具的内嵌式版本分别在 Java Information、Derby Information 和 Locale Information 之后报告各种设置情况。在本书的平台上,运行该脚本将输出以下信息:

```
------------------ Java Information ------------------
Java Version:       1.6.0
Java Vendor:        Sun Microsystems Inc.
Java home:          c:\progra~1\java\jdk1.6.0\jre
Java classpath:     c:\PROGRA~1\Java\JDK16~1.0\db\lib\derby.jar;
c:\PROGRA~1\Java\JDK16~1.0\db\lib\derbytools.jar;
OS name:            Windows XP
OS architecture:    x86
OS version:         5.1
Java user name:     Jeff Friesen
Java user home:     C:\Documents and Settings\Jeff Friesen
Java user dir:      C:\PROGRA~1\Java\JDK16~1.0\db\FRAMEW~1\NETWOR~1\bin
java.specification.name: Java Platform API Specification
java.specification.version: 1.6
--------- Derby Information --------
```

```
JRE - JDBC: Java SE 6 - JDBC 4.0
[C:\Program Files\Java\jdk1.6.0\db\lib\derby.jar] 10.2.1.7 - (453926)
[C:\Program Files\Java\jdk1.6.0\db\lib\derbytools.jar] 10.2.1.7 - (453926)
--------------------------------------------------
---------------- Locale Information ----------------
Current Locale : [English/United States [en_US]]
Found support for locale: [de_DE]
        version: 10.2.1.7 - (453926)
Found support for locale: [es]
        version: 10.2.1.7 - (453926)
Found support for locale: [fr]
        version: 10.2.1.7 - (453926)
Found support for locale: [it]
        version: 10.2.1.7 - (453926)
Found support for locale: [ja_JP]
        version: 10.2.1.7 - (453926)
Found support for locale: [ko_KR]
        version: 10.2.1.7 - (453926)
Found support for locale: [pt_BR]
        version: 10.2.1.7 - (453926)
Found support for locale: [zh_CN]
        version: 10.2.1.7 - (453926)
Found support for locale: [zh_TW]
        version: 10.2.1.7 - (453926)
```

sysinfo 的客户端/服务器版本可以报告更多的信息。由于网络服务器使用了分布式关系数据库体系结构(Distributed Relational Database Architecture，DRDA)协议来接收和回复客户端请求，因此输出首先显示 Derby Network Server Information 节以列出不同的 DRDA 属性：

```
--------- Derby Network Server Information --------
Version: CSS10020/10.2.1.7 - (453926) Build: 453926 DRDA Product Id: CSS10020
-- listing properties --
derby.drda.maxThreads=0
derby.drda.keepAlive=true
derby.drda.minThreads=0
derby.drda.portNumber=1527
derby.drda.logConnections=false
derby.drda.timeSlice=0
derby.drda.startNetworkServer=false
derby.drda.host=localhost
derby.drda.traceAll=false
----------------- Java Information ------------------
Java Version:   1.6.0
Java Vendor:    Sun Microsystems Inc.
Java home:      c:\progra~1\java\jdk1.6.0\jre
Java classpath: c:\progra~1\java\jdk1.6.0\db\lib\derby.jar;
c:\progra~1\java\jdk1.6.0\db\lib\derbytools.jar;
c:\progra~1\java\jdk1.6.0\db\lib\derbynet.jar;
```

```
c:\progra~1\java\jdk1.6.0\db\lib\derby.jar;
c:\progra~1\java\jdk1.6.0\db\lib\derbytools.jar;
c:\progra~1\java\jdk1.6.0\db\lib\derbynet.jar;
OS name:            Windows XP
OS architecture:    x86
OS version:         5.1
Java user name:     Jeff Friesen
Java user home:     C:\Documents and Settings\Jeff Friesen
Java user dir:      C:\PROGRA~1\Java\jdk1.6.0\db\frameworks\NetworkServer\bin
java.specification.name: Java Platform API Specification
java.specification.version: 1.6
--------- Derby Information --------
JRE - JDBC: Java SE 6 - JDBC 4.0
[C:\Program Files\Java\jdk1.6.0\db\lib\derby.jar] 10.2.1.7 - (453926)
[C:\Program Files\Java\jdk1.6.0\db\lib\derbytools.jar] 10.2.1.7 - (453926)
[C:\Program Files\Java\jdk1.6.0\db\lib\derbynet.jar] 10.2.1.7 - (453926)
------------------------------------------------------
---------------- Locale Information ----------------
Current Locale : [English/United States [en_US]]
Found support for locale: [de_DE]
                version: 10.2.1.7 - (453926)
Found support for locale: [es]
                version: 10.2.1.7 - (453926)
Found support for locale: [fr]
                version: 10.2.1.7 - (453926)
Found support for locale: [it]
                version: 10.2.1.7 - (453926)
Found support for locale: [ja_JP]
                version: 10.2.1.7 - (453926)
Found support for locale: [ko_KR]
                version: 10.2.1.7 - (453926)
Found support for locale: [pt_BR]
                version: 10.2.1.7 - (453926)
Found support for locale: [zh_CN]
                version: 10.2.1.7 - (453926)
Found support for locale: [zh_TW]
                version: 10.2.1.7 - (453926)
```

注意

sysinfo 的客户端/服务器版重复 classpath 条目，这很有可能是因为该版本调用的是 org.apache.derby.drda.NetworkServerControl sysinfo 而不是 org.apache.derby.tools.sysinfo (内嵌式版本中调用的是该类)。

ij 脚本对于通过运行一个指定的相应 DDL 语言的脚本来创建一个数据库并初始化一个用户模式(一个用于逻辑上组织数据库对象的名称空间)是非常有用的。例如，假如创建前面所描述的 EMPLOYEE 表格，包含 NAME 和 PHOTO 列。如下的内嵌式 ij 脚本会话将完成该任务：

```
C:\db>ij
ij version 10.2
ij> connect 'jdbc:derby:employee;create=true';
ij> run 'create_emp_schema.sql';
ij> CREATE TABLE EMPLOYEE(NAME VARCHAR(30), PHOTO BLOB);
0 rows inserted/updated/deleted
ij> disconnect;
ij> exit;
C:>\db>
```

正如该脚本会话所示，create_emp_schema.sql 的内容是 CREATE TABLE EMPLOYEE(NAME VARCHAR(30), PHOTO BLOB);。在运行'create_emp_schema.sql'结束后，在新创建的 EMPLOYEE 数据库中添加指定的 EMPLOYEE 表格。为了验证该表格确实存在，在 employee 目录中运行 dblook，如以下会话所示：

```
 C:\db>dblook -d jdbc:derby:employee
-- Timestamp: 2007-05-31 19:08:20.375
-- Source database is: employee
-- Connection URL is: jdbc:derby:employee
-- appendLogs: false


-- ------------------------------------------------
-- DDL Statements for tables
-- ------------------------------------------------

CREATE TABLE "APP"."EMPLOYEE" ("NAME" VARCHAR(30), "PHOTO" BLOB(2147483647));

C:\db>
```

所有的数据库对象(如表格和索引)都分配给了用户模式和系统模式，这些模式在逻辑上组织了这些对象，包则利用相同的方式在逻辑上组织了类。当用户创建或者访问一个数据库时，Java DB 使用指定的用户名作为新添加数据库对象的名称空间名。在没有用户名的情况下，Java DB 选择 APP 作为新添加数据库对象的名称空间名，如前面的例子所示。

6.2.4　操作 EMPLOYEE 数据库

现在，EMPLOYEE 数据库以及数据库中的 EMPLOYEE 表格都已经创建，可以开始使用 JDBC 4.0 的特性了。例如，可以使用 Connection 的 createBlob()方法来创建一个空的 BLOB 对象以存放图像，然后将带有该 BLOB 和一个雇员名的行插入到该表格中。代码清单 6-1 给出了一个执行该过程的应用程序的源代码。

代码清单 6-1　EmployeeInit.java

```
//EmployeeInit.java
```

```java
import java.io.*;

import java.sql.*;

import javax.swing.*;

public class EmployeeInit
{
  public static void main (String [] args)
  {
    try
    {
      Connection con;
      con = DriverManager.getConnection ("jdbc:derby://localhost:1527/"+
                                          "c:\\db\\employee");

      PreparedStatement ps;
      ps = con.prepareStatement ("insert into employee(name,photo) "+
                                  "values(?,?)");
      ps.setString (1, "Duke");

      Blob blob = con.createBlob ();
      try
      {
          ImageIcon ii = new ImageIcon ("duke.png");

          ObjectOutputStream oos;
          oos = new ObjectOutputStream (blob.setBinaryStream (1));
          oos.writeObject (ii);
          oos.close ();
          ps.setBlob (2, blob);
          ps.execute ();
      }
      catch (Exception ex)
      {
          System.out.println (ex);
      }
      blob.free ();
      ps.close ();
    }
    catch (SQLException sqlex)
    {
        System.out.println (sqlex);
    }
  }
}
```

该应用程序首先试图连接到在 c:\db 目录下的 EMPLOYEE 数据库。它使用 Client JDBC 驱动器(网络服务器必须运行)而不是 Embedded JDBC 驱动器(该驱动器需要通过

"jdbc:derby:c:\\db\\employee"请求)，因为后者将导致抛出一个 SQLFeatureNotSupported Exception 异常。

注意

Embedded JDBC 驱动的 10.2.1.7 版本并不支持 Blob 的 java.io.OutputStream setBinaryStream(long pos)方法。

如果连接成功，应用程序将创建一个预制语句将 Sun 公司的 Duke mascot 的名字和图像插入到 EMPLOYEE 表格中。该图像通过 javax.swing.ImageIcon 从 duke.png 中获得，然后被串行化成 BLOB(setBinaryStream()的起始偏移量是 1，而不是 0)。最后，该预制语句将被执行以执行插入操作。

在调用 java EmployeeInit 后，如果没有异常消息，就可以保证雇员 Duke 的信息被添加到了 EMPLOYEE 表格中。但是，可以验证一下该雇员的名字和图像确实存储在表格中。通过运行由代码清单 6-2 所给出源代码的应用程序可以完成该任务。

代码清单 6-2　EmployeeShow.java

```java
//EmployeeShow.java

import java.io.*;

import java.sql.*;

import javax.swing.*;

public class EmployeeShow extends JFrame
{
  static ImageIcon image;

  public EmployeeShow ()
  {
    super ();

    setDefaultCloseOperation (EXIT_ON_CLOSE);

    ImageArea ia = new ImageArea ();
    ia.setImage (image.getImage ());

    getContentPane ().add (ia);

    pack ();

    setVisible (true);
  }

  public static void main (String [] args)
  {
```

```java
try
{
  Connection con;
  con = DriverManager.getConnection ("jdbc:derby://localhost:1527/"+
                                     "c:\\db\\employee");

  Statement s = con.createStatement ();
  ResultSet rs = s.executeQuery ("select photo from employee where "+
                                 "name = 'Duke'");
  if (rs.next ())
  {
    Blob photo = rs.getBlob (1);

    ObjectInputStream ois = null;
    try
    {
        ois = new ObjectInputStream (photo.getBinaryStream ());
        image = (ImageIcon) ois.readObject ();
    }
    catch (Exception ex)
    {
        System.out.println (ex);
    }
    finally
    {
        try
        {
            ois.close ();
        }
        catch (IOException ioex)
        {
        }
    }
  }
  else
     JOptionPane.showMessageDialog (null, "No Duke employee");
  s.close ();

  if (con.getMetaData ().getDriverName ().equals ("Apache Derby "+
     "Embedded JDBC Driver"))
     try
     {
        DriverManager.getConnection ("jdbc:derby:;shutdown=true");
     }
     catch (SQLException sqlex)
     {
       System.out.println ("Database shut down normally");
     }
```

```
    if (image != null)
    {
        Runnable r = new Runnable ()
                        {
                            public void run ()
                            {
                                new EmployeeShow ();
                            }
                        };
        java.awt.EventQueue.invokeLater (r);
    }
}
catch (SQLException sqlex)
{
    System.out.println (sqlex);
}
    }
}
```

在成功连接到数据库后，该应用程序执行一个查询。查询的返回结果为一个包含
Duke 的名字和照片的数据行。照片的 BLOB 对象被读取，并且从该 BLOB 反串行化它
的 ImageIcon，另外还创建一个 GUI 用于显示 Duke 的照片。(该用于显示图片的 GUI 是
利用一个特殊的 ImageArea 类创建的，其源代码在此并未给出，但是包含在本书的可下
载代码中)。图 6-3 显示了该雇员的图片。

图 6-3　Sun 公司的 Duke mascot 已经开源了，java.net Duke 项目
(https://duke.dev.java.net/)提供了相应的细节

6.3　小结

JDBC 4.0 是 Java 数据库访问 API 的最新版本。JDBC 4.0 引入了自动驱动器加载、
提高了 BLOB 和 CLOB、改进了连接管理、增强了异常处理机制、改善了国家字符集、
引入了新的标量函数、提供了对 SQL ROWID 和 SQL XML 数据类型的支持，以及对包
装器模式的支持。

Java DB 是一个纯 Java 的 DBMS。该数据库管理系统是和 JDK 6 绑定的(而不是 JRE)。
该管理系统具有较好的安全性、支持 JDBC 和 SQL(包括事务、存储过程和并发)、而且
台面面积非常小——它的核心引擎和 JDBC 驱动器仅占 2MB 空间。可以利用该 DBMS

测试面向数据库的应用程序。

6.4 练习

您对新的 JDBC 特性理解如何？通过回答下面问题，测试您对本章内容的了解(答案参见附录 D)。

(1) 假如已经安装了 MySQL 5.1 DBMS 和一个连接 JDBC 和 MySQL5.1 的 MySQL Connector/J 5.1 的副本。为了使用该连接器，需要在类路径环境变量中添加 mysql-connector-java-5.1.0-bin.jar。由于该版本并不支持 JDBC 4.0 的自动驱动器加载特性，您需要指定 Class.forName ("com.mysql.jdbc.Driver");以加载连接器的 JDBC 驱动器。描述一下为了使连接器/驱动器可以利用自动驱动器加载，所需要做的工作。

(2) 当使用 Blob 的 setBinaryStream()方法和新的 getBinaryStream()方法，以及 Clob 的 setCharacterStream()方法和新的 getCharacterStream()方法时，您需要指定开始从 BLOB 和 CLOB 中读取或者写入的位置。是从 0 开始还是从 1 开始？

(3) Connection 的新方法 setClientInfo()和 getClientInfo()将为连接管理提供哪些好处？

(4) 临时的 SQLException 异常和非临时的 SQLException 异常之间存在哪些差别？

(5) 创建一个 FuncSupported 应用程序，该应用程序使用前面展示的 isSupported()方法来确定数据源是否支持标量函数。该应用程序有两个命令行参数：第一个参数是一个数据源的 JDBC URL，第二个参数是函数名。它输出的信息如：Function CHAR is supported 或者是 Function FOURIER is not supported。针对 Java DB 数据源运行该应用程序，并确定表 6-3 中所标识的哪些标量函数可以在该数据源上得到支持。

例如，假定 DERBY_HOME 已经设定，setEmbeddedCP 已经运行，并且当前目录包含一个 derbyDB 数据库目录，java FuncSupported jdbc:derby:derbyDB CHAR_LENGTH 将告诉您 Java DB 数据源是否支持 CHAR_LENGTH 函数。如果已经安装了 MySQL 5.1(并且已经启动该数据库服务器，如用 mysqld-nt --console 命令)，执行 java FuncSupported jdbc:mysql://localhost/test?user=root funcname，其中 test 是一个 MySQL 数据库名，funname 是一个新的标量函数名。MySQL 5.1 不支持哪些标量函数？

(6) 创建一个 SQLROWIDSupported 应用程序，该应用程序有唯一的命令行参数，为数据源的 JDBC URL，并输出一个消息以表明数据源是否支持 SQL ROWID 数据类型。Java DB 的 10.2.1.7 版是否支持该数据类型？

(7) 创建一个 SQLXMLSupported 应用程序，该应用程序有唯一的命令行参数，为数据源的 JDBC URL，并输出一个消息以表明数据源是否支持 SQL XML 数据类型。Java DB 的 10.2.1.7 版是否支持该数据类型？

(8) dblook 的-z、-t 和-td 选项分别实现什么目标？

(9) 创建一个 DumpSchemas 应用程序，该应用程序有唯一的命令行参数，为数据源的 JDBC URL，并将其模式名转储到标准的输出。当在 EMPLOYEE 表格上运行该应用程序时，标识的模式是什么？

第 7 章

■■■■

监控与管理

Java 的监控与管理基础设施结合使用虚拟机 instrumentation、Java 管理扩展(Java Management Extension，JMX)代理以及 JConsole 以监控应用程序的虚拟机资源使用情况，如堆内存使用。Java SE 6 利用以下的一些特性对该基础设施进行了改进：

- 动态绑定和 Attach API
- 改进的 Instrumentation API
- 改进的 JVM Tool Interface
- 改进的 Management API 和 JMX API
- JConsole GUI 修改
- JConsole 插件和 JConsole API

7.1 动态绑定和 Attach API

HotSpot 虚拟机包含相应的 instrumentation，使得类似于 JConsole 之类的 JMX 兼容工具通过 JMX 代理来监控虚拟机内存的使用、类的加载等。在 Java SE 6 以前，需要使用 com.sun.management.jmxremote 系统属性来启动一个应用程序以在本地通过 JConsole(或者类似的工具)来监控虚拟机的 instrumentation，通常是以命令行的参数指定的。该属性将导致 JMX 代理和一个连接器服务器在应用程序的虚拟机内启动，因此 JConsole 可以在不向用户展示所有连接细节的情况下连接该虚拟机。这种情况被称为本地监控(local monitoring)是因为 JConsole 必须和应用程序运行在同一个机器(并属于同一个用户)上。如下的命令行演示了在 Java 5 平台下利用 com.sun.management.jmxremote 运行一个应用程序的方法：

```
java -Dcom.sun.management.jmxremote BuggyApp
```

在该场景背后，JConsole 使用基于 javax.management.remote.JMXConnector 的客户端建立一个到运行在目标虚拟机上(应用程序运行所在的虚拟机)的基于 javax.management.remote. JMXConnectorServer 的连接器服务器的连接。在 Java SE 6 之前，如果应用程序启动时没有启动 JMX 代理(因为没有指定 com.sun.management.jmxremote)，那么基于 JMXConnectorServer 的连接器服务器将不会运行，因此 JConsole 也不能产生一个连接。从 Java SE 6 开始，JConsole 通过使用一个虚拟机机制来启动在目标虚拟机上的 JMX 代理,从而克服了这个问题。该机制被称为动态绑定(dynamic attach),由 Sun 公司新的 Attach API(http://java.sun.com/javase/6/docs/technotes/guides/attach/index.html)支持。

Attach API 包含两个存储在 tools.jar 中的包:

- com.sun.tools.attach:该包提供 6 个类以用于绑定虚拟机和加载工具代理。表 7-1 描述了这些类。
- com.sun.tools.attach.spi:该包提供 AttachProvider 类。虚拟机开发人员使用该 类在他们的机器上支持动态绑定和 Attach API。

尽管 Sun 公司一般不鼓励使用它的 "com.sun.*" 包,但是为了访问 Attach API 需要 使用这些包。

表 7-1   com.sun.tools.attach 的类

类	描　　述
AgentInitializationException	在目标虚拟机上由于某个代理没有初始化而导致的异常
AgentLoadException	由于某个代理不能加载到目标虚拟机上而导致的异常
AttachNotSupportedException	由于目标虚拟机上没有兼容的 AttachProvider 而导致的异常
AttachPermission	当试图绑定某个目标虚拟机时,某 SecurityManager(如果有的话) 所检查的许可
VirtualMachine	目标虚拟机的表示
VirtualMachineDescriptor	目标虚拟机的描述。该描述包括一个通过 public String id()方法 返回的标识符(通常是目标虚拟机的进程标识符)、一个通过 public AttachProvider provider()方法返回的 AttachProvider 引用 (用于绑定到某个目标虚拟机),以及一个通过 public String displayName()方法返回的显示名(是一个人可读的字符串,对于 构建基于 GUI 的虚拟机名字列表是非常有用的)

VirtualMachine 类是 Attach API 的入口。该类的 public static VirtualMachine attach(String id)方法可以将当前虚拟机绑定到一个目标虚拟机上。id 参数是目标虚拟机的 抽象标识符,通常是其进程标识符。该方法将返回一个目标 VirtualMachine 实例,或者 是抛出以下的某种异常:

- AttachNotSupportedException:该异常表示 attach()方法的参数没有标识一个有 效的目标虚拟机,或者目标虚拟机没有一个兼容的 AttachProvider。
- java.io.IOException:该异常表示发生了一个 I/O 相关的问题。
- NullPointerException:该异常表示 id 参数为 null。
- SecurityException:该异常表示系统有一个 SecurityManager,并且该管理器拒 绝了 AttachPermission,或者是某些其他 AttachProvider 的实现特定的许可。

attach()方法在那些用户通过工具的命令行来指定标识符(也许是通过 jps 进程状态工 具获得)的工具中非常有用。如果想让用户在一个 GUI 列表中选择一个目标虚拟机,然后将其绑定到该目标虚拟机，将需要使用 public static List<VirtualMachineDescriptor> list() 方法和 public static VirtualMachine attach(VirtualMachineDescriptor vmd)方法。这些方法同样也能抛出前面列表中所列出的异常。

除了 attach()方法和 list()方法外，VirtualMachine 指定 public abstract void detach()方法从目标虚拟机分离当前虚拟机；提供 public final String id()方法以返回目标虚拟机的标识符；以及其他一些方法，如表 7-2 所示。本书将在后面和目标虚拟机交互的样本应用程序中演示这些方法中的大部分方法的使用。

表 7-2　其他的 VirtualMachine 方法

方　　　法	描　　　述
public abstract Properties getAgentProperties()	返回目标虚拟机的当前代理属性，这些属性通常都用于存储通信端点以及其他的配置细节。该方法仅仅包括那些键和值均为 String 类型的属性
public abstract Properties getSystemProperties()	返回目标虚拟机的系统属性，这些属性对于确定将哪个代理加载到目标虚拟机非常有用。该方法仅仅返回那些键和值均为 String 类型的属性
public abstract void loadAgent(String agent, String options)	将一个代理加载到目标虚拟机。传递给参数 agent 的是代理的 JAR 文件相对于目标虚拟机文件系统的路径以及文件名。该 JAR 文件将被添加到目标虚拟机的系统 classpath，并且代理类的 agentmain()方法将用指定的选项调用。代理类名则由该 JAR 文件的清单中的 Agent-Class 属性标识。在 agentmain()方法完成以后，调用 loadAgent() 方法。如果代理不存在，或者是没有启动，则该方法将抛出一个 AgentLoadException 异常。如果 agentmain()抛出一个异常，那么该方法将抛出一个 AgentInitializationException 异常。如果发生了某些和 I/O 相关的问题，那么该方法将抛出一个 IOException 异常。如果将 null 传递给 agent，则该方法将抛出一个 NullPointerException 异常
public void loadAgent(String agent)	该方法通过将 null 传递给 options 调用前面的 loadAgent() 方法

7.1.1　使用带有 JMX 代理的 Attach API

JMX 客户端使用 Attach API 动态绑定到目标虚拟机并从 management-agent.jar 文件加载该 JMX 代理(如果尚未加载的话)。该文件位于目标虚拟机的 JRE 主目录的 lib 子目录下。代码清单 7-1 给出了一个简单的线程信息查看器应用程序，该应用程序将完成这些任务并与 JMX 代理通信。

代码清单 7-1 ThreadInfoViewer.java

```
//ThreadInfoViewer.java;

//Unix 编译: javac -cp $JAVA_HOME/lib/tools.jar ThreadInfoViewer.java
//
//Windows编译: javac -cp %JAVA_HOME%/lib/tools.jar ThreadInfoViewer.java

import static java.lang.management.ManagementFactory.*;

import java.lang.management.*;

import java.io.*;

import java.util.*;

import javax.management.*;

import com.sun.tools.attach.*;

public class ThreadInfoViewer
{
  static final String CON_ADDR =
    "com.sun.management.jmxremote.localConnectorAddress";

  public static void main (String [] args) throws Exception
  {
      if (args.length != 1)
      {
        System.err.println ("Unix usage : "+
                              "java -cp $JAVA_HOME/lib/tools.jar:. "+
                              "ThreadInfoViewer pid");
        System.err.println ();
        System.err.println ("Windows usage: "+
                              "java -cp %JAVA_HOME%/lib/tools.jar;. "+
                              "ThreadInfoViewer pid");
        return;
      }

      //试图绑定到标识符由一个命令行参数指定的目标虚拟机。

      VirtualMachine vm = VirtualMachine.attach (args [0]);

      //试图获取目标虚拟机的连接器地址,
      //这样该虚拟机就可以和它的连接器服务器通信。

      String conAddr = vm.getAgentProperties ().getProperty (CON_ADDR);
```

```
//如果没有连接器地址，那么连接器服务器及 JMX 代理均未在目标虚拟机中启动。
//因此，将 JMX 代理加载到目标虚拟机。

if (conAddr == null)
{
   //JMX 代理存储在 management-agent.jar 文件中。
   //该 JAR 文件位于 JRE 的主目录的 lib 子目录中。

   String agent = vm.getSystemProperties ()
                    .getProperty ("java.home")+File.separator+
                    "lib"+File.separator+"management-agent.jar";
   //试图加载 JMX 代理。

   vm.loadAgent (agent);

   //再次试图获取目标虚拟机的连接器地址。

   conAddr = vm.getAgentProperties ().getProperty (CON_ADDR);

   //尽管第二次试图获取连接器地址应该会成功，但是如果不成功将抛出一个异常。

   if (conAddr == null)
       throw new NullPointerException ("conAddr is null");
}

//在连接到目标虚拟机的连接器之前，
//基于字符串的连接器地址必须转换成一个 JMXServiceURL。

JMXServiceURL servURL = new JMXServiceURL (conAddr);

//试图创建一个连接到位于某个指定 URL 的连接器服务器的连接器客户端。

JMXConnector con = JMXConnectorFactory.connect (servURL);

//试图获取一个表示该远程 JMX 代理的 MBean 服务器的 MBeanServerConnection 对象。

MBeanServerConnection mbsc = con.getMBeanServerConnection ();

//获取线程 MBean 的对象名，并利用该名字来获取
//由 JMX 代理的 MBean 服务器控制的线程 MBean 的名字。

ObjectName thdName = new ObjectName (THREAD_MXBEAN_NAME);
Set<ObjectName> mbeans = mbsc.queryNames (thdName, null);

//for-each 循环可以方便地返回线程 MBean 的名字。
//由于仅有一个线程 Mbean，因此该循环只进行一次迭代。

for (ObjectName name: mbeans)
```

```
{
    //获取该 ThreadMXBean 接口的一个代理,
    //该接口将通过由 mbsc 标识的 MBeanServerConnection 转发其方法调用。

    ThreadMXBean thdb;
    thdb = newPlatformMXBeanProxy (mbsc, name.toString (),
                                   ThreadMXBean.class);

    //获取线程信息,并将其输出。

    System.out.println ("Threads presumably still alive...");

    long [] thdIDs = thdb.getAllThreadIds ();
    if (thdIDs != null) //安全性检查(可能不需要)。
        for (long thdID: thdIDs)
        {
            ThreadInfo thdi = thdb.getThreadInfo (thdID);
            System.out.println (" Name: "+thdi.getThreadName ());
            System.out.println (" State: "+thdi.getThreadState ());
        }

    //该信息将标识所有的死锁线程。

    System.out.println ("Deadlocked threads...");

    thdIDs = thdb.findDeadlockedThreads ();
    if (thdIDs == null)
        System.out.println (" None");
    else
    {
        ThreadInfo [] thdsi = thdb.getThreadInfo (thdIDs);
        for (ThreadInfo thdi: thdsi)
            System.out.println (" Name: "+thdi.getThreadName ());
    }
}
}
}
```

ThreadInfoViewer 演示了 JMX 客户端和目标虚拟机的 JMX 代理之间通信的全过程。注意,为了确定 com.sun.management.jmxremote.localConnectorAddress 属性是否已经给定(通过常量 CON_ADDR 指定),应用程序在调用 getProperty()方法之后调用了getAgentProperties()方法。如果该属性没有给出,那么目标虚拟机上将不运行 JMX 代理和连接器服务器。

在靠近源代码的顶部,将发现为编译 ThreadInfoViewer.java 的 Windows 和 Unix 指令。classpath 中必须设定 tools.jar,这样编译器才能定位到 Attach API。在成功编译之后,需要一个合适的应用程序来测试这个新的 JMX 客户端。考虑一个存在 bug 的线程应用程序,其源代码如代码清单 7-2 所示。

代码清单 7-2 BuggyThreads.java

```java
//BuggyThreads.java

public class BuggyThreads
{
    public static void main (String [] args)
    {
        System.out.println ("Starting Thread A");
        new ThreadA ("A").start ();
        System.out.println ("Starting Thread B");
        new ThreadB ("B").start ();

        System.out.println ("Entering infinite loop");
        while (true);
    }
}

class ThreadA extends Thread
{
  ThreadA (String name)
  {
     setName (name);
  }

  public void run ()
  {
    while (true)
    {
      synchronized ("A")
      {
        System.out.println ("Thread A acquiring Lock A");
        synchronized ("B")
        {
          System.out.println ("Thread A acquiring Lock B");
          try
          {
             Thread.sleep ((int) Math.random ()*100);
          }
          catch (InterruptedException e)
          {
          }
          System.out.println ("Thread A releasing Lock B");
        }
        System.out.println ("Thread A releasing Lock A");
      }
    }
  }
}
```

```
class ThreadB extends Thread
{
  ThreadB (String name)
  {
      setName (name);
  }

  public void run ()
  {
    while (true)
    {
      synchronized ("B")
      {
        System.out.println ("Thread B acquiring Lock B");
        synchronized ("A")
        {
          System.out.println ("Thread B acquiring Lock A");
          try
          {
              Thread.sleep ((int) Math.random ()*100);
          }
          catch (InterruptedException e)
          {
          }
            System.out.println ("Thread B releasing Lock A");
        }
        System.out.println ("Thread B releasing Lock B");
      }
    }
  }
}
```

编译该源代码,并在一个命令行窗口中运行 BuggyThreads(运行该应用程序不需要其他的类库支持)。打开第二个命令行窗口,并运行 jps 以获取 BuggyThreads 的进程标识符。利用该标识符调用 ThreadInfoViewer(如 java -cp %JAVA_HOME%/lib/tools.jar;. ThreadInfoViewer 1932)。稍等片刻之后将看到如下的类似输出:

```
Threads presumably still alive...
  Name: JMX server connection timeout 15
  State: RUNNABLE
  Name: JMX server connection timeout 14
  State: TIMED_WAITING
  Name: RMI Scheduler(0)
  State: TIMED_WAITING
  Name: RMI TCP Connection(2)-xxx.xxx.xxx.xxx
  State: RUNNABLE
  Name: RMI TCP Accept-0
  State: RUNNABLE
```

```
    Name: B
    State: BLOCKED
    Name: A
    State: BLOCKED
    Name: Attach Listener
    State: RUNNABLE
    Name: Signal Dispatcher
    State: RUNNABLE
    Name: Finalizer
    State: WAITING
    Name: Reference Handler
    State: WAITING
    Name: main
    State: RUNNABLE
Deadlocked threads...
    Name: B
    Name: A
```

在查看该输出以后，不要惊奇于该主线程仍然还在运行，因为该线程处于一个无限循环中。也不要惊奇于线程 A 和线程 B 之间的死锁。在各线程执行过程中的某个点上，线程将获取一个锁，然后它试图获取第二个锁的时候将被迫等待，因为第二个锁已经由另外一个线程占有了。

注意

Alan Bateman 是 Sun 公司的规范 JSR 203：More New I/O APIs for the Java Platform 的领导者，在他的博客 "Another piece of the tool puzzle" 中(http://blogs.sun.com/alanb/entry/another_piece_of_the_tool)给出了 MemViewer 作为使用 Attach API 的 JMX 客户端的另外一个例子。

7.1.2 使用和您自己的基于 Java 的代理的 Attach API

也可以创建自己的基于 Java 的代理，并使用 Attach API 将该代理加载到目标虚拟机。例如，考虑一个基本的代理，该代理仅仅输出两条消息，一条消息说明该代理已经被调用了，而另外一条消息则标识传递给代理的选项。代码清单 7-3 给出了该基本代理的源代码。

代码清单 7-3 BasicAgent.java

```
//BasicAgent.java

import java.lang.instrument.*;

public class BasicAgent
{
  public static void agentmain (String agentArgs, Instrumentation inst)
  {
```

```
    System.out.println ("Basic agent invoked");
    System.out.println ();

    if (agentArgs == null)
    {
        System.out.println ("No options passed");
        return;
    }

    System.out.println ("Options...");
    String [] options = agentArgs.split (",");
    for (String option: options)
        System.out.println (option);
    }
}
```

该源代码引入了 public static void agentmain(String agentArgs, Instrumentation inst)方法作为代理的入口点。根据 JDK 6 中 java.lang.instrument 包(在 Java 5 中引入的)的文档，应用程序很有可能在虚拟机调用 agentmain()方法之前已经在运行了，因此其 public static void main(String [] args)方法已经运行了。

注意

根据 JDK 文档，如果目标虚拟机找不到 public static agentmain(String agentArgs, Instrumentation inst)方法，它将试图找到并调用 public static void agentmain(String agentArgs)方法。如果目标虚拟机也找不到该后备方法，那么虚拟机及其应用程序还是会继续运行，但是在后台没有任何代理在运行。如果 agentmain()方法抛出一个异常，目标虚拟机/应用程序将还继续运行；没有被捕获的异常就忽略了。

agentmain()方法指定一个 String 参数标识传递给该方法的任意参数。这些参数来源于在 loadAgent(String agent, String options)方法(如表 7-2 中所述)中传递给 options 的字符串参数。由于这些参数组合成了一个单独的字符串，代理将负责解析该参数。BasicAgent 引用这些参数作为其选项。

编译代理的源代码后(javac BasicAgent.java)，得到的类文件必须存储在 JAR 文件中。正如 JDK 文档中所述，该 JAR 文件的列表清单必须包含一个 Agent-Class 属性以标识一个包含 agentmain()方法的类。代码清单 7-4 给出了该代理的 JAR 文件中具有 Agent-Class 属性的列表清单文件。

代码清单 7-4　manifest.mf

```
Agent-Class: BasicAgent
```

在通过 jar cvfm basicAgent.jar manifest.mf BasicAgent.class 命令(或者类似命令)创建一个 basicAgent.jar 文件后，就可以使用 Attach API 来将该 JAR 文件的代理加载到目标虚拟机。为了完成该任务，创建一个绑定应用程序，其源代码如代码清单 7-5 所示。

代码清单 7-5 BasicAttach.java

```
//BasicAttach.java

//Unix 编译：javac -cp $JAVA_HOME/lib/tools.jar BasicAttach.java
//
//Windows 编译：javac -cp %JAVA_HOME%/lib/tools.jar BasicAttach.java

import java.io.*;

import java.util.*;

import com.sun.tools.attach.*;

public class BasicAttach
{
  public static void main (String [] args) throws Exception
  {
    if (args.length != 1)
    {
        System.err.println ("Unix usage : "+
                            "java -cp $JAVA_HOME/lib/tools.jar:. "+
                            "BasicAttach appmainclassname");
        System.err.println ();
        System.err.println ("Windows usage: "+
                            "java -cp %JAVA_HOME%/lib/tools.jar;. "+
                            "BasicAttach appmainclassname");
        return;
    }
```

//返回一个可能绑定的正在运行的虚拟机列表。

```
List<VirtualMachineDescriptor> vmds = VirtualMachine.list ();
```

//在该列表中搜索显示名和通过某个命令行参数传递该应用程序的名字相匹配的虚拟机。

```
for (VirtualMachineDescriptor vmd: vmds)
    if (vmd.displayName ().equals (args [0]))
    {
        //试图绑定。

        VirtualMachine vm = VirtualMachine.attach (vmd.id ());
```

//标识将要加载的代理 JAR 文件的位置和名字。其位置是相对于目标虚拟机的——
//而不是相对运行 BasicAttach 的虚拟机。位置和 JAR 名将传递给目标虚拟机。
//目标虚拟机(在本例子中)负责从该位置加载 basicAgent.jar 文件。

```
        String agent = vm.getSystemProperties ()
                    .getProperty ("java.home")+File.separator+
```

```
                              "lib"+File.separator+"basicAgent.jar";

        //试图将代理加载到目标虚拟机。

        vm.loadAgent (agent);

        //解除绑定。

        vm.detach ();

        //试图绑定。

        vm = VirtualMachine.attach (vm.id ());

        //试图用一个以逗号隔开的选项列表将代理加载到目标虚拟机。

        vm.loadAgent (agent, "a=b,c=d,x=y");
        return;
    }

    System.out.println ("Unable to find target virtual machine");
    }
}
```

根据该源代码显示，BasicAttach 需要唯一的命令行参数，该参数为运行在目标虚拟机上的应用程序名。应用程序利用该参数来定位一个合适的 VirtualMachineDescriptor，因此它可以获取目标虚拟机的标识符，然后绑定到目标虚拟机。

在绑定以后，BasicAttach 需要定位 basicAgent.jar，因此该 JAR 文件可以被加载到目标虚拟机。假定 basicAgent.jar 文件和该 JMX 代理的 management-agent.jar 文件处于同一位置。该位置就是目标虚拟机的 JRE 主目录的 lib 子目录(在 Windows 平台下为%JAVA_HOME%\jre)。

打开一个命令窗口并运行前面给出的 BuggyThreads 应用程序(如果尚未运行的话)。在另外一个命令窗口中，利用源代码顶部附近的指令编译 BasicAttach.java。调用如下方式在 Windows 系统上将代理绑定到 BuggyThreads：

```
java -cp %JAVA_HOME%/lib/tools.jar;. BasicAttach BuggyThreads
```

在 Unix 系统上，调用如下的命令：

```
java -cp $JAVA_HOME/lib/tools.jar:. BasicAttach BuggyThreads
```

如果一切运转良好，BasicAttach 将立即结束，并在命令提示窗口中没有任何输出。相反，显示 BuggyThreads 输出的命令窗口将很可能混合了 BasicAgent 的输出和 BuggyThreads 的输出。当运行 BuggyThreads 时，可能想将标准的输出设备改变成文件，这样就可以看见代理的输出。下面是输出的一个简单例子：

```
Starting Thread A
```

```
Starting Thread B
Entering infinite loop
Thread A acquiring Lock A
Thread A acquiring Lock B
Thread A releasing Lock B
Thread B acquiring Lock B
Thread B releasing Lock A
Thread B acquiring Lock A
...
Thread A releasing Lock A
Thread A acquiring Lock A
Thread A acquiring Lock B
Thread A releasing Lock B
Thread B acquiring Lock B
Thread A releasing Lock A
Thread B acquiring Lock A
```
Basic agent invoked

No options passed
```
Thread B releasing Lock A
Thread B releasing Lock B
Thread B acquiring Lock B
Thread B acquiring Lock A
Thread B releasing Lock A
Thread A acquiring Lock A
Thread B releasing Lock B
Thread A acquiring Lock B
```
Basic agent invoked

Options...
a=b
c=d
x=y
```
Thread A releasing Lock B
Thread A releasing Lock A
Thread A acquiring Lock A
Thread A acquiring Lock B
Thread A releasing Lock B
Thread B acquiring Lock B
...
```

7.2 改进的 Instrumentation API

构建在 HotSpot 和其他虚拟机上的 instrumentation 提供了关于虚拟机资源的信息，如当前仍在运行的线程数、虚拟机启动以及堆内存池使用的峰值等。当想监控应用程序的"健康状况"，以及如果出现不良状况就及时采取正确措施时，所有这些信息都是非常有用的。

尽管监控应用程序的运行状况非常重要，但是也可能为了完成其他的目的而仅需要监视应用程序的类(为了在不改变应用程序状态或行为的情况下收集统计信息的目的，可以通过在类的方法中添加一些字节码)。例如，可能想创建一个覆盖分析器(coverage analyzer)来系统地测试应用程序代码。

注意

Steve Cornett 的 "Code Coverage Analysis" 论文(http://www.bullseye.com/coverage.html)描述了一个覆盖分析器的功能。

为了支持覆盖分析、事件日志和其他与非正常运行相关任务的 instrumentation，Java 5 引入了 java.lang.instrument 包。该包的 Instrumentation 接口提供了多个探测类所需要的服务，如注册一个转换器(transformer，一个实现了 java.lang.instrument.ClassFileTransformer 接口的类)以关注 instrumentation。

注意

Java 5 的 Instrumentation 接口也提供了重新定义类的服务。和转换不同，转换的重点是从一个 instrumentation 的角度改变类，而重新定义则是替换类的定义。例如，您可能想开发一个工具以支持修订 bug 后继续调试。这对于传统的编辑-编译-调试的循环来说是另外一种选择。该方式可以在调试器中修改程序，然后继续调试，而不需要退出调试器，再重新编译、进入调试器然后从零开始重新调试程序。可以利用重新定义来改变类的定义，从而将新的编译所得的类字节包含在程序中。

Instrumentation 是 agentmain()方法的两个参数之一。Java SE 6 添加了该方法的两个重载版本。Instrumentation 也是 premain()方法的两个参数之一，而该方法是在 Java 5 中引入的，并且该方法具有和 agentmain()一样的参数列表。premain()方法总是在应用程序的 main()方法运行之前调用。和 premain()方法不同，agentmain()方法经常是(但不是必须的)在 main()方法之后被调用的。同样，agentmain()是作为动态绑定的结果被调用，而 premain()方法则是作为启动一个带-javaagent 选项的虚拟机的结果而被调用的。-javaagent 选项指定了代理 JAR 文件的路径和文件名。当一个 Instrumentation 的实例被传递给这两个方法中的一个时，该方法可以访问实例的方法以转换/重新定义类。

7.2.1 再转换支持

Java SE 6 在 Instrumentation 接口中添加了 4 个新的方法以支持再转换：
- void retransformClasses(Class<?>... classes)
- void addTransformer(ClassFileTransformer transformer, boolean canRetransform)
- boolean isModifiableClass(Class<?> theClass)
- boolean isRetransformClassesSupported()

代理使用这些方法可以在不需要访问类文件的情况下，再转换前面已经加载过的类。Sun 公司的开发者 Sundar Athijegannathan 在他的 class-dumper 代理中演示了前面两个方法。class-dumper 代理是在他的博客"Retrieving .class files from a running app"（http://blogs.sun.com/sundararajan/entry/retrieving_class_files_from_a)中作为一个非常有用的例子而给出的。它将 true 作为 addTransformer() 的 canRetransform 参数，因此 retransformClasses()对每个候选类都会调用 transform()方法。如果将 false 传给该参数，那么 transform()将不会被调用。

如果某个特定类已经通过重定义或者是再转换而有所改变，那么 isModifiableClass() 方法将返回 true。Java 5 通过 Boolean isRedefineClassesSupported()方法确定当前虚拟机配置是否支持重新定义。Java SE 6 提供了相应的 Boolean isRetransformClassesSupported() 方法。如果虚拟机支持再转换，那么该方法返回 true。

注意

Java 5 提供了一个 Can-Redefine-Classes 属性，该属性必须在代理的 JAR 列表清单中被初始化为 true 以让代理可以重新定义类。Java SE 6 的新 Can-Retransform-Classes 属性补充了另外的一个属性。只有当 Can-Retransform-Classes 属性在其 JAR 的列表清单文件初始化为 true 的情况，代理才能再转换类。

7.2.2 本地方法支持

Java SE 6 在 Instrumentation 接口中添加了两个新的方法。代理可以使用这两个方法来为 instrumentation 准备本地方法：

- void setNativeMethodPrefix(ClassFileTransformer transformer, String prefix)
- boolean isNativeMethodPrefixSupported()

本地方法并不能直接使用，因为它们没有字节码。根据 setNativeMethodPrefix()方法的文档说明，可以使用一个转换器来将一个本地方法调用包装在某个非本地方法中，非本地的方法是可以被探测的。例如，以 native boolean foo(int x)方法为例，为了应用 instrumentation，该方法必须包装在同名的非本地方法中：

```
boolean foo (int x)
{
    ... record entry to foo ...
    //指定 return foo(x)将导致递归。
    return $$$myagent_wrapped_foo (x);
}

native boolean $$$myagent_wrapped_foo (int x);
```

这样将产生一个新的问题：如何将被调用的本地方法名称解析到本地方法的实现名。例如，假定初始的 foo 名将本地方法解析为 Java_somePackage_someClass_foo。由于 $$$myagent_wrapped_foo 可能对应于 Java_somePackage_someClass_$$$myagent_ wrapped_foo(不存在)，因此解析失败。

　　用$$$myagent_作为setNativeMethodPrefix()方法prefix参数值调用setNativeMethodPrefix()可以解决这个问题。在没有成功地将$$$myagent_wrapped_foo解析到Java_somePackage_someClass_$$$myagent_wrapped_foo后，虚拟机将从本地名中删除该前缀，然后将$$$myagent_wrapped_foo解析到Java_somePackage_someClass_foo。

　　注意

　　为了给代理设定本地方法前缀，该代理的 JAR 列表清单必须将 Java SE 6 的 Can-Set-Native-Method-Prefix 属性初始化为 true。调用 isNativeMethodPrefixSupported() 方法可以确定该属性的值。

7.2.3　对其他 Instrumentation 类的支持

　　最后，另外的两个 Instrumentation 方法将用于让引导程序和系统类加载器可以访问包含 instrumentation 的其他 JAR 文件：

- void appendToBootstrapClassLoaderSearch(JarFile jarfile)
- void appendToSystemClassLoaderSearch(JarFile jarfile)

　　这两个方法允许指定 JAR 包含那些可以由引导程序或者是系统类加载器定义的 instrumentation 类。当类加载器搜索类不成功时，它将在某个指定的 JAR 文件中搜索该类。该 JAR 文件除了包含那些由类加载器定义的且在 instrumentation 中使用的类或资源外，不必包含任何其他的类或资源。

7.3　改进的 JVM Tool Interface

　　Attach API 的 VirtualMachine 类包含了两个 loadAgentLibrary()方法和两个 loadAgentPath()方法。这四个方法均完成同一个目标：它们加载用 JVM Tool Interface 开发的本地代理类库。loadAgentLibrary()方法需要的仅仅是类库名。loadAgentPath()方法需要类库的绝对路径(包括类库名)。

　　Java 5 引入了 JVM Tool Interface 以替换 JVM Debug Interface 和 JVM Profiler Interface，这两个接口一直以来都备受争议。Java SE 6 中已经没有了 JVM Debug。Java SE 6 整理并阐明 JVM Tool Interface 规范，且提供如下的新特性和改进特性：

- **支持类文件再转换**：添加了一个 RetransformClasses()函数以方便实现已经加载类的动态转换。为了监测已经加载的类不再需要访问初始的类文件。再转换可以方便地删除已经应用的转换，而且再转换可以在多重代理环境下使用。
- **支持改进的堆遍历**：添加了 IterateThroughHeap()函数和 FollowReferences()函数以在堆中遍历对象。IterateThroughHeap()遍历所有在堆中的可达和不可达对象，并没有报告对象之间的引用关系。FollowReferences()方法从某个指定的对象或者是堆的根出发(如系统类集)遍历所有直接或间接可达的对象。这些函数通过特定的回调函数可以用来检查数组、string 和域中的基本值。不同的堆过滤标记将控制回调函数报告哪些对象和哪些基本值。例如，JVMTI_HEAP_FILTER_TAGGED 排除了所有加标签的值。

- 附加的类信息：Java SE 6 添加了 GetConstantPool()、GetClassVersionNumbers() 和 IsModifiableClass()函数以返回附加的类信息。
- 支持监测本地方法：Java SE 6 添加了 SetNativeMethodPrefix() 函数和 SetNativeMethodPrefixes()函数以允许虚拟机通过一个将这些本地方法包装成非本地方法的虚拟机感知机制来实现对本地方法的监测。
- 对系统类加载器中 instrumentation 的改进支持：AddToSystemClassLoaderSearch()函数允许系统类加载器可以定义 instrumentation 支持类。
- 支持从方法提前返回：Java SE 6 中添加了"ForceEarlyReturn"系列函数，如 ForceEarlyReturnObject()，从而允许一个类似于调试器的代理可以迫使一个方法在其执行过程中的任何一个点返回。
- 访问监视器堆栈深度信息的能力：Java SE 6 添加了一个 GetOwnedMonitor StackDepthInfo()函数以获取线程所拥有监视器的相关信息，以及在监视器被锁定时堆栈帧的深度。
- 支持在资源被耗尽时发出通告：Java SE 6 添加了一个 ResourceExhausted()函数以允许在关键资源，如堆，被耗尽时通知虚拟机(通过一个事件)。

除了这些改进以外，Java SE 6 还引入了一个错误代码常量 JVMTI_ERROR_CLASS_LOADER_UNSUPPORTED 以表示类加载器不支持某个操作。AddToBootstrapClassLoaderSearch()函数可以在代理仍处于活动阶段(live phase，代理在调用 VMInit()和 VMDeath()之间的执行阶段)被调用。

注意

如果想学习 JVM Tool Interface 的相关教程，可以查阅文章"The JVM Tool Interface (JVM TI): How VM Agents Work"(http://java.sun.com/developer/technicalArticles/J2SE/jvm_ti/)以及包含在 JDK 发布版本中的 JVM Tool Interface 演示程序(如 heapViewer)。

7.4 改进的 Management API 和 JMX API

Management API 主要提供了一些 MXBean 接口，这些接口提供了相应的方法以访问虚拟机 instrumentation。而 JMX API 则主要为 JMX 代理以及像 JConsole 一样访问 JMX 的应用程序提供相应的基础设施。

7.4.1 Management API 的改进

Java SE 6 在 java.lang.management 包中引入了多个改进。首先，该 API 的

ThreadMXBean 接口添加了 5 个新的方法。除了新的 long [] findDeadlockedThreads()方法外，ThreadMXBean 还包含如表 7-3 所示的 4 个新方法。long [] findDeadlockedThreads()方法返回所有死锁线程的 ID 列表。

表 7-3　新添加的 ThreadMXBean 方法

方　　法	描　　述
ThreadInfo[] dumpAllThreads(boolean lockedMonitors, boolean lockedSynchronizers)	返回所有依然活动的线程信息。如果将 true 传递给 lockedMonitors，那么返回结果包含所有锁住的监视器信息。如果将 true 传给 lockedSynchronizers，将包含所有可独占的同步器的信息。可独占的同步器(ownable synchronizer)是指可以由某个线程排他性地占有的同步器。这类同步器的同步属性是通过一个 java.util.concurrent.locks.AbstractOwnableSynchronizer 的子类实现的
ThreadInfo[] getThreadInfo(long[]ids, boolean lockedMonitors, boolean lockedSynchronizers)	类似于前一个方法，但是返回的线程信息仅仅限制在其标识符存储在 ids 数组中的线程
boolean isObjectMonitorUsageSupported()	如果支持对象监视器使用情况的监控，则该方法返回 true。由于虚拟机可能不支持该类监控，所以在将 true 传递给 lockedMonitors 参数之前调用 isObjectMonitorUsageSupported()
boolean isSynchronizerUsageSupported()	如果支持对独占同步器使用情况的监控，那么该方法返回 true。由于虚拟机可能不支持该类监控，所以在将 true 传递给 lockedSynchronizers 参数之前调用 isSynchronizerUsageSupported()

　　为了支持锁定的监视器，ThreadInfo 类包含了一个新的 public MonitorInfo[] getLockedMonitors()方法，该方法返回一个 MonitorInfo 对象数组。为了支持独占同步器，ThreadInfo 类包含了一个新的 public java.lang.management.LockInfo[] getLockedSynchronizers()方法，该方法返回一个 LockInfo 对象数组。MonitorInfo 和 LockInfo 均是 Java SE 6 中的新类。

　　注意

　　ThreadInfo 还包括一个新的 public LockInfo getLockInfo()方法，该方法返回和某个锁相关的信息。但是该锁是基于内置对象监视器的而不是基于独占同步器的。

OperatingSystemMXBean 接口已经被赋予了一个新的方法 double getSystemLoadAverage()，该方法返回最后一分钟系统的平均负载(system load average，系统平均负载是在可用处理器中排队的可运行实体数加上在可用处理器中正在运行的可运行实体数)。如果平均负载不可用，那么该方法返回一个负值。

注意
Sun 公司提供 com.sun.management 作为其对 java.lang.management 的平台扩展。该包的管理接口提供对平台特有 instrumentation 的访问。例如，UnixOperatingSystemMXBean 接口包含一个 long getOpenFileDescriptorCount()方法，该方法返回了打开的 Unix 文件描述符数。Java SE 6 通过添加一个新的平台独立的 VMOption 类和 VMOption.Origin 枚举类型以改进 com.sun.management，从而提供关于虚拟机选项及其初始值的信息。

7.4.2 JMX API 改进

Java SE 6 为 JMX API 所引入的两个最大改进对于描述符和 MXBean 都具有重大影响。这两个改进如下：
可以将任意的额外元数据绑定到各类 MBean：新的 javax.management.DescriptorKey 注解类型可以将额外的元数据绑定到 MBean 而不是对 Mbean 建模。
定义自己的 MBean：新的 javax.management.MXBean 注解类型可以明确地将一个接口标记为一个 MXBean 接口或者不是一个 MXBean 接口。
其他的改进包括通知改进，该改进提供了方便的方式从一个 javax.management.remote. JMXConnector 中检索一个 javax.management.remote. JMXServiceURL，以及 JMX API 的泛型化(generification)。

7.5 JConsole GUI 的改变

在 Java SE 6 中，JConsole 的 GUI 已经进行了很大的改动。这些改动充分利用了 Windows 和 GNOME 桌面的系统外观，从而使得 JConsole 具有更加专业的外观。这种专业化在修补启动 JConsole 所显示的连接框时就更为明显了。正如在图 7-1 中所见，该对话框的最大改变就是删除了以前版本上带选项卡的界面。以前在 Local、Remote 和 Advanced 选项卡中的 GUI 组件，现在已经融合成了一个更为智能、更为简洁的布局。
JConsole 的带选项卡的界面也进行了改变。以前的 Summary 和 VM 选项卡已经变成了 Overview 和 VM Summary 选项卡，如下：
- Overview 选项卡等价于以前的 Summary 选项卡。但是，不同于 Summary 选项卡的文本化显示，Overview 选项卡为堆内存使用、线程、类以及 CPU 使用情况给出了一个生动的图表显示。

图 7-1 系统外观给了连接对话框一个更为专业的外观

- VM Summary 选项卡等价于以前的 VM 选项卡，但是重新排列了 VM 选项卡的信息。在新的 JConsole 中给出了 Memory、Threads、Classes 和 MBeans 选项卡，但是 MBeans 选项卡已经改变了位置。另外，Threads 选项卡还添加了一个方便的 Detect Deadlock 按钮。

注意

Sun 公司 JMX 团队的成员 Luis-Miguel Alventosa 的博客 "Changes to the MBeans tab look and feel in Mustang Jconsole" (http://blogs.sun.com/lmalventosa/entry/changes_to_the_mbeans_tab)从视觉上比较了 JConsole 的 MBeans 选项卡在 Java 5 和 Java SE 6 版本之间的区别，以揭示 Java SE 6 在该选项卡的结构上所做的改变。

7.6 JConsole 插件和 JConsole API

在 2004 年末，Bug 6179281 "Provide a jconsole plug-in interface to allow loading user-defined tabs" ("提供一个 jconsole 插件接口以允许加载用户定义的选项卡")提交给了 Sun 公司的 Bug Database，请求 JConsole 扩展一个插件 API。该 API 允许开发人员在 JConsole 的用户界面中引入新的选项卡，从而允许和自定义的 MBean 交互以及执行其他任务。该请求在 Java SE 6 中得到了满足。

Java SE 6 通过 Sun 公司特有的 com.sun.tools.jconsole 包(http://java.sun.com/javase/6/docs/jdk/api/jconsole/spec/index.html)提供了对 JConsole 插件的支持。该包保存在 jconsole.jar 文件中。一个 JConsole 插件必须是该包中抽象 JConsolePlugin 类的子类，并实现了表 7-4 中的两个方法。

表 7-4 添加 JConsole 插件的方法

方　　法	描　　述
public abstract Map<String, JPanel>getTabs()	返回在 JConsole 窗口中添加的选项卡的一个 java.util.Map。每个 Map 条目都描述了一个选项卡, 包括存储在一个字符串中的选项卡名和存储在一个 javax.swing.JPanel 中的选项卡 GUI 组件。如果该插件没有添加任何选项卡, 那么方法返回一个空的映射。该方法是在生成一个新的连接时在事件派发线程中调用的
public abstract SwingWorker<?,?> newSwingWorker()	返回一个 javax.swing.SwingWorker 对象, 该对象按照 JConsole 更新其 GUI 的时间间隔更新插件的 GUI。jconsole 的-interval 命令行选项指定了该时间间隔(默认为 4 秒)。该方法在每次需要为该插件获取一个新的 SwingWorker 对象以进行更新时调用。如果插件自己调度自身的更新, 那么该方法返回 null

7.6.1　一个基本插件

考虑一个基本插件, 该插件在 JConsole 窗口的选项卡列表中添加一个 Basic 选项卡。当选择该选项卡时, 选项卡将给出当前日期, 而且每次时间间隔更新一次。由于该插件也将各种消息输出到标准的输出设备, 因此 JConsole 提供另外一个窗口以实时显示其输出。代码清单 7-6 给出了该基本插件的源代码。

代码清单 7-6　BasicPlugin.java

```java
//BasicPlugin.java
//Unix 编译: javac -cp $JAVA_HOME/lib/jconsole.jar BasicPlugin.java
//
//Windows 编译: javac -cp %JAVA_HOME%/lib/jconsole.jar BasicPlugin.java

import java.util.*;

import javax.swing.*;

import com.sun.tools.jconsole.*;

public class BasicPlugin extends JConsolePlugin
{
  private Map<String, JPanel> tabs = null;

  private BasicTab basicTab = null;
```

```java
  public Map<String, JPanel> getTabs ()
  {
    System.out.println ("getTabs() called");

    if (tabs == null)
    {
        tabs = new LinkedHashMap<String, JPanel> ();

        basicTab = new BasicTab ();
        tabs.put ("Basic", basicTab);
    }
    return tabs;
  }

  public SwingWorker<?, ?> newSwingWorker ()
  {
    System.out.println ("newSwingWorker() called");

    return new BasicTask (basicTab);
  }
}

class BasicTab extends JPanel
{
  private JLabel label = new JLabel ();

  BasicTab ()
  {
    add (label);
  }

  void refreshTab ()
  {
    label.setText (new Date ().toString ());
  }
}

class BasicTask extends SwingWorker<Void, Void>
{
  private BasicTab basicTab;

  BasicTask (BasicTab basicTab)
  {
    this.basicTab = basicTab;
  }

  @Override
  public Void doInBackground ()
```

```
{
    System.out.println ("doInBackground() called");

    //不需要执行任何操作，但是该方法需要出现。
    return null;
}

@Override
public void done ()
{
    System.out.println ("done() called");

    basicTab.refreshTab ();
}
}
```

该插件由 BasicPlugin 类、BasicTab 类和 BasicTask 类组成。BasicPlugin 类是该插件的入口点。BasicTab 类描述一个 GUI 容器，该容器包含一个单独显示当前日期的标签。BasicTask 类描述一个 SwingWorker 类，该类更新显示当前日期的 GUI 组件。

BasicPlugin 的 getTabs()方法"惰性"地将 tabs 域和 basicTab 域初始化为 java.util.LinkedHashMap(该实例存储 Basic 选项卡名和 GUI)和 BasicTab 实例。其他对 getTabs()的调用将不会导致不必要的 LinkedHashMap 和 BasicTab 实例被创建。该方法返回唯一的 LinkedHashMap 实例。

BasicPlugin 的 newSwingWorker()方法通常在 getTabs()方法完成之后调用以创建并返回存储 BasicTab 实例的一个 BasicTask SwingWorker 对象。该实例将被存储，因此在 BasicTask 的 done()方法被调用时可以调用 BasicTab 的 refreshTab()用下一个当前日期更新标签文本。

按照以下步骤构建并运行该插件：

(1) 按照针对 Unix 或者 Windows 的合适方式编译 BasicPlugin.java(参见源代码顶部附近的注解)。

(2) 创建一个 META-INF/services 目录结构。在 services 目录中，放置一个 com.sun.tools. jconsole.JConsolePlugin 文本文件，该文本文件的单一行指定了 BasicPlugin。

(3) 通过调用如下的命令创建该插件的 JAR 文件：

```
jar cvf basicPlugin.jar -C META-INF/ services *.class
```

jconsole 工具包含一个新的-pluginpath 命令行选项，该选项的 plugins 参数列出了搜索 JConsole 插件的目录或者 JAR 文件。和 JAR 文件一样，目录必须包含 META-INF/services/com.sun.tools.jconsole.JconsolePlugin 文本文件。该文件标识了其插件的入口类，每行一个。

为了运行带基本插件的 JConsole，需要调用 jconsole -pluginpath basicplugin.jar。图 7-2 显示了生成一个新的连接(通过 JConsole 的 New Connection 对话框)后的 JConsole GUI。

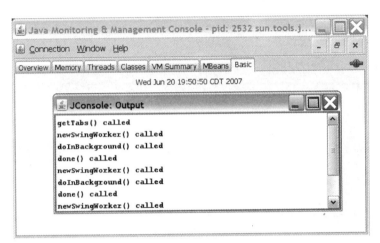

图 7-2   在 JConsole 窗口中添加 Basic 插件选项卡。注意，插件选项卡在 MBeans 选项卡的右边

除了显示一个给出当前日期(以指定的时间间隔更新)的 Basic 选项卡外，该基本插件还显示一个控制台窗口，该窗口给出了发送给标准输出设备的各类消息的实时更新。这些消息将有助于根据对不同方法的调用，以及这些方法的调用顺序来理解该基本插件的行为。

7.6.2   Basic 插件以外的知识

在完成对该基本插件的试验后，可能想尝试一些比较高级的插件。Mandy Chung(Sun 公司的高级工程师)和 Sundar Athijegannathan 已经创建了一个 JConsole 样本插件。这些插件包含在 JDK 中。Mandy 的 JTop 插件可以用于监控应用程序中线程的 CPU 使用；Sundar 的 Script Shell 插件则演示了使用有 JMX 技术的脚本语言的威力。以下的面向 Windows 的命令行运行带有这两个插件的 JConsole：

```
jconsole pluginpath %JAVA_HOME%/demo/management/JTop/JTop.jar;
    %JAVA_HOME%/demo/scripting/jconsole-plugin/jconsole-plugin.jar
```

调用该命令行(必须指定为单一行；以上显示为两行是因为长度的原因)。这样，将看到 JTop 和 Script Shell 选项卡出现在 MBeans 选项卡的右边。如图 7-3 所示，JTop 选项卡提供了很多关于正在运行的线程的相关信息。Script Shell 选项卡则可以通过一个脚本语言交互式地访问 MBean 的操作和属性。

可以通过研究这些插件的源代码来了解它们是如何工作的，其源代码包含在 JDK 中。要了解 JTop 如何作为一个独立的 JMX 客户端运行，请查阅 Alan Bateman 的博客 "Two fine demos"(http://blogs.sun.com/alanb/entry/two_fine_demos)。为了更多地了解 Script Shell 插件，请参考 Sundar Athijegannathan 的博客 "Using script shell plugin with jconsole"(http://blogs.sun.com/sundararajan/entry/using_script_shell_plugin_with)。

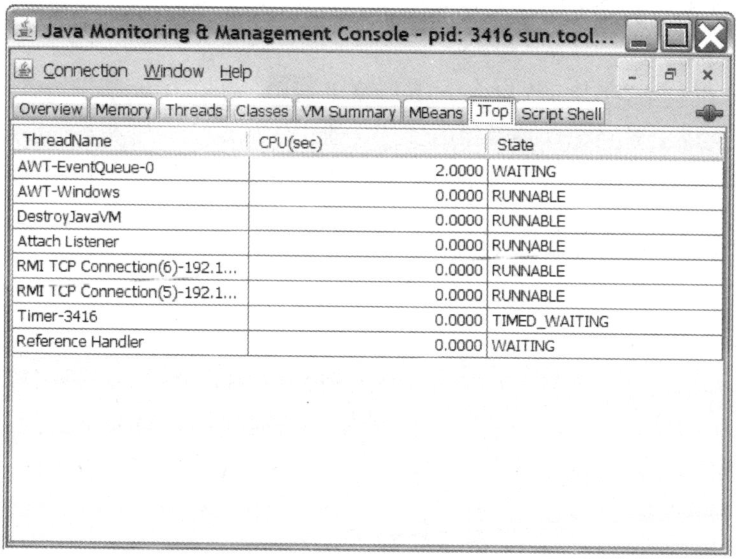

图 7-3　观察在 JTop 选项卡上的线程名、线程的 CPU 使用情况，以及线程的当前状态

注意

Java 开发人员 Peter Doornbosch 已经创建了一个 Top-Thread JConsole 插件来替换 JTop。可以学习该插件，检查 Top-Thread 选项卡的 GUI 并从 http://blog.luminis.nl/luminis/entry/top_threads_plugin_for_jconsole 下载该插件的 topthreads.jar 文件(源代码目前尚未发布)。

另外一个高级插件是由 Luis-Miguel Alventosa 在他的博客"Per-thread CPU Usage JConsole Plugin"中(http://blogs.sun.com/lmalventosa/entry/per_thread_cpu_usage_jconsole)描述的。该 JConsole 插件监控线程的 CPU 使用情况，并用图表的形式给出多个线程中各个线程的 CPU 使用情况。根据 Luis-Miguel 的描述，该插件的目的是为了显示利用 JFreeChart 图表类库在基于 Java SE 平台 instrumentation MXBeans 上添加一个自定义的 UI 是多么的容易。

7.7　小结

Java SE 6 改进了对监控和管理的支持。它提供了新的动态绑定能力和 Attach API、改进的 Instrumentation API、改进的 JVM Tool Interface、改进的 Management 和 JMX API、JConsole GUI 的改变，以及通过提供新的 JConsole API 支持 JConsole 插件。

动态绑定机制允许 JConsole 连接并启动在目标虚拟机上的 JMX 代理。JConsole 和其他的 Java 应用程序可以通过使用 Attach API 利用该机制。

通过在 Instrumentation 接口中添加 8 个新的方法，Java SE 6 改进了 Instrumentation API。其中 4 个方法是为了支持再转换，2 个方法是允许代理为 instrumentation 预处理本地方法，另外 2 个方法则是用于使其他带 instrumentation 类的 JAR 文件对于引导程序和系统类加载器可用。

Java SE 6 也整理并阐明 JVM Tool Interface 规范，提供了大量新的或者是改进的特性。这些特性提供了对类文件再转换的支持、改进了堆遍历、监测本地方法、提供了对从方法提前返回的支持，以及支持在资源耗尽的情况下发出通知。它们也对在系统类加载器中的 instrumentation 提供了改进支持、对访问传统类信息提供了改进支持，此外，还支持访问监控堆栈深度信息的能力。

Java SE 6 已经对 Management API 进行了改进。它引入 5 个新的方法到 Management API 的 ThreadMXBean 接口、引入了新的 ThreadInfo 方法以表示被锁定的监控器和独占的同步器，以及引入了一个新的 OperatingSystemMXBean 方法以返回系统的平均负载。同样，JMX API 也得到了改善，包括绑定任意额外数据到各类 MBean 的能力和定义自己的 MBean 的能力。

JConsole 的 GUI 已经做了相应的改动，它充分利用 Windows 和 GNOME 桌面的系统外观特性。除了对连接对话框进行重新布局外，Java SE 6 还重新组织了 JConsole 的带选项卡的图形界面。

最后，Java SE 6 为 JConsole 引入了一个插件 API。JConsole API 允许开发人员在 JConsole 的用户界面上添加新的选项卡，以实现与自定义 MBean 的交互和执行其他任务。

7.8 练习

您对 Java SE 6 中新的监控和管理特性理解如何？通过回答下面问题，测试您对本章内容的理解(参考答案见附录 D)。

(1) 描述本地监控过程。在 Java SE 6 中，当启动一个应用程序以实施本地监控时，是否需要指定 com.sun.management.jmxremote 系统属性？

(2) 类重新定义和类转换之间有什么区别？类的重新定义是否会导致类的初始化方法运行？在再转换过程中，下一步是什么？

(3) agentmain()和 premain()两个方法之间的区别是什么？

(4) 在对 ThreadInfoViewer 建模后，创建一个 LoadAverageViewer 应用程序。该新应用程序将调用 OperatingSystemMXBean 的 getSystemLoadAverage()方法。如果该方法返回一个负值，则输出一条消息说明该平台不支持平均负载。否则每分钟重复输出一次平均负载，重复时间由命令行参数指定。

(5) JConsole API 包含一个 JConsoleContext 接口，提供该接口的目的是什么？

(6) JConsolePlugin 的 public final void addContextPropertyChangeListener(PropertyChangeListener listener)方法用于在插件的 JconsoleContext 上添加一个 java.beans.PropertyChangeListener。该监听器将在何时被调用？这对于插件而言有什么好处？

第 8 章

■■■

网 络 化

您是否曾经有过获取网络接口硬件地址的需求,但是由于 Java 并未提供相应的 API,而不得不求助于执行外部程序来获取该信息? Java SE 6 通过在 Java 中添加多个新的网络化特性,从而解决该问题以及其他的一些问题:

- CookieHandler 实现
- 国际化的域名
- 轻量级的 HTTP 服务器
- 网络参数
- SPNEGO HTTP 认证

8.1 CookieHandler 实现

服务器程序通常都使用 cookie(状态对象)来在客户端保留少量的信息。例如,当前在购物车中所选中的条目的标识符可以被存储为 cookie。由于某个站点可能会存在大量的 cookie(与 Web 站点的受欢迎程度相关),因此 cookie 一般都存储在客户端上,而不是存储在服务器上。在这种情况下,如果将 cookie 存储在服务器上不仅服务器需要大量的存储空间来存储 cookie,而且搜索和维护这些 cookie 也将耗费大量的时间。

注意

请查看 Netscape 的"Persistent Client State: HTTP Cookies"基本规范 (http://wp.netscape.com/newsref/std/cookie_spec.html)以获取 cookie 的最近更新。

服务器端程序,如 Web 服务器,把 cookie 作为 HTTP 响应的一部分发送给客户端。而客户端,如 Web 浏览器,则把 cookie 作为 HTTP 请求的一部分发送给服务器。在 Java 5 以前,应用程序利用 java.net.URLConnection 类(及其 java.net.HttpURLConnection 子类)来获取一个 HTTP 响应的 cookie 和设置一个 HTTP 请求的 cookie。public String getHeaderFieldKey(int n) 和 public String getHeaderField(int n) 方法用于访问响应的 Set-Cookie 头,而 public void setRequestProperty(String key, String value) 方法则用于创建一个请求的 Cookie 头。

注意

RFC 2109: HTTP State Management Mechanism(http://www.ietf.org/rfc/rfc2109.txt)描述了 Set-Cookie 和 Cookie 头的相关知识。

Java 5 引入抽象的 java.net.CookieHandler 类作为一个回调机制以将 HTTP 状态管理和 HTTP 协议处理器(考虑 HttpURLConnection 子类)进行连接。应用程序通过 CookieHandler 类的 public static void setDefault(CookieHandler cHandler)方法安装一个具体的 CookieHandler 子类作为系统范围内的 cookie 处理器。同时，还有一个 public static CookieHandler getDefault()方法返回该 cookie 处理器。如果没有安装系统范围的 cookie 处理器，那么该方法返回 null。如果安装了一个安全管理器，而且安全管理器拒绝了相应的访问，那么在调用 setDefault()或 getDefault()方法时都将抛出一个 SecurityException 异常。

HTTP 协议处理器访问响应和请求的头。该处理器调用系统范围内 cookie 处理器的 public void put(URI uri, Map<String,List<String>> responseHeaders)方法以将响应的 cookie 存储在一个 cookie 缓存中，而调用 public Map<String,List<String>> get(URI uri, Map<String,List<String>> requestHeaders)方法来从该缓存中提取请求 cookie。和 Java 5 不同，Java SE 6 提供了一个 CookieHandler 的具体实现，因此 HTTP 协议处理器和应用程序能够使用 cookie。

具体的 java.net.CookieManager 类扩展 CookieHandler 以管理 cookie。CookieManager 对象的初始化如下：

- 初始化一个 cookie 仓库来存储 cookie 信息。cookie 仓库基于 java.net.CookieStore 接口。
- 初始化一个 cookie 策略以确定哪些 cookie 可以存储。cookie 策略基于 java.net.CookiePolicy 接口。

创建一个 cookie 管理器可以通过调用 public CookieManager()构造函数或者是 public CookieManager(CookieStore store, CookiePolicy policy) 构造函数来完成。public CookieManager()构造函数以 null 为参数调用后一个构造函数，从而使用默认的 in-memory cookie 仓库和默认的 accept-cookies-from-the-original-server-only cookie 策略。如果您不打算创建自己的 CookieStore 和 CookiePolicy 实现，那么应该使用默认的构造函数。以下的代码段创建并建立一个新的 CookieManager 作为系统范围内的 cookie 处理器：

```
CookieHandler.setDefault (new CookieManager ());
```

除了构造函数以外，CookieManager 还提供了 4 个方法，如表 8-1 所示。

表 8-1　CookieManager 的方法

方　　法	描　　述
public Map<String, List<String>> get(URI uri, Map<String, List<String>> requestHeaders)	返回 Cookie 和 Cookie2 请求头之间一个永久的映射。该 Cookie 和 Cookie2 请求头都是针对 cookie 仓库中路径和 uri 的路径相匹配的 cookie 的。尽管该方法的默认实现并未使用 requestHeaders，但是其子类实现可以使用该参数。如果发现 I/O 错误，那么该方法将抛出一个 java.io.IOException 异常

(续表)

方　　法	描　　述
public CookieStore getCookieStore()	返回 cookie 管理器的 cookie 仓库。目前，CookieManager 仅仅使用 CookieStore 的 void add(URI uri, HttpCookie cookie)和 List<HttpCookie> get(URI uri)方法。其他的 CookieStore 方法是为了支持 CookieStore 更高级的实现而设计的
public void put(URI uri, Map<String, List<String>> responseHeaders)	存储所有可应用的 cookie。这些 cookie 的 Set-Cookie 和 Set-Cookie2 响应头是从指定的 uri 中获取，并且保存(和其他的响应头一起)在 cookie 仓库的不变 responseHeaders 映射中。如果出现 I/O 错误，那么该方法将抛出一个 java.io.IOException 异常
public void setCookiePolicy(CookiePolicy cookiePolicy)	将 cookie 管理器的 cookie 策略设置为 CookiePolicy.ACCEPT_ALL(接受所有 cookie)、CookiePolicy.ACCEPT_NONE(不接受任何 cookie)、CookiePolicy. ACCEPT_ORIGINAL_SERVER(仅仅接受来自于原始服务器的 cookie)这几个值中的一个。将 null 传递给该方法将不执行任何操作

　　和 HTTP 协议处理器调用 get()和 put()方法处理 cookie 不同，应用程序使用 getCookieStore()和 setCookiePolicy()方法来访问和设置 cookie 策略。考虑一个命令行应用程序，该应用程序从其唯一的域名参数中获取并列出所有的 cookie。该应用程序的源代码如代码清单 8-1 所示。

代码清单 8-1　ListAllCookies.java

```
//ListAllCookies.java

import java.net.*;

import java.util.*;

public class ListAllCookies
{
  public static void main (String [] args) throws Exception
  {
    if (args.length != 1)
    {
        System.err.println ("usage: java ListAllCookies url");
        return;
    }
```

```
CookieManager cm = new CookieManager ();
cm.setCookiePolicy (CookiePolicy.ACCEPT_ALL);
CookieHandler.setDefault (cm);

new URL (args [0]).openConnection ().getContent ();

List<HttpCookie> cookies = cm.getCookieStore ().getCookies ();
for (HttpCookie cookie: cookies)
{
    System.out.println ("Name = "+cookie.getName ());
    System.out.println ("Value = "+cookie.getValue ());
    System.out.println ("Lifetime (seconds) = "+cookie.getMaxAge ());
    System.out.println ("Path = "+cookie.getPath ());
    System.out.println ();
}
}
}
```

在创建 cookie 管理器并调用 setCookiePolicy()方法以设置 cookie 管理器的策略来接受所有的 cookie 之后，应用程序将该 cookie 管理器安装为系统范围内的 cookie 处理器。接着连接由命令行参数标识的域，并读取其内容。通过 getCookieStore()可以获取 cookie 仓库，并且通过 cookie 仓库的 List<HttpCookie> getCookies()方法检索所有的未过期 cookie。然后，对于每个 java.net.HttpCookie，调用 public String getName()、public String getValue() 和其他的 HttpCookie 方法以返回各个 cookie 的信息。下面是调用 java ListAllCookies http://apress.com 的结果输出：

```
Name = apress_visitedhomepage
Value = 1
Lifetime (seconds) = 83940
Path = null

Name = PHPSESSID
Value = f5938ccc43827a9e96b3c07be1edacf3
Lifetime (seconds) = -1
Path = /
```

注意

想了解更多关于 cookie 管理的信息，包括想通过例子学习如何创建自己的 CookiePolicy 和 CookieStore 实现，请查阅 *Java Tutorial* 的 "Working With Cookies" 一课 (http://java.sun.com/docs/books/tutorial/networking/cookies/index.html)。

8.2   国际化域名

Internet 的域名系统是基于美国信息交换标准代码(American Standard Code for

Information Interchange，ASCII)的，该标准将域名限制为 ASCII 符号。这一点对于世界上很多用户而言是很不公平的，因为他们都想注册和访问使用他们自己语言所特有的字符域名，Internet Engineer Task Force(IETF)的 Network Working Group 创建了 RFC3490：Internationalizing Domain Names in Applications(IDNA)。

　　RFC 3490 并不是要求重新设计 DNS 基础设施，而是指定了如何在 ASCII 和非 ASCII 域名之间翻译。它明确地给出了如下的算法来对单个的域名标签进行操作(如，在 www.cnn.com 中 www、cnn 和 com 都是域名的单个标签)：

- ToASCII：该算法修改至少包含一个非 ASCII 码字符的标签。首先应用 Nameprep 算法将标签转换成小写字母并执行其他的一些规格化任务。然后，该算法通过使用 Punycode 算法将结果转换成 ASCII 码。通过将一个 xn-- 前缀添加到 Punycode 结果之前完成 ToASCII 操作。这 4 个字符所组成的字符串就是 ASCII 兼容编码 (ASCII Compatible Encoding，ACE)前缀。ACE 前缀从 ASCII 标签中区别 Punycode 标签。ToASCII 算法可能会由于各种原因而执行失败，如所得到的 ACE 编码的 ASCII 标签超过了 DNS 的 63 位字符限制。
- ToUnicode：和 ToASCII 算法相反，该算法删除 ACE 前缀，并对结果应用 Punycode 算法。但是该算法并不运行 Nameprep 算法，这是因为传递给 ToASCII 算法的标签的规格化过程是不可逆转的。和 ToASCII 算法不一样，ToUnicode 算法不可能失败；如果该参数标签不可逆转(例如，参数标签不是以 ACE 前缀开始的)，那么该算法将返回原参数标签。

注意

RFC 3491：Nameprep：A Stringprep Profile for Internationalized Domain Names(IDN) (RFC 3491：NamePrep：一个针对国际化域名的 Stringprep 概貌算法) (http://www.ietf.org/rfc/rfc3491.txt)描述了 Nameprep 算法。RFC 3492：Punycode：A Bootstring encoding of Unicode for Internationalized Domain Names in Applications (http://www.ietf.org/rfc/rfc3492.txt)描述了 Punycode 算法。

　　Java SE 6 引入了一个 java.net.IDN 实用类，该类提供了用于处理 ASCII/Unicode 转换的 2 个常量和 4 个方法。ALLOW_UNASSIGNED 和 USE_STD3_ASCII_RULES 标志常量可以按位或运算在一起，并可以作为 IDN 的两个方法的 flag 参数：

- ALLOW_UNASSIGNED：允许未赋值的 Unicode 3.2 代码指针被处理。该常数的使用需要特别小心，因为该常数的使用可能最终导致电子欺骗攻击。在这种攻击中，某个 Web 站点将伪装成另外一个站点。
- USE_STD3_ASCII_RULES：强制限制在主机名中只能有 ASCII 字符。字符限制为字母、数字和连接号(减号)。另外，主机名不能以连接号开始或者结束。

　　表 8-2 描述了 IDN 类的方法。这些方法中有两个方法比较方便，因为这两个方法忽略 ALLOW_UNASSIGNED 和 USE_STD3_ASCII_RULES 参数。

表 8-2　java.net.IDN 方法

方　　法	描　　述
public static String toASCII(String input)	将 input 字符串从 Unicode 转换成 ACE。如果输入字符串不满足 RFC:3490 规范，那么该方法将抛出一个 IllegalArgumentException 异常
public static String toASCII(String input, int flag)	将 input 字符串(一个标签或者是一个完整的域名)从 Unicode 转换成 ACE，同时考虑 flag 参数(前一个方法将 0 传递给 flag 调用该方法)。如果输入字符串不满足 RFC:3490 规范，那么该方法将抛出一个 IllegalArgumentException 异常
public static String toUnicode(String input)	将 input 字符串从 ACE 转换成 Unicode。在转换发生错误的情况下，输入字符串将不做任何改变而直接返回
public static String toUnicode(String input, int flag)	将 input 字符串(一个标签或者是一个完整的域名)从 ACE 转换成 Unicode，同时考虑 flag 参数(前一个方法将 0 传递给 flag 调用该方法)。在发生错误的情况下，Input 不发生任何变化而返回

8.2.1　一个 IDN 转换器

在将一个域名提交给 DNS 之前，IDNA 感知的应用程序会调用 IDN.toASCII()将域名转换成为 ACE。在向用户展示域名之前，该应用程序也将调用 IDN.toUnicode()方法。代码清单 8-2 给出了一个转换器应用程序，该应用程序可以让您体验一下这种转换。

代码清单 8-2　IDNConverter.java

```java
//IDNConverter.java

import java.awt.*;
import java.awt.event.*;

import java.net.*;

import javax.swing.*;

public class IDNConverter extends JFrame
{
  JTextField txtASCII, txtUnicode;

  public IDNConverter ()
  {
    super ("IDN Converter");
    setDefaultCloseOperation (EXIT_ON_CLOSE);
```

```
        getContentPane ().setLayout (new GridLayout (2, 1));

        JPanel pnl = new JPanel ();
        pnl.add (new JLabel ("Unicode name"));
        txtUnicode = new JTextField (30);
        pnl.add (txtUnicode);
        JButton btnToASCII = new JButton ("To ASCII");
        ActionListener al;
        al = new ActionListener ()
            {
                public void actionPerformed (ActionEvent e)
                {
                    txtASCII.setText (IDN.toASCII (txtUnicode.getText ()));
                }
            };
        btnToASCII.addActionListener (al);
        pnl.add (btnToASCII);

        getContentPane ().add (pnl);

        pnl = new JPanel ();
        pnl.add (new JLabel ("ACE equivalent"));
        txtASCII = new JTextField (30);
        pnl.add (txtASCII);
        JButton btnToUnicode = new JButton ("To Unicode");
        al = new ActionListener ()
            {
                public void actionPerformed (ActionEvent e)
                {
                    txtUnicode.setText (IDN.toUnicode (txtASCII.getText ()));
                }
            };
        btnToUnicode.addActionListener (al);
        pnl.add (btnToUnicode);

        getContentPane ().add (pnl);

        pack ();
        setVisible (true);
    }

    public static void main (String [] args)
    {
        Runnable r = new Runnable ()
                    {
                        public void run ()
                        {
                            new IDNConverter ();
```

```
                              }
                         };
             EventQueue.invokeLater (r);
        }
    }
```

假如您想转换的是一个顶层域名.museum。根据 http://about.museum，该域"was created by and for the global museum community"。国际博物馆理事会(International Council of Museums，ICOM)是一个国际化的博物馆组织，致力于保留所有自然和文化遗产。该组织为其所有的各个国家成员提供了本地语言的".museum"域名。如，为塞浦路斯国家委员会(Cypriot National Committee)所提供的域名(可以从 http://about.museum/idn/issues.html 上的"The Internationalized Domain Names (IDN) in .museum – Orthographic issues"文档中获取)就是一个例子。该域名及其 ACE 形式如图 8-1 所示。

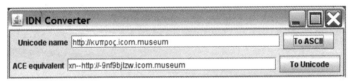

图 8-1　单击相应的按钮可以将域名从其 Unicode 表示或 ACE 表示转换成另外一种形式

8.2.2　一个更好的浏览器

第 4 章介绍了一个简单 Web 浏览器应用程序的两个不同版本(参见代码清单 4-1 和代码清单 4-7)。该应用程序可以通过添加对国际化域名的支持来进行改进。具体说来，绑定到 txtURL 组件的动作监听器可以从以下代码：

```
Component c = tp.getSelectedComponent ();
JScrollPane sp = (JScrollPane) c;
c = sp.getViewport ().getView ();
JEditorPane ep = (JEditorPane) c;
ep.setPage (ae.getActionCommand ());
```

转换成如下代码：

```
Component c = tp.getSelectedComponent ();
JScrollPane sp = (JScrollPane) c;
c = sp.getViewport ().getView ();
JEditorPane ep = (JEditorPane) c;
String url = ae.getActionCommand ().toLowerCase ();
if (url.startsWith ("http://"))
    url = url.substring (7);
ep.setPage ("http://"+IDN.toASCII (url));
```

需要一个 if 语句以防止 http://被包含在传递给 IDN.toASCII()方法的字符串中。尽管这些方法能够处理完整域名，但是它们并不能处理 http://前缀。图 8-2 给出从 Bücher.ch 域中获取的某个页面在 IDNA 感知的浏览器上显示的内容，其中 Bücher 是德语书籍，而

ch 是瑞士的国家代码。

图 8-2　由于 if 语句的存在，现在可以将地址设置为带 http://或不带 http://

　　但是，该浏览器并不能为每个有效的 IDN 显示一个页面。例如，如果将这两个 IDN 中的第二个 IDN 设置为 *The Java Tutorial* 的 Internationalized Domain Name 页面 (http://java.sun.com/docs/books/tutorial/i18n/network/idn.html)，服务器将返回一个 403 Forbidden 消息，而浏览器则在一个错误对话框中显示相应的信息。

　　显然，该站点的服务器程序检查浏览器的 User-Agent 头以确保它可以识别该浏览器，并发送 403 响应给任何它不能识别的浏览器。为了验证这种情况确实是因此产生的，创建了一个通过模拟 Firefox Web 浏览器绕过该错误的应用程序，该应用程序的源代码如代码清单 8-3 所示。www.xn--80a0addceeeh.com 是第二个 IDN 的 ACE 等价。

代码清单 8-3　Bypass403.java

```java
//Bypass403.java

import java.io.*;

import java.net.*;

import java.util.*;

class Bypass403
{
  public static void main (String [] args) throws Exception
  {
    URL url = new URL ("http://www.xn--80a0addceeeh.com");
    URLConnection urlc = url.openConnection ();
    urlc.setRequestProperty ("User-Agent", "Mozilla 5.0 (Windows; U; "+
                             "Windows NT 5.1; en-US; rv:1.8.0.11) "+
                             "Gecko/20070312 Firefox/1.5.0.11");

    InputStream is = urlc.getInputStream ();
    int c;
```

```
        while ((c = is.read ()) != -1)
            System.out.print ((char) c);
    }
}
```

urlc.setRequestProperty()方法调用使得在运行该方法时看到网页的内容而不是处理一个抛出的 IOException 异常。尽管对于简单的 Web 浏览器而言,javax.swing.JEditorPane 的 setPage()方法很容易就能解决该问题,但是该方法的设计目标并不是为了模拟各种 Web 浏览器。

注意

IDN 已经涉及到了电子欺骗。为了更好地了解该内容,请查阅维基百科的 Internationalized domain name 条目(http://en.wikipedia.org/wiki/Internationalized_domain_name#Spoofing_concerns)的 "Spoofing concerns" 部分。同时还可以参考 "Unicode Security *Considerations*"(http://www.unicode.org/reports/tr36/),这是一个来自于 Unicode Consotrium 的一篇 Unicode 技术报告。

8.3   轻量级 HTTP 服务器

尽管有人反对(参见 Bug 6270015 "Support a lightweight HTTP server API", (支持一个轻量级 HTTP 服务器 API)),Sun 公司还是在 Java SE 6 中包含了一个轻量级的 HTTP 服务器。该服务器实现支持 HTTP 和 HTTPS 协议,其 API 可以用于将一个 HTTP 服务器嵌入到您自己的应用程序中。

注意

Sun 公司引入轻量级 HTTP 服务器的目的是为了方便 Web 服务的测试。第 10 章将演示该任务。

尽管 Sun 公司支持轻量级 HTTP 服务器(参见 http://java.sun.com/javase/6/docs/jre/api/net/httpserver/spec/index.html),但是该服务器并不是 Java SE 6 的一个正式部分。这也就意味着并不能保证在非 Sun 公司实现的 Java SE 6 中该服务器还可用。因此,HTTP 服务器 API 并不是存储在诸如 java.net.httpserver 和 java.net.httpserver.spi 之类的包中,而是存储在以下的包中:

- com.sun.net.httpserver:构建内嵌式 HTTP 服务器的高层 HTTP 服务器 API。
- com.sun.net.httpserver.spi:为用其他的实现替代 HTTP 服务器实现的可插拔式服务提供者 API。

com.sun.net.httpserver 包包含了一个 HttpHandler 接口,必须实现该接口以处理 HTTP 请求/响应之间的信息交换。该包还包含了 17 个类;表 8-3 描述了其中最重要的 4 个类。

表 8-3 com.sun.net.httpserver 中的重要类

HttpServer	实现一个简单的 HTTP 服务器,该服务器绑定到一个 IP 地址和一个端口,并监听来源于客户端的输入 TCP 连接。HttpServer 可以由一个或多个相关的 HttpHandler 处理请求和创建响应
HttpsServer	一个对 HTTPS 提供支持的子类。该类必须和 HttpsConfigurator 对象相关联,以为各个进入的安全套接字层(Secure Sockets Layer,SSL)连接配置 HTTPS 参数
HttpContext	描述了一个统一资源标识符(Uniform Resource Identifier,URI)的根路径和为了处理这些请求目标路径所调用的 HttpHandler 之间的映射关系
HttpExchange	封装了一个单一的 HTTP 请求及其响应。该类的一个实例将被传递给 HttpHandler 的 void handle(HttpExchange exchange)方法以处理指定的请求并产生相应的响应

使用一个轻量级的 HTTP 服务器包含 3 个任务:

创建服务器:抽象的 HttpServer 类提供了一个 public static HttpServer create (InetSocketAddress addr,int backlog)方法以创建一个处理 HTTP 协议的服务器。该方法的 addr 参数指定一个包含服务器监听套接字的 IP 地址和端口号的 java.net.InetSocketAddress 对象。而 backlog 参数则指定了在等待服务器接受时,排队的最大 TCP 连接数。如果该参数为一个小于或者等于零的数将导致方法使用系统的默认值。此外,也可以调用 HttpServer 的 public static HttpServer create()方法来创建一个不绑定到某个地址/端口的服务器。如果选择了该方式建立服务器,那么将需要在使用该服务器之前调用 HttpServer 的 public abstract void bind(InetSocketAddress addr, int backlog)方法。

创建一个上下文:在创建服务器以后,需要创建至少一个上下文(context),从而将一个 URI 根路径映射到 HTTPHandler 实现。上下文有助于您组织由服务器(通过 HTTP 处理器)运行,而由 HttpContext 类表示的应用程序(HttpServer 的 JDK 文档演示了输入请求 URI 如何映射到 HttpContext 路径)。调用 HttpServer 的 public abstract HttpContext createContext(String path, HttpHandler handler)方法可以创建一个上下文,其中 path 指定 URI 根路径,而 handler 则指定处理所有针对该路径的请求的 HttpHandler 实现。如果您愿意,可以调用 public abstract HttpContext createContext(String path)方法而不用指定初始处理器。稍后,再通过 HttpContext 的 public abstract void setHandler(HttpHandler h)方法指定该处理器。

启动服务器:在创建该服务器以及至少一个上下文后(包括一个合适的处理器),最后的任务就是启动服务器。该步骤可以通过调用 HttpServer 的 public abstract void start() 方法来完成。

为了演示这三个任务,创建一个最小的 HTTP 服务器应用程序。该应用程序的源代码如代码清单 8-4 所示。

代码清单 8-4　MinimalHTTPServer.java

```java
//MinimalHTTPServer.java

import java.io.*;

import java.net.*;

import java.util.*;

import com.sun.net.httpserver.*;

public class MinimalHTTPServer
{
  public static void main (String [] args) throws IOException
  {
    HttpServer server = HttpServer.create (new InetSocketAddress (8000), 0);
    server.createContext ("/echo", new Handler ());
    server.start ();
  }
}

class Handler implements HttpHandler
{
  public void handle (HttpExchange xchg) throws IOException
  {
    Headers headers = xchg.getRequestHeaders ();
    Set<Map.Entry<String, List<String>>> entries = headers.entrySet ();

    StringBuffer response = new StringBuffer ();
    for (Map.Entry<String, List<String>> entry: entries)
        response.append (entry.toString ()+"\n");

    xchg.sendResponseHeaders (200, response.length ());
    OutputStream os = xchg.getResponseBody ();
    os.write (response.toString ().getBytes ());
    os.close ();
  }
}
```

该处理器演示了三个 HttpExchange 的方法：

- public abstract Headers getRequestHeaders()返回一个 HTTP 请求头的永久映射。
- public abstract void sendResponseHeaders(int rCode, long responseLength)首先使用响应头的当前设置将响应发送回客户端，然后发送一个由 rCode;200 标识的数字代码表示请求成功。
- public abstract OutputStream getResponseBody()返回一个输出流到响应体输出。该方法必须在调用 sendResponseHeaders()之后调用。

所有这些方法一起用于将输入请求的头返回给客户端。图 8-3 显示了将 http://localhost:8000/echo 发送给服务器之后的这些请求头。注意，在 echo 之前放置任意的路径项，服务器将返回一个 404 Not Found 页面。

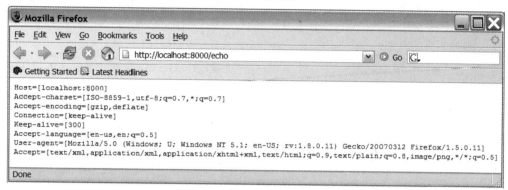

图 8-3 将一个输入请求的头返回给客户端

在调用 start()之前，可以指定一个 java.util.concurrent.Executor 来处理所有的 HTTP 请求。该任务是通过调用 HttpServer 的 public abstract void setExecutor(Executor executor) 方法来完成的。也可以调用 public abstract Executor getExecutor()方法来返回当前的执行器(如果没有设定执行器，那么返回值为 null)。如果在启动服务器之前没有调用 setExecutor()方法，或者将 null 传递给了该方法，那么将使用基于由 start()所创建线框的默认实现来处理请求。

可以通过调用 HttpServer 的 public abstract void stop(int delay)方法来停止一个已经启动的服务器。该方法将关闭监听套接字，并阻止所有排队的交换信息被处理。然后，它将被阻塞，直到所有当前交换处理器结束或者是 delay 秒超时(哪个先完成，按哪个执行)。如果 delay 小于 0，那么该方法将抛出一个 IllegalArgumentException 异常。接着，所有打开的 TCP 连接被关闭，由 start()方法创建的线程结束。一个已停止的 HttpServrer 是不能重新启动的。

8.4 网络参数

Java 1.4 引入了 java.net.NetworkInterface 类根据接口名(如 le0)和一个 IP 地址列表来表示一个网络接口(network interface，网络和计算机之间的连接点)。尽管一个网络接口通常实现为一个物理的网络接口卡，它也可以在软件中实现。例如，回送接口(loopback interface)就是一个基于软件的网络接口，该接口的输出数据循环返回为输入数据，这对于测试客户端是非常有用的。

一个物理网络接口可以被逻辑地分为多个虚拟子接口(virtual subinterface)。虚拟子接口通常用于路由和交换。这些子接口可以按照层次化结构来组织，其中物理网络接口用作根。Java SE 6 在 NetworkInterface 中添加了新的方法，使用户可以访问该层次结构以及其他的一些网络参数。表 8-4 描述了这些新的方法。

表 8-4   新的 NetworkInterface 方法

方 法	描 述
public byte[] getHardwareAddress()	返回一个表示该网络接口硬件地址的字节数组,该地址通常称为媒体访问控制(media access control,MAC)地址。如果该接口没有一个 MAC 地址,或者是地址不可访问(也许用户没有足够的特权),则该方法将返回 null。如果在方法执行时发生了 I/O 错误,则该方法将抛出一个 java.net.SocketException 异常
public List<InterfaceAddress> getInterfaceAddresses()	返回一个包含该网络接口的接口地址列表
public int getMTU()	返回该网络接口的最大传输单元(maximum transmission unit,MTU)。如果发生 I/O 错误,则该方法将抛出一个 java.net.SocketException 异常
public NetworkInterface getParent()	如果该网络接口是子网络接口,则返回该网络接口的父 NetworkInterface。如果该网络接口没有父网络接口,或者是该接口是一个物理(非虚拟)接口,那么该方法返回 nul
public Enumeration<NetworkInterface> getSubInterfaces()	返回一个绑定到该网络接口的子接口的 java.util.Enumeration 对象。例如,eth0:1 是 eth0 的子接口
public boolean isLoopback()	如果该网络接口将输出数据返回给自身作为输入数据,那么该方法返回 true。如果发生 I/O 错误,那么该方法抛出一个 SocketException 异常
public boolean isPointToPoint()	如果该网络接口是一个点到点的接口(例如,通过调制解调器的一个 PPP 连接),那么该方法返回 true。如果发生 I/O 错误,那么该方法抛出一个 SocketException 异常
public boolean isUp()	如果该网络接口是开的(路由信息已经建立)并且正在运行(系统资源已经分配),那么该方法返回 true。如果发生 I/O 错误,那么该方法抛出一个 SocketException 异常
public boolean isVirtual()	如果该网络接口是一个虚拟子接口,则该方法返回 true
public boolean supportsMulticast()	如果该网络接口支持向多个客户端发送相同信息的能力,则该方法返回 true。如果发生 I/O 错误,那么该方法抛出一个 SocketException 异常

getInterfaceAddresses() 方法返回一个 java.net.InterfaceAddress 对象列表。一个 java.net.InterfaceAddress 对象包含一个网络接口的 IP 地址、广播地址(IPv4)和子网掩码

(IPv4)或者是网络前缀长度(IPv6)。出于安全的原因，该列表并不包含那些对应的
java.net.InetAddress 已经被安装的安全管理器拒绝的 InterfaceAddress。表 8-5 给出了
InterfaceAddress 方法的一个完整列表。

表 8-5　InterfaceAddress 方法

方 法	描 述
public boolean equals(Object obj)	比较该 InterfaceAddress 和 obj。如果 obj 也是一个 InterfaceAddress，并且如果两个对象包含相同的 InetAddress、同样的子网掩码/网络前缀长度(依赖于是 IPv4 或 IPv6)以及同样的广播地址，那么该方法返回 true
public InetAddress getAddress()	将该 InterfaceAddress 的 IP 地址作为一个 InetAddress 对象返回
public InetAddress getBroadcast()	返回该 InterfaceAddress 的广播地址(IPv4)或者 null(IPv6)；IPv6 不支持广播地址
public short getNetworkPrefixLength()	返回该 InterfaceAddress 的网络前缀长度(IPv6)或者子网掩码(IPv4)。JDK 文档显示典型的 IPv6 值是 128(::1/128) 和 10(fe80::203:baff:fe27:1243/10)。典型的 IPv4 值是 8(255.0.0.0)、16(255.255.0.0)和 24(255.255.255.0)
public int hashCode()	返回该 InterfaceAddress 的散列码。该散列码是 InetAddress 的散列码、广播地址(如果有的话)的散列码以及网络前缀长度的组合
public String toString()	返回该 InterfaceAddress 的字符串表示。该表示的形式为 InetAddress / network prefix length [broadcast address]

　　可以使用这些方法来收集平台上的网络接口的有用信息。例如，代码清单 8-5 给出
了一个应用程序。该应用程序循环所有的网络接口，对每个接口调用表 8-4 中所示的方
法确定网络接口是否为回送接口、确定网络接口是否已经打开并正在运行、获取网络接
口的 MTU、确定该网络接口是否支持多播，并枚举该网络接口的所有虚拟子接口。

代码清单 8-5　NetParms.java

```java
//NetParms.java

import java.net.*;

import java.util.*;

public class NetParms
{
  public static void main (String [] args) throws SocketException
```

```
  {
    Enumeration<NetworkInterface> eni;
    eni = NetworkInterface.getNetworkInterfaces ();
    for (NetworkInterface ni: Collections.list (eni))
    {
        System.out.println ("Name = "+ni.getName ());
        System.out.println ("Display Name = "+ni.getDisplayName ());
        System.out.println ("Loopback = "+ni.isLoopback ());
        System.out.println ("Up and running = "+ni.isUp ());
        System.out.println ("MTU = "+ni.getMTU ());
        System.out.println ("Supports multicast = "+
                            ni.supportsMulticast ());
        System.out.println ("Sub-interfaces");
        Enumeration<NetworkInterface> eni2;
        eni2 = ni.getSubInterfaces ();
        for (NetworkInterface ni2: Collections.list (eni2))
            System.out.println (" "+ni2);
        System.out.println ();
    }
  }
}
```

编译该源代码并运行该应用程序。您将看到类似于以下结果的输出(该结果显示本机的网络接口中没有虚拟子接口):

```
Name = lo
Display Name = MS TCP Loopback interface
Loopback = true
Up and running = true
MTU = 1520
Supports multicast = true
Sub-interfaces

Name = eth0
Display Name = NVIDIA nForce Networking Controller - Packet Scheduler
              Miniport
Loopback = false
Up and running = true
MTU = 1500
Supports multicast = true
Sub-interfaces

Name = ppp0
Display Name = WAN (PPP/SLIP) Interface
Loopback = false
Up and running = true
MTU = 1480
Supports multicast = true
Sub-interfaces
```

该输出展示了每个网络的接口具有不同的 MTU 大小。不同的大小表示通过该接口不需要分割成多个 IP 数据包(IP datagram)而用一个 IP 数据包发送的消息的最大长度。该碎片具有性能蕴含式,尤其是在网络游戏中。因此,getMTU()方法是一个非常有用的方法。

8.5 SPNEGO HTTP 认证

Java SE 6 支持 Microsoft 的协商 HTTP 认证模式。该特性就是 Bug 6260541"SPNEGO HTTP authentication"(SPNEGO HTTP 认证, http://bugs.sun.com/bugdatabase/view_bug.do? bug_id=6260531)中的 SPNEGO。并且,该特征在 JDK 文档(http://java.sun.com/javase/6/ docs/technotes/guides/net/http-auth.html)的"Http Authentication"中进行了描述。如果您已经理解了 HTTP 认证,那么该文档将非常易于理解,但是如果从未接触过该问题,那么要理解的话还是有一定的难度。因此,这一部分将简单回顾一下 HTTP 认证,从而澄清一些误区。

8.5.1 质疑-响应机制、证书和认证模式

根据 RFC1945:Hypertext Transfer Protocol-HTTP/1.0(http://www.ietf.org/rfc/rfc1945.txt) 介绍,HTTP 1.0 提供了一个简单的质疑-响应机制。服务器可以利用该机制来质疑客户端的请求以访问某些资源。进一步,客户端可以使用该机制来提供相应的证书(通常为用户名和密码)来证明客户端的身份。如果提供的证书满足服务器的要求,那么用户将被授权访问该资源。

为了质疑客户端,发起质疑的服务器需要发布一个 401 Unauthorized 消息。该消息包含一个 WWW-Authentication 域,该域通过一个不区分大小写的令牌标识一个认证模式(authentication scheme)。该令牌之后的,一个由逗号隔开的属性/值对序列提出了执行认证所必需的模式特有的参数。客户端回复一个 Authorization 头字段以提供证书。

注意

HTTP 1.1 使用一个代理来认证一个客户端成为可能。为了质疑客户端,代理服务器发送一个 407 Proxy Authentication Required 消息,该消息包括一个 Proxy-Authenticate 头域。客户端通过一个 Proxy-Authorization 字段来回复。

8.5.2 基本认证模式和 Authenticator 类

HTTP 1.0 引入了基本认证模式(basic authentication scheme)。利用该模式,客户端可以通过用户名和密码来标识自身。基本认证模式的工作流程如下:
- WWW-Authentication 头指定 Basic 作为令牌,并指定为一个 realm="quoted string" 对以标识被浏览器地址所引用的领域(realm,资源隶属的受保护空间,如特定组的 Web 页面)。
- 为了响应该头,浏览器显示一个对话框让用户输入用户名和密码。

- 一旦输入完成，用户名和密码将连接成一个字符串(在用户名和密码之间插入了一个冒号)，该字符串是 base-64 编码的。所得到的字符串将放置在 Authorization 请求头中，并发回给服务器(想了解更多关于 base-64 编码的知识，请查阅 http://en.wikipedia.org/wiki/Base64 上的 Base64 条目)。
- 服务器 base64 解码这些证书，并将解码结果和存储在它用户名/密码数据库中的值进行比较。如果匹配，那么应用程序将被授权访问该资源(以及所有属于该领域的其他资源)。

康奈尔大学图书馆提供了一个站点以测试基本认证模式。如果在浏览器中指定 http://prism.library.cornell.edu/control/authBasic/authTest，您将被一个 401 响应提出质疑，如代码清单 8-6 中的应用所示。

代码清单 8-6 BasicAuthNeeded.java

```
//BasicAuthNeeded.java

import java.net.*;

import java.util.*;

public class BasicAuthNeeded
{
  public static void main (String [] args) throws Exception
  {
    String s;
    s = "http://prism.library.cornell.edu/control/authBasic/authTest";
    URL url = new URL (s);

    URLConnection urlc = url.openConnection ();

    Map<String,List<String>> hf = urlc.getHeaderFields ();
    for (String key: hf.keySet ())
        System.out.println (key+": "+urlc.getHeaderField (key));

    System.out.println (((HttpURLConnection) urlc).getResponseCode ());
  }
}
```

该应用程序连接到测试地址，并输出所有的头字段和响应代码。编译该源代码后运行该应用程序。将看到类似于以下的输出：

```
null: HTTP/1.1 401 Authorization Required
WWW-Authenticate: Basic realm="User: test Pass:"
Date: Wed, 02 May 2007 19:18:55 GMT
Transfer-Encoding: chunked
Keep-Alive: timeout=15, max=99
Connection: Keep-Alive
Content-Type: text/html; charset=iso-8859-1
```

```
Server: Apache/1.3.33 (Unix) DAV/1.0.3 PHP/4.3.10 mod_ssl/2.8.22
OpenSSL/0.9.7d401
```

WWW-Authentication 头的 realm 属性将 test 作为用户名。尽管没有显示，realm 的密码是 this。为了将该用户名和密码传回给 HTTP 服务器，应用程序必须使用 java.net.Authenticator 类，如代码清单 8-7 所示。

代码清单 8-7　BasicAuthGiven.java

```java
//BasicAuthGiven.java

import java.net.*;

import java.util.*;

public class BasicAuthGiven
{
    final static String USERNAME = "test";
    final static String PASSWORD = "this";

    static class BasicAuthenticator extends Authenticator
    {
        public PasswordAuthentication getPasswordAuthentication ()
        {
            System.out.println ("Password requested from "+
                                getRequestingHost ()+" for authentication "+
                                "scheme "+getRequestingScheme ());
            return new PasswordAuthentication (USERNAME, PASSWORD.toCharArray());
        }
    }

    public static void main (String [] args) throws Exception
    {
        Authenticator.setDefault (new BasicAuthenticator ());

        String s;
        s = "http://prism.library.cornell.edu/control/authBasic/authTest";
        URL url = new URL (s);

        URLConnection urlc = url.openConnection ();

        Map<String,List<String>> hf = urlc.getHeaderFields ();
        for (String key: hf.keySet ())
            System.out.println (key+": "+urlc.getHeaderField (key));

        System.out.println (((HttpURLConnection) urlc).getResponseCode ());
    }
}
```

由于 Authenticator 是抽象类,必须产生相应的子类。它的 protectedPasswordAuthentication getPasswordAuthentication()方法必须被重写以返回 java.net.PasswordAuthentication 对象中的用户名和密码。最后,必须调用 public static void setDefault(Authenticator a)方法从而为整个 JVM 安装一个 Authenticator 子类的实例。

在安装认证方之后,当 HTTP 服务器需要基本认证时,JVM 将调用 Authenticator 的 requestPasswordAuthentication()方法,而该方法又将调用重写的 getPasswordAuthentication() 方法。可以看到以下输出,这证明该服务器已经授权访问了:

```
Password requested from prism.library.cornell.edu for authentication scheme
basic
Password requested from prism.library.cornell.edu for authentication scheme
basic
null: HTTP/1.1 200 OK
Date: Wed, 02 May 2007 19:20:49 GMT
Transfer-Encoding: chunked
Keep-Alive: timeout=15, max=100
Connection: Keep-Alive
Content-Type: text/html
Server: Apache/1.3.33 (Unix) DAV/1.0.3 PHP/4.3.10 mod_ssl/2.8.22 OpenSSL/0.9.7d
200
```

8.5.3 摘要认证

由于基本认证模式假定在客户端和服务器之间有一个安全可靠的连接,因此它将证书公开传输(没有进行加密处理,base64 可以很容易地解码),这使得窃听者很容易就可以获取该信息。在 RFC 2616: Hypertext Transfer Protocol-HTTP 1.1 (http://www.ietf.org/rfc/rfc2616.txt) 中所描述的 HTTP 1.1 引入了一个摘要认证模式(digest authentication scheme)来弥补基本认证模式中的安全缺失问题。在摘要认证模式中,WWW-Authenticate 头将 Digest 指定为令牌,并指定 realm="quoted string"属性对。

摘要认证模式使用 MD5 来对密码进行加密。MD5 是一个单向的加密散列算法。它使用服务器所产生的一次使用的 nonces(该值随时间的变化而变化,如时间戳、访问者计数器)来防止重放(replay,也称为中间人(man-in-the-middle))攻击。尽管密码是安全的,但是其他数据是用普通文本传输的,偷听者仍然可以访问。同样,对于客户端来说,也没有方法确定它正在和适当的服务器通信(对于服务器来说,没有方法可以验证自身)。

摘要认证模式并未像基本认证模式一样被 Web 浏览器广泛支持。

8.5.4 NTLM 认证和 Kerberos 认证

Microsoft 开发了一个专有的 NTLM 认证模式(NTLM authentication schema)。该认证模式基于其 NT LAN Manager 认证协议,使得客户端可以通过它们的 Windows 证书来访问互联网信息服务器(Internet Information Server,IIS)。该认证模式通常用在那些单点登陆内部网站的公司环境下。在该模式中,WWW-Authentication 头指定 NTLM 为令牌;

且不设置 realm="quoted string" 对。和前面两种面向请求的模式不一样，NTLM 是面向连接的。

在上世纪 80 年代，MIT 为在大型分布网络上认证用户开发了 Kerberos 认证。该协议比 NTLM 更加灵活、高效。此外，Kerberos 还被认为更加安全。Kerberos 比 NTLM 的优势还包括对服务器更加高效的认证、支持互相认证以及将证书委托给远程机器。

8.5.5 GSS-API、SPNEGO 和协商认证模式

为了实现安全的网络应用程序，研究人员开发了各种安全服务。这些服务包括 Kerberos、NTLM 和 SESAME(Kerberos 的扩展)的多个版本。由于重新编写一个应用程序以删除其对一些安全服务器的依赖转而依赖其他的安全服务是非常困难的，因此研究人员开发了通用安全服务应用程序接口(Generic Security Services Application Program Interface，GSS-API)以提供标准的 API，从而简化对这些服务的访问。通常，安全服务提供商提供 GSS-API 的一个实现作为类库集，该类库在安装提供商的安全软件的同时安装，在 GSS-API 的背后是真正的 Kerberos、NTLM 或者其他的机制以提供证书。

注意

Microsoft 提供了它自己特有的 GSS-API 变体，即所谓的安全服务提供者接口 (Security Service Provider Interface，SSPI)。该接口是 Windows 所特有、在一定程度上能和 GSS-API 进行互操作。

一对网络端点可能有多个已经安装的 GSS-API 实现供选择。因此，这些端点将使用简单并受保护的 GSS-API 协商(Simple and Protected GSS-API Negotiation，SPNEGO)伪机制来标识共享的 GSS-API 机制，进行合适的选择，并在选择的基础上建立一个安全的上下文。

Microsoft 的协商认证模式(negotiate authentication scheme，在 Windows 2000 中引入)使用 SPNEGO 来选择一个 GSS-API 机制以实现 HTTP 认证。该模式目前仅仅支持 Kerberos 和 NTLM 认证。在集成的 Windows 认证(以前称为 NTLM 认证，也被称为 Windows NT Challenge/Response 认证)中，如果 Internet Explore 试图从 IIS 访问一个受保护的资源，IIS 将发送两个 WWW-Authentication 头给该浏览器。第一个头以 Negotiate 作为令牌；第二个头以 NTLM 作为令牌。由于 Negotiate 先列出，因此它将先由 Internet Explore 识别。如果识别了，则该浏览器将把 NTLM 和 Kerberos 信息返回给 IIS。当如下情况成立时，IIS 将使用 Kerberos：

- 客户端是 Internet Explore5.0 或以上版本。
- 服务器是 IIS 5.0 或者以上版本。
- 操作系统是 Windows 2000 或者以上版本。
- 客户端和服务器均是同一个域或者可信域中的成员。

否则，将使用 NTLM。如果 Internet Explore 不能识别 Negotiate，那么它将通过 NTLM 认证模式将 NTLM 信息返回给 IIS。

根据 JDK 文档的"Http Authentication"部分所述，客户端可以提供一个 Authenticator 子类。该子类的 getPasswordAuthentication()方法检查从 protected final String getRequesting Scheme()方法所返回的模式名以确定当前模式是否为"negotiate"。如果是，那么方法将把用户名和密码发送给 HTTP SPNEGO 模块(假设该模块是需要的——所有证书均未缓存)，如以下代码片段所示：

```
class MyAuthenticator extends Authenticator
{
  public PasswordAuthentication getPasswordAuthentication ()
  {
    if (getRequestingScheme().equalsIgnoreCase("negotiate"))
    {
        String krb5user; //假定为 Kerberos 5。
        char[] krb5pass;
        //用您自己的方式获取 krb5user 和 krb5pass。
        ...
        return (new PasswordAuthentication (krb5user, krb5pass));
    }
    else
    {
        ...
    }
  }
}
```

8.6 小结

Java SE 6 引入了多个新的网络特性，最重要的一个特性是 CookieManager 类。该类提供了 CookieHandler 类的一个具体实现，并使用了一个 cookie 仓库和 cookie 策略，从而使得 HTTP 协议处理器和应用程序都可以处理 cookie。

由于全世界的用户都愿意注册和访问一些使用本国语言所特有字符表示的域名，因此 Internet Engineering Task Force 的 Network Working Group 引入了对国际化域名的支持。该支持包含 ToASCII 和 ToUnicode 两个操作。这两个操作指定了如何在 ASCII 域名和非 ASCII 域名之间进行翻译。Java SE 6 通过一个 IDN 类及其方法支持这些操作。

Sun 公司在 Java SE 6 中包含了一个轻量级的 HTTP 服务器，该服务器对于测试 Web 服务非常有用。该服务器的实现支持 HTTP 和 HTTPS 协议。其 com.sun.net.httpserver 包包含 17 个类，而其中 HttpServer、HttpsServer、HttpContext 和 HttpExchange 4 个类最为重要。

Java SE 6 在 NetworkInterface 类中添加一些新的方法可以访问物理网络接口的多个虚拟子接口层次结构，以及其他参数，如最大传输单元。NetworkInterface 的 getInterfaceAddresses()返回一个 InterfaceAddress 对象列表以表示网络接口的 IP 地址、广播地址(IPv4)，以及子网掩码(IPv4)或者网络前缀长度(IPv6)。

最后，Java SE 6 支持 Microsoft 的协商 HTTP 认证模式。为了理解该模式，首先需要理解 HTTP 认证的基础。该基础首先介绍了质疑-响应机制、证书和认证模式，接着介绍了基本认证模式、摘要认证模式、NTLM 认证模式和 Kerberos 论证模式；最后介绍了 GSS-API、SPNEGO 和协商模式。

8.7 练习

您对 Java SE 6 中新的网络特性理解如何？通过回答下面问题，测试您对本章内容的理解(参考答案见附录 D)。

(1) 在代码清单 8-1 中，如果将 new URL (args [0]).openConnection ().getContent ();放在 CookieManager cm = new CookieManager();之前会出现什么问题？为什么？

(2) 在 IDN 的一对方法中，当输入字符串不满足 RFC3490 规范时，是哪个方法将抛出 IllegalArgumentException 异常，toASCII()还是 toUnicode()？

(3) 用另一个处理器扩展 MinimalHTTPServer(代码清单 8-4)，该处理器和/date 根 URI 对应。无论用户何时输入 http://localhost:8000/date，服务器都将返回一个用粗体居中显示当前日期的 HTML 页面。假定为默认地区。

(4) 扩展网络参数应用(代码清单 8-5)以获取每个网络接口的所有可访问 InterfaceAddress。输出各个 InterfaceAddress 的 IP 地址、广播地址和网络前缀长度/子网掩码。

第 9 章

脚　　本

JavaScript、Ruby、PHP 以及其他脚本语言均是开发基于 Web(和其他类型)应用程序的最流行的脚本语言选择。Java SE 6 认识到了这一点，并提供一个新的 Scripting API 让您可以开发部分基于 Java、部分基于脚本语言的应用程序。本章主要通过讨论以下的几个方面来研究 Scripting API：

- Scripting API 基础
- Scripting API 和 JEditorPane
- 支持 JRuby 和 JavaFX Script 的 Scripting API

注意

维基百科的 Scripting language 条目(http://en.wikipedia.org/wiki/Scripting_language)表明 Ruby 和 PHP 属于脚本语言中通用目标动态语言的范畴。为了和 Scripting API 的术语保持一致，本章中将使用脚本语言而不使用动态语言。

9.1　Scripting API 基础

Scripting API 是根据 JSR 223:Scripting for Java Platform(JSR 223:Java 平台上的脚本)开发的。该规范的细节页面(http://www.jcp.org/en/jsr/detail?id=223)将该规范介绍为"描述了一种允许脚本语言程序访问 Java 平台上开发的信息，并允许在 Java 服务器端应用程序中使用脚本语言页面的机制"。可以通过单击该页面上的相应链接来下载该规范的最新版本。尽管 JSR 223 的 Scripting API 对于 Web 应用程序和非 Web 应用程序都非常有用，但是本章将主要集中讨论在非 Web 应用程序中的使用。

注意

JSR 233 规范的早期版本曾引入过 Web 脚本框架(Web Scripting Framework)以实现在任意的 servlet 容器内产生 Web 内容。随着该规范变得越来越普遍，Web 脚本框架已经被认为是可选的了，因此它的 javax.scripting.http 包也没有包含在 Java SE 6 中。

Scripting API 被赋予了 javax.script 包名。该包由 6 个接口、5 个常规类和 1 个异常类组成。所有这些类一起定义了一个脚本引擎(为一个软件组件，负责执行由基于脚本语言的源代码所指定的程序)，并为在 Java 程序中使用这些类提供了一个框架。表 9-1 描述了 javax.script 包中的类和接口。

表 9-1　Scripting API 类和接口

类/接口	描　述
AbstractScriptEngine	一个类，该类通过提供多个重载的 eval()方法来抽象一个脚本引擎
Bindings	一个接口，该接口描述了一个键/值对的映射，其中键和值均指定为 String 类型
Compilable	一个接口，该接口描述了一个允许脚本被编译成中间代码的脚本引擎。脚本引擎类可以选择实现该接口
CompiledScript	一个抽象类，该类可由存储编译结果的子类扩展
Invocable	一个接口，该接口描述一个允许 Java 代码直接调用脚本的全局函数和对象成员函数的脚本引擎。该接口也使脚本可以实现 Java 接口，而 Java 代码可以通过这些接口来调用脚本函数。脚本引擎类可以选择实现该接口
ScriptContext	一个用于连接具有一定作用范围(scope)的脚本引擎的接口。作用范围限定了哪个脚本引擎访问哪些键/值对。ScriptContext 还提供了一个读取器和多个写入器，脚本引擎可以利用这些读取器和写入器来执行输入/输出操作
ScriptEngine	表示一个脚本引擎的接口。该接口提供了相应的方法来计算脚本、设置和获取脚本变量，以及执行其他任务
ScriptEngineFactory	一个描述和实例化脚本引擎的接口。它提供了相应的方法以向外提供关于脚本引擎的元数据，如引擎的版本号
ScriptEngineManager	该类是 Scripting API 的入口。它发现并实例化脚本引擎工厂、提供相应的方法以允许应用程序枚举这些工厂，并从该工厂中检索出具有相应元数据(例如，正确的语言名和版本号)的一个脚本引擎。另外，它也提供多个方法通过扩展名、MIME 类型或者简称来获取脚本引擎。该类还维护一个全局范围(Global Scope)，该范围的键/值对对于所有由该脚本引擎管理器创建的脚本引擎均可用
ScriptException	一个描述语法错误以及脚本执行过程所发生的其他问题的类。类的成员存储问题发生的行号、列位置，以及包含正在执行脚本文件的文件名。这些信息的可用性依赖于问题发生的环境。例如，执行一个不是基于文件的脚本时所抛出的 ScriptException 异常将不可能记录文件名
SimpleBindings	一个提供 Bindings 简单实现的类。它由某种 java.util.Map 实现支持
SimpleScriptContext	一个提供 ScriptContext 简单实现的类

除了 javax.script 及其类和接口外，Java SE 6 还包括一个可以使用 JavaScript 的脚本引擎。该脚本引擎基于 Mozilla Rhino JavaScript 实现。查阅 Mozilla 的 Rhino: JavaScript for

Java page(http://www.mozilla.org/rhino/)以了解 Rhino 的相关内容。

注意

Mozilla Rhino 1.6R2 版包括在 Java SE 6 build 105 版本中。该实现包含 Mozilla Rhino 的大部分功能，但不包括 JavaScript 到字节码编译、用 JavaScript 扩展 Java 类和实现 Java 接口的 Rhino JavaAdapter(采用的是 Sun 公司的 JavaAdpater)、针对 XML 的 ECMAScript，以及 Rhino 命令行工具。但是该版本包含一个名为 jrunscript 的实验性命令行工具。本章稍后的"使用命令行脚本 shell"一节讨论了该工具。另外附录 B 也将详细介绍该工具。

9.1.1　通过脚本引擎管理器从工厂获取脚本引擎

在执行其他的脚本任务之前，Java 程序必须获取一个相应的脚本引擎。一个脚本引擎就是一个实现 ScriptEngine 接口或者扩展 AbstractScriptEngine 类的一个类的实例。Java 程序首先通过如下的一个构造函数创建一个 ScriptEngineManager 类的实例：

- public ScriptEngineManager()构造函数使用上下文类加载器和一种发现机制来定位 ScriptEngineFactory 提供者。如果调用该方法的线程的上下文类加载器可用，则使用该加载器；否则使用引导程序类加载器。
- public ScriptEngineManager(ClassLoader loader)构造函数使用指定的类加载器和发现机制来定位 ScriptEngineFactory 提供者。如果将 null 传递给 loader，那么该方法等价于调用前一个构造函数。

程序使用该 ScriptEngineManager 实例，并通过该类的 public List<ScriptEngineFactory> getEngineFactories()方法获取一个工厂的列表。对于每个工厂，ScriptEngineFactory 方法，如 String getEngineName()，返回描述该工厂的脚本引擎的元数据。代码清单 9-1 给出了一个演示大部分元数据方法的应用程序。

代码清单 9-1　EnumerateScriptEngines.java

```java
//EnumerateScriptEngines.java

import java.util.*;

import javax.script.*;

public class EnumerateScriptEngines
{
  public static void main (String [] args)
  {
    ScriptEngineManager manager = new ScriptEngineManager ();

    List<ScriptEngineFactory> factories = manager.getEngineFactories ();
    for (ScriptEngineFactory factory: factories)
    {
        System.out.println ("Engine name (full): "+
```

```
                                      factory.getEngineName ());
            System.out.println ("Engine version: "+
                                      factory.getEngineVersion ());
            System.out.println ("Supported extensions:");
            List<String> extensions = factory.getExtensions ();
            for (String extension: extensions)
                System.out.println (" "+extension);
            System.out.println ("Language name: "+
                                      factory.getLanguageName ());
            System.out.println ("Language version: "+
                                      factory.getLanguageVersion ());
            System.out.println ("Supported MIME types:");
            List<String> mimetypes = factory.getMimeTypes ();
            for (String mimetype: mimetypes)
                System.out.println (" "+mimetype);
            System.out.println ("Supported short names:");
            List<String> shortnames = factory.getNames ();
            for (String shortname: shortnames)
                System.out.println (" "+shortname);
            System.out.println ();
        }
    }
}
```

假如没有安装其他的脚本引擎，那么在 Java SE 6 build 105 上运行该应用程序，将看到如下的输出：

```
Engine name (full): Mozilla Rhino
Engine version: 1.6 release 2
Supported extensions:
  js
Language name: ECMAScript
Language version: 1.6
Supported MIME types:
  application/javascript
  application/ecmascript
  text/javascript
  text/ecmascript
Supported short names:
  js
  rhino
  JavaScript
  javascript
  ECMAScript
  ecmascript
```

该输出显示一个引擎可以有一个全称(如 Mozilla Rhino)和多个简称(如 rhino)。正如将看到的，简称比全称更有用。该结果还显示一个引擎可以和多个扩展名和多个 MIME 类型相关联，但是该引擎只能和一个脚本语言相关。

　　ScriptEngineFactory 的 getEngineName() 方法和其他一些元数据方法遵从
ScriptEngineFactory 的 Object getParameter(String key)方法。该方法返回该脚本引擎传递
给参数 key 的相应给定值，如果参数无法识别，则该方法返回 null。

　　如 getEngineName()之类的方法将 key 设置为相应的 ScriptEngine 常量以调用
getParameter() 方法，如 ScriptEngine.ENGINE。正如代码清单 9-2 所示，可以将
"THREADING"作为 key 传递以识别一个脚本引擎的线程行为。如果想并行计算多个脚
本，则需要知道脚本引擎的线程行为。如果引擎不是线程安全的，或者不是
"MULTITHREADED"、"THREAD-ISOLATED"和"STATELESS"这几个标识特定线程行为
的几个值之一，那么 getParameter()将返回 null。

代码清单 9-2　ThreadingBehavior.java

```
//ThreadingBehavior.java

import java.util.*;

import javax.script.*;

public class ThreadingBehavior
{
  public static void main (String [] args)
  {
    ScriptEngineManager manager = new ScriptEngineManager ();

    List<ScriptEngineFactory> factories = manager.getEngineFactories ();
    for (ScriptEngineFactory factory: factories)
        System.out.println ("Threading behavior: "+
                        factory.getParameter ("THREADING"));
  }
}
```

　　假定 Mozilla Rhino 1.6 的第二个版本是 Java SE 6 安装的唯一脚本引擎，
ThreadingBehavior 将输出 Threading behavior: MULTITHREADED。由于在一个线程上执
行某个脚本的结果可能对在另外一些线程上执行的脚本可见，因此脚本可以在不同的线
程上并行执行。查阅 ScriptEngineFactory SDK 文档的 getParameter()部分以了解更多关于
线程行为的知识。

　　在确定相应的脚本引擎之后，程序可以调用 ScriptEngineFactory 的 ScriptEngine
getScriptEngine()方法以返回和该工厂相关联的脚本引擎的一个实例。虽然该方法通常都
会返回一个新的脚本引擎，但是工厂实现可以轻松地完成对实现的汇集、重用和共享。
以下的代码段显示了如何完成该任务：

```
if (factory.getLanguageName ().equals ("ECMAScript"))
{
    engine = factory.getScriptEngine ();
    break;
```

```
}
```

将该代码片段考虑为代码清单 9-1 或 9-2 中 for(ScriptEngineFactory factory: factories) 循环的一部分；并且假定 ScriptEngine 变量 engine 已经存在。如果由该工厂所支持的脚本语言是 ECMAScript(在本例中语言版本不是问题)，那么从该工厂将可以获取一个脚本引擎，同时循环结束。

由于前面获取一个脚本引擎的方法非常麻烦，所以 ScriptEngineManager 提供了表 9-2 所示的 3 个方便的方法。这些方法可以基于文件扩展名(可能通过一个对话框选择脚本文件来获取扩展名)、MIME 类型(可能由一个服务器返回)，以及一个简称(可能从一个菜单中选择)来获取一个脚本引擎。

表 9-2　获取一个脚本引擎的 ScriptEngineManager 方便方法

方　　法	描　　述
public ScriptEngine getEngineByExtension(String extension)	创建并返回一个和给定扩展名相对应的脚本引擎。如果没有该类脚本引擎，则该方法将返回 null。如果将 null 传递给 extension，那么该方法将抛出一个 NullPointerException 异常
public ScriptEngine getEngineByMimeType(String mimeType)	创建并返回一个和给定 MIME 类型相对应的脚本引擎。如果没有该类脚本引擎，则该方法将返回 null。如果将 null 传递给 mimeType，那么该方法将抛出一个 NullPointerException 异常
public ScriptEngine getEngineByName(String shortName)	创建并返回一个和给定简称相对应的脚本引擎。如果没有该类脚本引擎，则该方法将返回 null。如果将 null 传递给 shortName，那么该方法将抛出一个 NullPointerException 异常

代码清单 9-3 给出了一个应用程序，该应用程序分别调用 getEngineByExtension()方法、getEngineByMimeType()方法和 getEngineByName()方法以获取一个 Rhino 脚本引擎实例。在这些场景背后，这些方法将考虑枚举的工厂，并调用 ScriptEngineFactory 的 getScriptEngine()方法以创建一个脚本引擎。

代码清单 9-3　ObtainScriptEngine.java

```java
//ObtainScriptEngine.java

import javax.script.*;

public class ObtainScriptEngine
{
  public static void main (String [] args)
  {
```

```
    ScriptEngineManager manager = new ScriptEngineManager ();

    ScriptEngine engine1 = manager.getEngineByExtension ("js");
    System.out.println (engine1);

    ScriptEngine engine2 =
      manager.getEngineByMimeType ("application/javascript");
    System.out.println (engine2);

    ScriptEngine engine3 = manager.getEngineByName ("rhino");
    System.out.println (engine3);
  }
}
```

在编译 ObtainScriptEngine.java 后，运行该应用程序将产生类似以下的输出，该输出表示返回不同的脚本引擎实例：

```
com.sun.script.javascript.RhinoScriptEngine@1f14ceb
com.sun.script.javascript.RhinoScriptEngine@f0eed6
com.sun.script.javascript.RhinoScriptEngine@691f36
```

一旦获取一个脚本引擎(通过 ScriptEngineFactory 的 getScriptEngine()方法或者 ScriptEngineManager 的 3 个方便方法之一)，程序就可以通过 ScriptEngine 中的 ScriptEngineFactory getFactory()方法方便地访问该引擎的工厂。程序也可以调用不同的 ScriptEngine 方法来计算脚本。

注意

ScriptEngineManager 提供了 public void registerEngineExtension(String extension, ScriptEngineFactory factory)、public void registerEngineMimeType(String type, ScriptEngineFactory factory)和 public void registerEngineName(String name, ScriptEngineFactory factory)方法来允许 Java 程序动态地将脚本引擎工厂注册到脚本引擎管理器。由于这些方法包含了发现机制，因此可以用自己的脚本引擎工厂和脚本引擎实现替换现有的脚本引擎工厂和脚本引擎。该自定义脚本引擎将在后续调用 getEngine 方法中返回。

9.1.2　计算脚本

在获取一个脚本引擎以后，Java 程序可以使用 ScriptEngine 中 6 个重载的 eval()方法来计算脚本。如果脚本中存在问题，各个方法都会抛出 ScriptException 异常。假设脚本计算成功，那么 eval()方法将把脚本的结果返回为某个 Object 对象，或者如果脚本并不返回一个值，那么方法返回 null。

最简单的 eval()方法是 Object eval(String script)和 Object eval(Reader reader)。前者被调用来计算表示为一个 String 类型对象的脚本；而后者则从其他的源(如某个文件)中读取一段脚本，然后计算该脚本。如果方法的参数为 null，那么各个方法都抛出一个 NullPointerException。代码清单 9-4 演示了这些方法。

代码清单 9-4　FuncEvaluator.java

```java
//FuncEvaluator.java

import java.io.*;

import javax.script.*;

public class FuncEvaluator
{
    public static void main (String [] args)
    {
      if (args.length != 2)
      {
          System.err.println ("usage: java FuncEvaluator scriptfile "+
                              "script-exp");
          return;
      }
      ScriptEngineManager manager = new ScriptEngineManager ();
      ScriptEngine engine = manager.getEngineByName ("rhino");

      try
      {
          System.out.println (engine.eval (new FileReader (args [0])));
          System.out.println (engine.eval (args [1]));
      }

      catch (ScriptException se)
      {
          System.err.println (se.getMessage ());
      }
      catch (IOException ioe)
      {
          System.err.println (ioe.getMessage ());
      }
    }
}
```

FuncEvaluator 使用 eval(Reader reader)计算基于 Rhino 脚本文件中的函数。它也使用 eval(String script)计算某个调用了函数的表达式。不管是脚本文件还是表达式都作为命令行参数传递给 FuncEvaluator。代码清单 9-5 给出了一个简单的脚本文件。

代码清单 9-5　stats.js

```javascript
function combinations (n, r)
{
    return fact (n)/(fact (r)*fact (n-r))
}
```

```
function fact (n)
{
    if (n == 0)
        return 1;
    else
        return n*fact (n-1);
}
```

Stats.js 文件将 combinations(n,r)和 fact(n)函数作为统计包的一部分。combinations(n, r)
函数使用阶乘函数来计算从 n 个项目中一次提取 r 个项目的不同组合数，并将其返回。
例如，在五张牌的扑克游戏中(每个玩家只拿五张牌)，从一副完整的牌中拿牌共有多少
种不同的拿法？

调用 java FuncEvaluator stats.js combinations(52,5)就可以得到相应的答案。在第一行
输出 null 后(表示 stats.js 不返回一个值)，FuncEvaluator 在下面一行中输出 2598960.0。从
combinations(52,5)中返回的 Double 值说明存在 2 598 960 种拿牌方法。

注意

维基百科的 Combination 条目 (http://en.wikipedia.org/wiki/Combination)介绍了组合
的 统 计 学 概 念。 另 外， 维 基 百 科 的 Five-card draw 条 目 (http://en.wikipedia.org/
wiki/Five-card_draw)介绍了五张牌扑克游戏的各种变体。

9.1.3　从脚本中交互 Java 类和接口

Scripting API 是和 Java 语言绑定(Java language binding)相关联的。Java 语言绑定是
一种特定机制，该机制允许脚本根据脚本语言的语法访问 Java 类和接口、创建对象并调
用方法。为了访问 Java 类和接口，该类型必须以全限定包名作为前缀。例如，在基于
Rhino 的脚本中，需要使用 java.lang.Math.PI 以访问 Java 中 Math 类的 PI 成员。相反，
指定 Math.PI 可以访问 JavaScript 中 Math 对象的 PI 成员。

为了避免在整个基于 Rhino 的脚本中指定包名，脚本可以使用 importPackage()和
importClass()两个内置函数来分别导入 Java 类型的整个包或只导入单个的 Java 类型。例
如，importPackage(java.awt);导入了 java.awt 包中的所有类型，而 importClass(java.awt.Frame);
仅仅从该包中导入 Frame 类型。

注意

根据 *Java Scripting Programmer's Guide*(http://java.sun.com/javase/6/docs/technotes/
guides/scripting/programmer_guide/index.html)，为了避免和 JavaScript 中同名的 JavaScript
类型——Object、Math、Boolean 等相冲突，默认情况下 java.lang 包是不导入的。

使用 importPackage()和 importClass()的问题是由于它们所导入的类在 JavaScript 的全
局变量范围内有效所导致的。Rhino 通过提供一个 JavaImporter 类克服了这个问题。
JavaImporter 类使用 JavaScript 的 with 语句指定类和接口在不需要从该语句的范围内指定
类和接口的包名。代码清单 9-2 中的 swinggui.js 脚本演示了 JavaImporter 的使用方法。

代码清单 9-6　swinggui.js

```
//swinggui.js

function creategui ()
{
  var swinggui = new JavaImporter (java.awt, javax.swing);
  with (swinggui)
  {
    println ("Event-dispatching thread: "+EventQueue.isDispatchThread ());
    var r = new java.lang.Runnable ()
            {
                run: function ()
                {
                    println ("Event-dispatching thread: "+
                            EventQueue.isDispatchThread ());

                    var frame = new JFrame ("Swing GUI");
                    frame.setDefaultCloseOperation (JFrame.EXIT_ON_CLOSE);

                    var label = new JLabel ("Hello from JavaScript",
                                            JLabel.CENTER);
                    label.setPreferredSize (new Dimension (300, 200));

                    frame. add (label);

                    frame.pack ();
                    frame.setVisible (true);
                }
            };
    EventQueue.invokeLater (r);
  }
}
```

该脚本通过 java FuncEvaluator swinggui.js creategui()在事件-派发线程上创建了一个
Swing GUI(包含一个标签)。JavaImorter 类从 java.awt 和 javax.swing 包中导入相应的类型,
这些包在 with 语句的范围内是可以访问的。由于 JavaImporter 并不引入 java.lang 中的类
型,因此 Runable 接口必须以 java.lang 为前缀。

注意
代码清单 9-6 显示 JavaScript 内实现 Java 的 Runnable 接口是通过类似于 Java 的匿名
内部类来实现的。可以从 *Java Scripting Programmer's Guide* 了解更多关于该 Java 交互特
性以及其他 Java 交互特性(如在 JavaScript 中创建和使用 Java 数组)的知识。

9.1.4　通过脚本变量和脚本通信

前面已经了解 eval()方法可将一段脚本的结果返回为一个对象。此外,Scripting API

还使 Java 程序可以通过脚本变量(script variable)将对象传递给脚本，以及将脚本变量的值作为一个对象获取。ScriptEngine 提供了 void put(String key, Object value)和 Object get(String key)方法来完成这些任务。如果 key 值为 null，那么这两个方法均抛出 NullPointerException 异常；如果 key 为空字符串，那么这两个方法均抛出 IllegalArgumentException 异常；如果 key 不是 String，那么(根据 SimpleBinding.java 的源代码显示)方法将抛出一个 ClassCastException 异常。代码清单 9-7 中的应用程序演示了 put()方法和 get()方法的使用方法。

代码清单 9-7 MonthlyPayment.java

```java
//MonthlyPayment.java

import javax.script.*;

public class MonthlyPayment
{
  public static void main (String [] args)
  {
    ScriptEngineManager manager = new ScriptEngineManager ();
    ScriptEngine engine = manager.getEngineByExtension ("js");

    //在计算该脚本之前，脚本变量 intrate、principle 和 months 都必须定义
    //(通过 put()方法)。

    String calcMonthlyPaymentScript =
      "intrate = intrate/1200.0;"+
      "payment = principal*intrate*(Math.pow (1+intrate, months)/"+
      "                            (Math.pow (1+intrate,months)-1));";

    try
    {
        engine.put ("principal", 20000.0);
        System.out.println ("Principal = "+engine.get ("principal"));
        engine.put ("intrate", 6.0);
        System.out.println ("Interest Rate = "+engine.get ("intrate")+"%");
        engine.put ("months", 360);
        System.out.println ("Months = "+engine.get ("months"));
        engine.eval (calcMonthlyPaymentScript);
        System.out.printf ("Monthly Payment = %.2f\n",
                           engine.get ("payment"));
    }
    catch (ScriptException se)
    {
        System.err.println (se.getMessage ());
    }
  }
}
```

MonthlyPayment 应用通过公式 MP=P*I*(1+I)^N/(1+I)^N-1 来计算某项债务的月支付额，其中 MP 为月支付额、P 为本金、I 为利率除以 1200，N 为分期偿还债务的月数。将 P 设置为 20000，I 设置为 6%、N 设置 360 个月，那么输出结果如下：

```
Principal = 20000.0
Interest Rate = 6.0%
Months = 360
Monthly Payment = 119.91
```

该脚本依赖于脚本变量 principal、intrate 和 months 的存在。这些变量(及其对象的值)通过 put()方法引入到该脚本中——20000.0 和 6.0 封装成 Double 类型；360 封装为一个整数。计算结果存储在 payment 脚本变量中。get()方法将该 Double 变量的值返回给 Java。如果 key 不存在，get()方法返回 null。

Java 程序可以自由选择语法正确的、基于字符串的 key(基于脚本语言的语法)作为某个脚本变量的变量名，除了以 javax.script 前缀开始的 key 外。Scripting API 将该前缀保留以用作特殊用途。表 9-3 列出了几个以此前缀开始的 key 以及对应的 ScriptEngine 常量。

表 9-3 保留 key 及其对应常量

Key	常 量	描 述
javax.script.argv	ARGV	一个参数的 Object[]数组
javax.script.engine	ENGINE	脚本引擎的全名
javax.script.engine_version	ENGINE_VERSION	脚本引擎的版本
javax.script.filename	FILENAME	被计算的脚本文件的文件名
javax.script.language	LANGUAGE	和脚本引擎相关联的脚本语言名
javax.script.language_version	LANGUAGE_VERSION	和脚本引擎相关联的脚本语言版本
javax.script.name	NAME	脚本引擎的简称

除了 ARGV 和 FILENAME 外，如 getEngineName()的 ScriptEngineFactory 方法将这些常量作为参数传递给前面讨论的 getParameter(String key)方法。而 Java 程序则通常将 ARGV 和 FILENAME 变量传递给一段脚本，如下例所示：

```
engine.put (ScriptEngine.ARGV, new String [] { "arg1", "arg2" });
engine.put (ScriptEngine.FILENAME, "file.js");
```

注意

Jrunscript 工具在使用 engine.put("arguments", args)方法之后使用 engine.put (ScriptEngine.ARGV，args)以使得某段脚本可以使用其命令行参数。它还使用 engine.put(ScriptEngine.FILENAME, name)使得被计算脚本文件的文件名对于某段脚本可用。jrunscript 工具将在本章稍后的"使用命令行脚本 shell"一节中予以讨论。

9.1.5　理解绑定和作用范围

put()方法和 get()方法均与一个内部用于存储键/值对的映射交互。它们通过实现 Binding 接口的类——如 SimpleBinding——的对象来访问该映射。为了确定脚本引擎可以访问哪些绑定(binding)对象，Scripting API 将每个绑定对象和一个作用范围(scope)标识符相对应：

- ScriptContext.ENGINE_SCOPE 常量标识引擎范围。一个和该标识符相关联的绑定对象在特定脚本引擎的整个生命周期内可见；如果您不和其他脚本引擎共享这些对象，那么其他脚本引擎将不能访问该绑定对象。ScriptEngine 的 put()方法和 get()方法总是可以和引擎范围内的绑定对象交互。
- ScriptContext.GLOBAL_SCOPE 常量标识全局范围。和该范围标识符相关联的绑定对象对所有创建于同一个脚本引擎管理器的脚本引擎均可见。ScriptEngineManager 的 public void put(String key, Object value)方法和 public Object get(String key)方法总是可以和全局范围内的绑定对象交互。

脚本引擎中任意作用范围的绑定对象都可以通过 ScriptEngine 的 Bindings getBindings(int scope)方法获得，只需要将 scope 设置为相应的常量即可。该对象可以通过 void setBindings(Bindings bindings, int scope)方法进行替换。ScriptEngineManager 的 public Bindings getBindings()方法和 public void setBindings(Bindings bindings)方法可以获取/替换全局绑定。

注意

为了和新创建的脚本引擎共享全局范围的绑定对象，ScriptEngineManager 的 getEngineByExtension()方法、getEngineByMimeType()方法和 getEngineByName()方法将参数 scope 设置为 ScriptContext.GLOBAL_SCOPE 以调用 ScriptEngine 的 setBindings()方法。

Java 程序可以通过 ScriptEngine 的 Bindings createBindings()方法创建一个空的 Binding 对象，并可以利用 ScriptEngine 的 getBindings()方法和 setBindings()方法使该新的绑定临时性地替换某脚本引擎的当前绑定对象。但是，将该对象传递给 Object eval(String script, Bindings n)方法和 Object eval(Reader reader, Bindings n)方法将显得更容易一些，这样也可以让当前绑定对象暂时不起作用。代码清单 9-8 给出了一个使用该方法的应用程序，该应用程序还演示了不同的面向绑定的方法的应用。

代码清单 9-8　GetToKnowBindingsAndScopes.java

```
//GetToKnowBindingsAndScopes.java

//import java.util.*;

import javax.script.*;

public class GetToKnowBindingsAndScopes
```

```
{
  public static void main (String [] args)
  {
    ScriptEngineManager manager = new ScriptEngineManager ();
    manager.put ("global", "global bindings");

    System.out.println ("INITIAL GLOBAL SCOPE BINDINGS");
    dumpBindings (manager.getBindings ());

    ScriptEngine engine = manager.getEngineByExtension ("js");
    engine.put ("engine", "engine bindings");

    System.out.println ("ENGINE'S GLOBAL SCOPE BINDINGS");
    dumpBindings (engine.getBindings (ScriptContext.GLOBAL_SCOPE));

    System.out.println ("ENGINE'S ENGINE SCOPE BINDINGS");
    dumpBindings (engine.getBindings (ScriptContext.ENGINE_SCOPE));

    try
    {
        Bindings bindings = engine.createBindings ();
        bindings.put ("engine", "overridden engine bindings");
        bindings.put ("app", new GetToKnowBindingsAndScopes ());
        bindings.put ("bindings", bindings);
        System.out.println ("ENGINE'S OVERRIDDEN ENGINE SCOPE BINDINGS");
        engine.eval ("app.dumpBindings (bindings);", bindings);
    }
    catch (ScriptException se)
    {
        System.err.println (se.getMessage ());
    }

    ScriptEngine engine2 = manager.getEngineByExtension ("js");
    engine2.put ("engine2", "engine2 bindings");

    System.out.println ("ENGINE2'S GLOBAL SCOPE BINDINGS");
    dumpBindings (engine2.getBindings (ScriptContext.GLOBAL_SCOPE));

    System.out.println ("ENGINE2'S ENGINE SCOPE BINDINGS");
    dumpBindings (engine2.getBindings (ScriptContext.ENGINE_SCOPE));

    System.out.println ("ENGINE'S ENGINE SCOPE BINDINGS");
    dumpBindings (engine.getBindings (ScriptContext.ENGINE_SCOPE));
  }

  public static void dumpBindings (Bindings bindings)
  {
    if (bindings == null)
        System.out.println (" No bindings");
```

```
else
    for (String key: bindings.keySet ())
        System.out.println (" "+key+": "+bindings.get (key));
    System.out.println ();
  }
}
```

由于全局绑定初始为空，因此应用程序添加了唯一的全局变量 global 到该绑定。然后，应用程序创建一个脚本引擎并将该唯一的引擎变量添加到脚本引擎的初始引擎绑定。接下来，应用程序创建一个空的绑定对象，并通过 Binding 接口的 Object put(String name, Object value)方法将一个新的引擎变量放在该绑定对象内。另外，新的 app 和 bindings 变量也添加到了该绑定对象，因此脚本可以调用应用程序的 dumpBindings(Bindings bindings)方法来展示传递进来的 Bindings 对象的条目。最后，应用程序创建第二个脚本引擎，并将一个 engine 条目(其值和第一个引擎的 engine 条目有所不同)添加到了其默认的引擎绑定中。所有这些工作导致最后应用程序输出类似如下内容：

```
INITIAL GLOBAL SCOPE BINDINGS
  global: global bindings

ENGINE'S GLOBAL SCOPE BINDINGS
  global: global bindings

ENGINE'S ENGINE SCOPE BINDINGS
  engine: engine bindings

ENGINE'S OVERRIDDEN ENGINE SCOPE BINDINGS
  app: GetToKnowBindingsAndScopes@1174b07
  println: sun.org.mozilla.javascript.internal.InterpretedFunction@3eca90
  engine: overridden engine bindings
  bindings: javax.script.SimpleBindings@64dc11
  context: javax.script.SimpleScriptContext@1ac1fe4
  print: sun.org.mozilla.javascript.internal.InterpretedFunction@161d36b

ENGINE2'S GLOBAL SCOPE BINDINGS
  global: global bindings

ENGINE2'S ENGINE SCOPE BINDINGS
  engine2: engine2 bindings

ENGINE'S ENGINE SCOPE BINDINGS
engine: engine bindings
```

输出结果显示所有的脚本引擎访问相同的全局绑定，同时各个引擎还有其自己私有的引擎绑定。结果还显示通过 eval()方法将一个绑定对象传递给一个脚本并不会影响脚本引擎的当前引擎绑定。最后，该结果显示了 3 个非常有趣的脚本变量——println、print 和 context。下一节将讨论这些变量。

提示

Bindings 接口提供了 void putAll(Map<? extends String,? extends Object> toMerge)方法。该方法对于将一个绑定对象的内容和另外一个绑定对象的内容进行合并是非常方便的。

9.1.6 理解脚本上下文

ScriptEngine 的 getBindings()和 setBindings()方法最终还是调用 ScriptContext 的等价同名方法来完成相应的工作。ScriptContext 描述了一个脚本上下文(script context)，脚本上下文链接脚本引擎和 Java 程序。ScriptContext 向外提供了全局和引擎绑定对象以及一个 Reader 和两个 Writer 以方便脚本引擎进行输入输出。

每个脚本都有一个默认的脚本上下文，脚本引擎的构造函数将其创建为 SimpleScriptContext 的一个实例。默认的脚本上下设置如下：

- 绑定的引擎范围初始设置为空。
- 没有全局范围。
- 创建一个 java.io.InputStreamReader 实例作为读取器，用于接收来源于 System.in 的输入。
- 创建两个 java.io.PrintWriter 实例作为书写器，用于将结果输出到 System.out 和 System.err。

注意

在 ScriptEngineManager 的 3 个 getEngine 方法均从引擎工厂获取一个脚本引擎后，每个方法均将一个引用保存在引擎的默认脚本上下文的共享全局范围内。

默认的脚本上下文可以通过 ScriptEngine 的 ScriptContext getContext()方法来获取，也可以通过相应的 void setContext(ScriptContext context)方法来进行替换。eval(String script)和 eval(Reader reader)方法用默认的脚本上下文作为参数调用 Object eval(String script, ScriptContext context)和 Object eval(Reader reader, ScriptContext context)方法。

相反，eval(String script, Bindings n)和 eval(Reader reader, Bindings n)方法则首先创建一个临时脚本上下文，并将其引擎绑定设置为 n、将其全局绑定设置为默认上下文的全局绑定。然后，这些方法以新创建的脚本上下文作为参数调用 eval(String script, ScriptContext context)和 eval(Reader reader, ScriptContext context)方法。

尽管可以创建自己的脚本上下文，并将其作为参数传递给 eval(String script, ScriptContext context)或者 eval(Reader reader, ScriptContext context)，但是也许会选择操作默认的脚本上下文。例如，如果想将某个脚本的输出发送到一个 GUI 的文本组件，可能会在默认的脚本上下文中安装一个新的书写器，如代码清单 9-9 所示。

代码清单 9-9　RedirectScriptOutputToGUI.java

```
//RedirectScriptOutputToGUI.java

import java.awt.*;
import java.awt.event.*;

import java.io.*;

import javax.script.*;

import javax.swing.*;

public class RedirectScriptOutputToGUI extends JFrame
{
   static ScriptEngine engine;

   public RedirectScriptOutputToGUI ()
   {
     super ("Redirect Script Output to GUI");

     setDefaultCloseOperation (EXIT_ON_CLOSE);

     getContentPane ().add (createGUI ());

     pack ();
     setVisible (true);
}

JPanel createGUI ()
{
  JPanel pnlGUI = new JPanel ();
  pnlGUI.setLayout (new BorderLayout ());

  JPanel pnl = new JPanel ();
  pnl.setLayout (new GridLayout (2, 1));

  final JTextArea txtScriptInput = new JTextArea (10, 60);
  pnl.add (new JScrollPane (txtScriptInput));

  final JTextArea txtScriptOutput = new JTextArea (10, 60);
  pnl.add (new JScrollPane (txtScriptOutput));

  pnlGUI.add (pnl, BorderLayout.NORTH);

  GUIWriter writer = new GUIWriter (txtScriptOutput);
  PrintWriter pw = new PrintWriter (writer, true);
  engine.getContext ().setWriter (pw);
  engine.getContext ().setErrorWriter (pw);
```

```java
            pnl = new JPanel ();

            JButton btnEvaluate = new JButton ("Evaluate");
            ActionListener actionEvaluate;
            actionEvaluate = new ActionListener ()
                        {
                            public void actionPerformed (ActionEvent e)
                            {
                                try
                                {
                                    engine.eval (txtScriptInput.getText ());
                                    dumpBindings ();
                                }
                                catch (ScriptException se)
                                {
                                    JFrame parent;
                                    parent = RedirectScriptOutputToGUI.this;
                                    JOptionPane.
                                        showMessageDialog (parent,
                                                            se.getMessage ());
                                }
                            }
                        };
            btnEvaluate.addActionListener (actionEvaluate);
            pnl.add (btnEvaluate);

            JButton btnClear = new JButton ("Clear");
            ActionListener actionClear;
            actionClear = new ActionListener ()
                        {
                            public void actionPerformed (ActionEvent e)
                            {
                                txtScriptInput.setText ("");
                                txtScriptOutput.setText ("");
                            }
                        };
            btnClear.addActionListener (actionClear);
            pnl.add (btnClear);

            pnlGUI.add (pnl, BorderLayout.SOUTH);

            return pnlGUI;
    }

    static void dumpBindings ()
    {
        System.out.println ("ENGINE BINDINGS");
        Bindings bindings = engine.getBindings (ScriptContext.ENGINE_SCOPE);
```

```
      if (bindings == null)
          System.out.println (" No bindings");
      else
          for (String key: bindings.keySet ())
              System.out.println (" "+key+": "+bindings.get (key));
      System.out.println ();
   }

   public static void main (String [] args)
   {
      ScriptEngineManager manager = new ScriptEngineManager ();
      engine = manager.getEngineByName ("rhino");
      dumpBindings ();
      Runnable r = new Runnable ()
                   {
                        public void run ()
                        {
                            new RedirectScriptOutputToGUI ();
                        }
                   };
      EventQueue.invokeLater (r);
   }
}

class GUIWriter extends Writer
{
   private JTextArea txtOutput;

   GUIWriter (JTextArea txtOutput)
   {
      this.txtOutput = txtOutput;
   }

   public void close ()
   {
      System.out.println ("close");
   }

   public void flush ()
   {
      System.out.println ("flush");
   }

   public void write (char [] cbuf, int off, int len)
   {
      txtOutput.setText (txtOutput.getText ()+new String (cbuf, off, len));
   }
}
```

RedirectScriptOutputToGUI 创建了一个 Swing GUI、该 GUI 包含两个文本组件和两个按钮。在上面的文本组件中输入基于 Rhino 的脚本之后，单击 Evaluate 按钮就可以计算该脚本。如果脚本中存在一个问题，那么将出现一个对话框以显示错误信息。否则，脚本的输出将显示在下面的文本组件上。单击 Clear 按钮将清空两个文本组件中的内容。图 9-1 显示了该 GUI。

为了将脚本的输出重定向到下面的文本组件，RedirectScriptOutputToGUI 创建了一个 GUIWriter 实例，并通过 ScriptContext 的 void setWriter(Writer writer)和 void setErrorWriter(Writer writer)方法使得脚本引擎可以利用该实例。尽管在本示例中没有使用相应的 Writer getWriter()和 Writer getErrorWriter()方法，但是 ScriptWriter 确实提供了这两个方法。

注意
ScriptContext 也提供了一个 void setReader(Reader reader)方法以改变脚本的输入源，同时还提供了一个 Reader getReader()方法以识别当前的输入源。

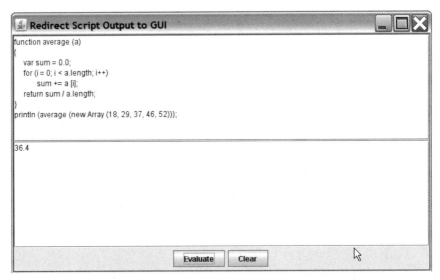

图 9-1　通过在默认的脚本上下文中安装一个新的书写器，可以将某段脚本
的输出发送到一个 GUI 的文本组件上

除了在 GUI 中显示脚本输出外，在启动该程序以及每次单击 Evaluate 按钮时，RedirectScriptOutputToGUI 也将引擎脚本的绑定输出到控制台窗口。最初，没有任何绑定。但是在单击 Evaluate 按钮以后，将看到在引擎绑定上的 context、print、println 脚本变量。

context 脚本变量描述了一个 SimpleScriptContext 对象，该对象使得脚本引擎可以访问该脚本上下文。Rhino 脚本引擎需要访问该脚本上下文以实现 print()和 println()函数。如果您在计算 println (println);脚本之后计算 println (print);脚本，将会发现类似如下的输出：

```
function println (str)
{
    print (str, true);
}

function print (str, newline)
{
  if (typeof (str) == "undefined")
  {
     str = "undefined";
  }
  else
  {
     if (str == null)
     {
         str = "null";
     }
  }
  var out = context.getWriter ();
  out.print (String (str));
  if (newline)
  {
     out.print ("\n");
  }
  out.flush ();
}
```

该 输 出 显 示 , 为 了 访 问 当 前 书 写 器 , context 脚 本 变 量 是 需 要 的 。 在 RedirectScriptOutputToGUI 应用程序中 GUIWriter 就是如此。该脚本变量可以用来访问参数或者脚本的文件名。例如, 如果该应用程序在由 ScriptEngine 变量 engine 所引用的脚本引擎上调用:

```
engine.put (ScriptEngine.ARGV, new String [] {"A", "B", "C"});
```

之后, 再调用:

```
engine.put (ScriptEngine.FILENAME, "script.js");
```

并且从该应用程序的 GUI 上计算该脚本:

```
println (context.getAttribute ("javax.script.filename"));
println (context.getAttribute ("javax.script.argv")[0]);
```

将看到下面的文本组件在输出 script.js 之后另起一行输出 A。

根据程序要求, 可能不想在默认的脚本上下文中使用新的书写器、绑定等。相反, 可能希望相同的脚本在不同的上下文中使用, 而将默认上下文保持不变。为了完成这个任务, 创建一个 SimpleScriptContext 实例, 并通过 ScriptContext 的 void setAttribute (String

name, Object value, int scope)方法将其引擎绑定放置在该上下文中，然后用该上下文调用
eval(String script, ScriptContext context)或 eval(Reader reader, ScriptContext context)方法。
例如，如下所创建的实例：

```
ScriptContext context = new ScriptContext ();
context.setAttribute ("app", this, ScriptContext.ENGINE_SCOPE);
Object result = engine.eval (script, context);
```

允许 script 引用的脚本访问在新的上下文中的引擎绑定对象 app。

> **关于使用脚本范围和上下文的提示**
>
> setAttribute()方法是一个非常方便的方法，该方法可以首先获取一个范围的 Bindings，然后再调用该绑定的 put()方法。例如，context.setAttribute ("app", this, ScriptContext.ENGINE_SCOPE);比 context.getBindings(ScriptContext.ENGINE_SCOPE).put ("app", this);表达得更为简洁。
>
> 您将发现 ScriptContext 的 Object getAttribute(String name, int scope)方法和 Object removeAttribute(String name, int scope)方法比相对应的另外一种方法更为方便。
>
> 最后，还将发现在有多个引擎和全局范围的情况下，以下方法也非常有用：
> - Object getAttribute(String name)方法从最低的范围返回具名属性。
> - int getAttributesScope(String name)返回某个属性定义所在的最低范围。
> - List<Integer> getScopes()方法返回该脚本上下文中所有有效范围的永久列表。
>
> 建立 SimpleScriptContext 的子类，并定义一个新的(也许是 servlet 使用的)、和该上下文一致的范围是有可能的，但是这已经超出了本章的范围。

9.1.7 从宏生成脚本

许多应用程序都得益于宏(macro，用于自动执行各种任务的具名命令/指令序列)。例如，Word 和其他 Microsoft Office 产品均包含一个称为 VBA(Visual Basic for Application)的宏语言。VBA 使得用户可以创建相应的宏以自动执行编辑、格式化等任务。

注意

查阅维基百科的 Macro 条目(http://en.wikipedia.org/wiki/Macro)以了解关于宏和宏语言的最新知识。

Java 程序可以解析一个宏，并生成用某种脚本语言编写的等价脚本。由于各种脚本语言的脚本语法各异，因此程序能够以一种可移植的方式生成该脚本就显得非常重要。这将使得宏易于适应不同的脚本语言。为达到这个目的，ScriptEngineFactory 接口提供了3 个方法，如表 9-4 所示。

表 9-4 从宏生成脚本的 ScriptEngineFactory 方法

方 法	描 述
String getMethodCallSyntax (String obj,String m, String... args)	返回一个 String 对象，该返回对象可用于用某个脚本语言的语法调用一个 Java 对象的方法。参数 obj 标识了方法被调用的对象，参数 m 为被调用方法的名字，而参数 args 则标识方法的参数名。例如，调用 getMethodCallSyntax ("x","factorial", new String [] {"num"})方法可能为 PHP 脚本引擎返回"$x->factorial($num);"。PHP 变量名以美元符号($)为前缀
String getOutputStatement (String toDisplay)	返回一个 String 对象，该对象可用作一个输出语句，将传递给参数 toDisplay 的值用脚本语言的语法输出。例如，对于某个 PHP 引擎而言调用 getOutputStatement ("Hello")可能返回"echo(\"Hello\");",但是对 Rhino JavaScript 脚本引擎而言，它可能返回"print(\"Hello\")"
String getProgram (String... statements)	返回一个 String 对象，该对象将给定的 statements 利用脚本语言的语法组织成一个有效的脚本。例如，假定变量 factory 引用了一个 ScriptEngineFactory，那么对某个 PHP 引起而言，调用 factory.getProgram(factory. getOutputStatement (factory. getMethodCallSyntax ("x", "factorial", new String [] {"num"})));方法可能返回"<?echo($x->factorial($num)); ?>"

是否注意到了 getOutputStatement()的一个问题？尽管希望 Rhino 脚本引擎的 getOutputStatement() 方法实现为 return"print("+toDisplay+")";，但是该方法实现为 return"print(\""+toDisplay+"\")";。换句话说，任何传递给 toDisplay 的参数都需要用双引号括起来。这样，当传递一个变量名给 getOutputStatement()方法并获取一个输出语句以输出变量的内容而不是变量名时就会产生问题。这个问题很容易解决，只要用空格替换双引号即可，假定 os 是某个 getOutputStatement()结果的 String 变量，os = os.replace ("", ' ');语句将用空格替换所有的双引号。由于该问题可能在 Rhino 脚本引擎未来的版本中得到解决，因此最好是在执行该语句前验证一下脚本引擎的版本号，如下所示：

```
if (factory.getEngineVersion ().equals ("1.6 release 2")) os = os.replace ('"', ' ');
```

9.1.8 编译脚本

脚本引擎通常都通过解释器(interpreter)来计算脚本。解释器从概念上可以分为前端(front end)和后端(back end)两部分。前端负责解析源代码并生成中间代码，而后端则负责执行中间代码。在每次脚本计算的时候，执行代码之前都需要执行解析脚本并生成中间代码的任务。这将大大降低脚本计算的速度。

为了加快脚本计算，许多脚本引擎都允许存储中间代码以便重复执行中间代码。一个支持该编译(compilation)特性的脚本引擎类需要实现可选的 Compilation 接口。Compilation 接口的相应方法将脚本编译成中间代码，并将编译结果存储在 CompiledScript 子类对象中。CompiledScript 子类的 eval()方法将执行该中间代码。

注意

本书观点是脚本是被计算的而不是被执行的。不管如何，ScriptEngine 指定的是 eval()方法而不是 exec()方法。相反，为了在某种程度上和 JSR 223 保持一致，本书认为中间代码是被执行的。

在编译一段脚本之前，程序必须将脚本引擎对象转换成一个 Compilable 对象。在执行转换之前，程序应该确保引擎类确实实现了 Compilable 接口。注意，对于支持 Compilable 的 Rhino 引擎而言，这是不必要的。如下的代码段(假定有一个 engine 对象)演示了该任务：

```
Compilable compilable = null;
if (engine instanceof Compilable)
    compilable = (Compilable) engine;
```

Compilable 接口提供了 CompiledScript compile(String script) 和 CompiledScript compile(Reader script)两个方法来编译一段脚本，并通过一个 CompiledScript 子类来返回其中间代码。如果参数为 null，两个方法均抛出 NullPointerException 异常；如果在脚本中存在问题，那么两个方法均抛出一个 ScriptException 异常。

CompiledScript 类包含了 public Object eval()方法、public Object eval(Bindings bindings)方法和 public abstract Object eval(ScriptContext context)方法来执行脚本的中间代码。如果在运行时脚本发生错误，那么各个方法均抛出 ScriptException 异常。CompiledScript 类还提供了 public abstract ScriptEngine getEngine()方法以方便访问编译脚本的引擎。

您希望通过编译能在哪些方面有速度的提高？为了回答这个问题，本章创建一个应用程序，该应用程序给出了一段计算阶乘函数的简单脚本。计算该脚本 10 000 次；编译该脚本，然后执行脚本的中间代码 10 000 次。为了了解各种计算所花费的时间，每个循环都进行了计时。该应用程序的源代码如代码清单 9-10 所示。

代码清单 9-10　TestCompilationSpeed.java

```
//TestCompilationSpeed.java

import javax.script.*;

public class TestCompilationSpeed
{
  final static int MAX_ITERATIONS = 10000;
```

```
public static void main (String [] args) throws Exception
{
  ScriptEngineManager manager = new ScriptEngineManager ();
  ScriptEngine engine = manager.getEngineByName ("JavaScript");

  String fact = "function fact (n)"+
                "{"+
                "  if (n == 0)"+
                "    return 1;"+
                "  else"+
                "    return n*fact (n-1);"+
                "};";

  long time = System.currentTimeMillis ();
  for (int i = 0; i < MAX_ITERATIONS; i++)
      engine.eval (fact);
  System.out.println (System.currentTimeMillis ()-time);

  Compilable compilable = null;
  if (engine instanceof Compilable)
  {
      compilable = (Compilable) engine;
      CompiledScript script = compilable.compile (fact);

      time = System.currentTimeMillis ();
      for (int i = 0; i < MAX_ITERATIONS; i++)
          script.eval ();
      System.out.println (System.currentTimeMillis ()-time);
  }
}
}
```

每次运行该应用程序时，可能会注意到结果稍有不同。但是，这些结果表明通过编译，执行脚本的速度有了巨大的提高。例如，可能会看到计算脚本花费了 1515 毫秒，而执行编译脚本则仅耗费了 782 毫秒的时间。

注意

TestCompilationSpeed 并未假定 JavaScript 对应于 Mozilla Rhino 1.6 第二版的脚本引擎。请记住，脚本引擎工厂及其脚本引擎可以通过 ScriptEngineManager 任意的 registerEngine 方法重写。也正是出于这个原因，尽管 Rhino 的脚本引擎类实现了 Compilable 接口，TestCompilationSpeed 还是验证了该引擎类是否实现了 Compilable 接口。

9.1.9　调用全局函数、对象成员函数和接口实现函数

和编译允许整个脚本的中间代码重复执行相反，Scripting API 所指的调用(invocation)仅允许中间代码的全局函数和对象成员函数被重复执行。此外，这些函数还可以从 Java

代码中直接调用。Java 代码可以将对象变量传递给这些函数，并返回这些函数所得到的结果对象。

支持调用的脚本引擎类实现了可选的 Invocable 接口。因此，程序在调用全局函数和对象成员函数之前必须将脚本引擎转换成一个 Invocable 实例。和 Compilable 接口一样，在转换之前，首先需要验证脚本引擎是否支持 Invocable。同样，对于 Rhino 而言这是不必要的，因为它支持 Invocable 接口。

Invocable 接口提供了一个 Object invokeFunction(String name, Object... args)方法以调用全局函数。全局函数的函数名由 name 参数标识，而 args 参数则表示传递给全局函数的参数。如果全局函数成功执行，那么该方法将把全局函数的结果返回为一个 Object 对象。否则，如果全局函数的调用过程中发生了错误，那么方法将抛出一个 ScriptException 异常；如果找不到相应的全局函数，那么方法将抛出一个 NoSuchMethodException 异常；如果将 null 引用传递给了 name 参数，方法将抛出一个 NullPointerException 异常。以下代码片段(假定有一个基于 Rhino 的 engine 对象)演示了 invokeFunction()方法的使用：

```
//该脚本给出了将摄氏度转换成华氏度的一个全局函数。

String script = "function c2f (degrees)"+
                "{"+
                " return degrees*9.0/5.0+32;"+
                "}";

//首先计算该脚本，生成中间代码。

engine.eval (script);
```

//然后用一个参数调用该脚本的 c2f() 全局函数，该参数将装箱成一个双精度类型。
//在将该参数传递给该全局函数后，它的中间代码将执行。
//然后一个表示 212.0 的双精度数将返回给 Java。

```
Invocable invocable = (Invocable) engine;
System.out.println (invocable.invokeFunction ("c2f", 100.0));
```

Invocable 接口提供了一个 Object invokeMethod(Object thiz, String name, Object... args)方法以调用某个对象成员函数。脚本对象的引用(在前一次脚本计算后获得或者通过前一个调用获得)由 thiz 参数标识，而传递给该成员函数的参数则由 args 标识。如果方法执行成功，成员函数的结果将作为一个 Object 对象返回。除了 invokeFunction()的异常以外，如果传递给 thiz 参数的是一个 null 或者是一个并不是表示某个脚本对象的 Object 引用时，则该方法将抛出一个 IllegalArgumentException 异常。以下代码段演示了 invokeMethod() 方法的使用：

```
//该脚本给出了一个具有一个成员函数的对象，该函数将摄氏度转换成华氏度。

String script = "var obj = new Object();"+
                "obj.c2f = function (degrees)"+
```

```
"{"+
" return degrees*9.0/5.0+32;"+
"}";
```

//首先计算脚本，以生成中间代码。

```
engine.eval (script);
```

//然后获取成员函数被调用的脚本对象。

```
Object obj = engine.get ("obj");
```

//最后用一个参数调用该脚本的 c2f() 成员函数函数，该参数将装箱成一个双精度类型。
//在将该参数传递给该全局函数后，它的中间代码将执行。
//然后一个表示 89.6 的双精度数将返回给 Java。

```
Invocable invocable = (Invocable) engine;
System.out.println (invocable.invokeMethod (obj, "c2f", 37.0));
```

直接调用脚本的全局函数和对象成员函数将导致 Java 程序和脚本之间的紧密耦合。例如，当改变函数的函数名和函数的参数列表时，Java 程序必须要做相应的改变。为了使得耦合性降到最低，Invocable 提供了两个返回 Java 接口对象的方法。所返回的 Java 接口对象的方法通过脚本的全局函数和对象成员函数实现：

- <T> T getInterface(Class<T> clasz)返回一个由 clasz 标识的接口的实现，其中的方法是通过脚本的全局函数实现的。
- <T> T getInterface(Object thiz, Class<T> clasz)返回由 clasz 标识的接口的一个实现，其中的方法是通过脚本对象 thiz 的成员函数实现的。

如果由于中间代码缺少一个或多个实现接口方法的函数而导致请求的接口不可用，那么这两个方法均返回 null。如果将 null 传递给 clasz，那么方法将抛出一个 IllegalArgumentException 异常；如果 clasz 不表示一个接口或者将 null 传递给 thiz，又或者是将一个不表示脚本对象的 Object 引用传递给 thiz，那么方法都将抛出一个 IllegalArgumentException 异常。

前面演示 invokeFunction()和 invokeMethod()方法的 Java 代码段直接使用了 c2f()全局函数。由于该函数和 Java 代码紧密耦合，那么当脚本改变时，该代码也需要改变。比如说，由于想采用一个功能更强大、更通用的全局函数使得同时可以转换成摄氏度，而将 c2f()函数删除。即使通用函数的实现发生了改变(也可能开始调用 c2f()，后来在将其他函数的代码集成到其实现后删除该函数)，通用全局函数的签名也并不会发生任何变化。因此，通用全局函数实现为一个 Java 接口将是一个完美的选择，如代码清单 9-11 所示。

代码清单 9-11 TemperatureConversion.java

```
//TemperatureConversion.java

import javax.script.*;
```

```java
public class TemperatureConversion
{
  public static void main (String [] args) throws ScriptException
  {
    ScriptEngineManager manager = new ScriptEngineManager ();
    ScriptEngine engine = manager.getEngineByName ("rhino");

    String script = "function c2f(degrees)"+
                    "{"+
                    "   return degrees*9.0/5.0+32;"+
                    "}"+
                    " "+
                    "function f2c(degrees)"+
                    "{"+
                    "   return (degrees-32)*5.0/9.0;"+
                    "}"+
                    " "+
                    "function convertTemperature (degrees, toCelsius)"+
                    "{"+
                    "   if (toCelsius)"+
                    " return f2c (degrees);"+
                    "   else"+
                    " return c2f (degrees);"+
                    "}";

    engine.eval (script);
    Invocable invocable = (Invocable) engine;

    TempConversion tc = invocable.getInterface (TempConversion.class);
    if (tc == null)
        System.err.println ("Unable to obtain TempConversion interface");
    else
    {
        System.out.println ("37 degrees Celsius = "+
                            tc.convertTemperature (37.0, false)+
                            " degrees Fahrenheit");

        System.out.println ("212 degrees Fahrenheit = "+
                            tc.convertTemperature (212.0, true)+
                            " degrees Celsius");
    }
  }
}

interface TempConversion
{
    double convertTemperature (double degrees, boolean toCelsius);
}
```

该应用程序提供一个 TempConversion 接口，该接口的 double convertTemperature (double degrees, boolean toCelsius)方法对应于脚本中同名的全局函数。执行 invocable. getInterface(TempConversion.class)方法返回一个 TempConversion 实例。该实例可用于调用 convertTemperature()。以下是该应用程序的输出：

```
37 degrees Celsius = 98.6 degrees Fahrenheit
212 degrees Fahrenheit = 100.0 degrees Celsius
```

注意

Java Scripting Programmer's Guide 中 "Implementing Java Interfaces by Scripts" 一节 (http://java.sun.com/javase/6/docs/technotes/guides/scripting/programmer_guide/index.html#interfaces)给出了进一步演示 getInterface()方法的两个应用程序的源代码。

9.1.10 使用命令行脚本 Shell

Java SE 6 提供一个实验性的命令行脚本 shell 工具 jrunscript，以探索脚本语言以及脚本语言和 Java 之间的通信。SDK 文档的 jrunscript - command line script shell 页面 (http://java.sun.com/javase/6/docs/technotes/tools/share/jrunscript.html)给出了该工具的参考手册。此外，附录 B 还用表格给出了相应的命令行选项以及 4 个应用示例。

尽管 jrunscript 既可以用于计算基于文件的脚本，也可用于计算在命令行中指定的脚本，但是最简单的方式是通过交互模式使用该工具。在该模式下，jrunscript 提示您输入一行代码。在您按下 Enter 键以后，它计算该代码。为了进入交互模式，只需在命令行中指定 jrunscript 即可。

随后，将看到 js>提示。js 暗示默认的语言是 JavaScript(js 实际上是 Mozilla Rhino 引擎的简称之一)。在 js>提示后，可以输入 Rhino JavaScript 语句和表达式。当表达式输入后，其值将出现在下一行，如以下部分所示：

```
js> Math.PI //获取 JavaScript 中 Math 对象的 PI 成员。
3.141592653589793
```

在其初始化过程中，jrunscript 在 Rhino 脚本引擎中引入了多个内置的全局函数。这些函数包括输出当前地区的地区名、列出当前目录中的文件以及执行其他文件任务、使用 XML。以下部分演示了一些函数：

```
js> date()
July 12, 2007 2:11:00 PM CDT
js> ls()
-rw Jul 10 1043 swinggui.js
js> cat("swinggui.js", "frame")
16          :                    var frame = new JFrame ("Swing GUI");
17          :                    frame.setDefaultCloseOperation
                                 (JFrame.EXIT_ON_CLOSE);
23          :                    frame.getContentPane ().add (label);
25          :                    frame.pack ();
```

```
26          :                    frame.setVisible (true);
js> load("swinggui.js")
js> creategui()
Event-dispatching thread: false
js> Event-dispatching thread: true
```

上面的例子使用了 4 个 jrunscript 内置函数:

- date()输出当前日期。
- ls()列出当前目录中的文件。
- cat()输出文件的部分(基于模式匹配)或全部内容。
- load()加载并计算脚本文件, 如 swinggui.js。

在创建 creategui()后, Swing 应用程序的控制台的输出将和 jrunscript 的控制台输出混合在一起。关闭 GUI 将同时也关闭 jrunscript。

注意

想了解所有的内置函数, 请查阅 JavaScript 内置文档(http://java.sun.com/javase/6/docs/technotes/tools/share/jsdocs/index.html)的 "GLOBALS" 部分。

除了这些实用函数以外, jrunscript 还提供了 jlist()和 jmap()函数。jlist()函数允许像访问一个具有整数索引的数组一样访问 java.util.List 实例。而 jmap()则允许像访问一个带字符串键值的 Perl 形式数组一样访问 Map 实例。一个 List 实例或者 Map 实例将作为参数传递给 jlist()或者 jmap()。该函数返回一个提供访问的对象, 如以下会话所示:

```
js> var scriptlanguages = new java.util.ArrayList ()
js> scriptlanguages.add ('JavaScript')
true
js> scriptlanguages.add ('Ruby')
true
js> scriptlanguages.add ('Groovy')
true
js> var sl = jlist (scriptlanguages)
js> sl [1]
Ruby
js> sl.length
3
js> println (sl)
[JavaScript, Ruby, Groovy]
js> delete sl [1]
false
js> println (sl)
[JavaScript, Groovy]
js> sl.length
2
js> var properties = java.lang.System.getProperties ()
js> var props = jmap (properties)
js> props ['java.version']
```

```
1.6.0
js> props ['os.name']
Windows XP
js> delete props ['os.name']
true
js> props ['os.name']
js>
```

该会话显示 ArrayList 和 System 分别以 java.util 和 java.lang 包名作为其前缀。尽管默认情况 jrunscript 导入了 java.io 和 java.net 包，但它并未导入 java.util 和 java.lang 包。该会话还演示了使用 JavaScript 的 delete 操作删除列表和映射中条目。

注意

如果正为为什么 delete sl [1]输出 false 而 delete props ['os.name']输出 true 而感到困惑的话，其原因是 JavaScript 的 delete 删作符仅在被删除的条目不再存在的情况下才会返回 true。而 Ruby 被从 sl [1]中删除仅仅用 Groovy 代替了 sl [1]的内容而已。这就意味着以前包含 Groovy 的 sl [2]已经不再存在了。尽管 delete sl [1]完成了删除 ruby 的目标，但是 sl [1]仍然存在，并包含 Groovy。因此，delete sl [1]输出 false。如果输入 delete sl [2]，那么将会输出 true，因为 sl [2]不再存在了——没有相应的 sl [3]值转换成 sl [2]。

jrunscript 工具在 Rhino 脚本引擎中引入了另外一个内置函数：JSInvoker()。和 jlist()、jmap()一样，该函数为一个委托对象返回一个代理对象。JSInvoker()的代理用于通过任意的成员函数名和参数列表调用委托对象的特定 invoke()成员函数。以下会话演示了该函数的使用：

```
js> var x = { invoke: function (name, args) { println (name+" "+args.length); }};
js> var y = new JSInvoker (x);
js> y.run ("first", "second", "third");
run 3
js> y.doIt ();
doIt 0
js> y.doIt (10);
doIt 1
js>
```

委托对象 x 指定了唯一的成员函数 invoke。该函数的参数是一个基于字符串的函数名和一个对象参数数组。第二行使用 JSInvoker()创建一个代理对象，并赋为 y。通过使用代理对象，可以由一个任意名和参数个数调用委托对象的 invoke 成员函数。在此情况下，y.run ("first", "second", "third")翻译成了 x.invoke ('run', args)，其中 agrs 包含"first"、"second"和"third"作为其三个条目。同样，y.doIt ()翻译成了 x.invoke ('doIt', args)，其中 args 为一个空数组。y.doIt (10);也执行了类似的翻译。

如果想通过 println (jlist)、println (jmap)和 println (JSInvoker)方法来打印 jlist()、jmap()和 JSInvoker()函数的内容，那么将看到这些函数都是通过 JSAdapter 实现的。JSAdapter 是 java.lang.reflect.Proxy 中 JavaScript 的等价对象。JSAdapter 对某个代理对象的属性访

问(如 x.i)、赋值方法(如 x.p = 10)以及其他简单的 JavaScript 语法适应到一个委托 JavaScript 对象的成员函数中。要了解更多相关信息，请查阅 JSAdapter.java(https://scripting.dev.java.net/source/browse/scripting/engines/javascript/src/com/sun/phobos/script/javascript/JSAdapter.java?rev=1.1.1.1&view=markup)。

在使用完该工具以后要终止 jrunscript，则输入 exit()即可，既可以带退出代码参数，也可以不带。例如，可以指定 exit(0)或者仅仅是 exit()。当不带参数指定 exit()时，0 将被作为退出代码。该从 jrunscript 返回的代码对于 Window 批处理文件、Unix Shell 文件等非常有用。也可以输入 quit()函数来退出 jrunscript。quit()函数等价于 exit()。

9.2　Scripting API 和 JEditorPane

javax.swing.JEditorPane 类及其 HTML 编辑器工具包使得通过该组件呈现 HTML 文档非常容易。由于该编辑器工具包的 HTML 支持非常有限(例如，不支持 Java applet 和 JavaScript)，JEditorPane 并不适合用于实现一个可以浏览任意网站的 Web 浏览器。但是，该类却是将基于 Web 的在线帮助集成到 Java 应用程序的理想工具(尽管可能更愿意使用 JavaHelp API)。

注意
尽管 JEditorPane 并不适合于实现一个通用的 Web 浏览器，但是为了方便，第 4 章将该类作为了两个通用 Web 浏览器的基础(代码清单 4-1 和代码清单 4-7)。这两个应用程序演示了 Java SE 6 的"将任意组件放置在选项卡面板的选项卡标题上"和"打印文本组件"特性。

在某个在线帮助方案中，应用程序的帮助文档包含存储在某个特定 Web 站点上的 Web 页面。在一个地方维护帮助文档要比在多个地方同时更新帮助文档容易得多。由于应用程序的编辑器面板限制在该 Web 站点，因此页面的 HTML 可能限制于编辑器面板能使用的一些特性中。

没有相应的 JavaScript 支持让 Web 页面具有动态质量是非常困难的，例如，在鼠标指针悬浮于某链接上时将链接的颜色改变成其他的颜色。但是，可以通过 Scripting API 和某些编辑器面板的知识，将 JavaScript 集成到编辑器面板。

为了证明这一点，本书开发了一个 ScriptedEditorPane 类，该类扩展了 JEditorPane 并通过 Rhino 脚本引擎计算一个 Web 页面的 JavaScript 代码。同时，为了演示该组件，还创建了一个应用程序将该支持脚本的编辑器面板组件集成到 GUI 中。代码清单 9-12 给出了该应用程序的源代码。

代码清单 9-12　DemoScriptedEditorPane.java

```
//DemoScriptedEditorPane.java

import java.awt.*;
```

```java
import java.io.*;

import javax.swing.*;
import javax.swing.border.*;
import javax.swing.event.*;

public class DemoScriptedEditorPane extends JFrame
    implements HyperlinkListener
{
  private JLabel lblStatus;

  DemoScriptedEditorPane ()
  {
    super ("Demo ScriptedEditorPane");
    setDefaultCloseOperation (EXIT_ON_CLOSE);

    ScriptedEditorPane pane = null;
    try
    {
        //创建一个脚本化的编辑器面板组件,
        //该组件加载位于当前目录下的 test.html 文件的内容。

        pane = new ScriptedEditorPane ("file:///"+
                                        new File ("").getAbsolutePath
                                 ()+
                                        "/demo.html");
        pane.setEditable (false);
        pane.setBorder (BorderFactory.createEtchedBorder ());
        pane.addHyperlinkListener (this);
    }
    catch (Exception e)
    {
        System.out.println (e.getMessage ());
        return;
    }
    getContentPane ().add (pane, BorderLayout.CENTER);

    lblStatus = new JLabel (" ");
    lblStatus.setBorder (BorderFactory.createEtchedBorder ());
    getContentPane ().add (lblStatus, BorderLayout.SOUTH);

    setSize (350, 250);
    setVisible (true);
  }

  public void hyperlinkUpdate (HyperlinkEvent hle)
  {
    HyperlinkEvent.EventType evtype = hle.getEventType ();
```

```
        if (evtype == HyperlinkEvent.EventType.ENTERED)
            lblStatus.setText (hle.getURL ().toString ());
        else
        if (evtype == HyperlinkEvent.EventType.EXITED)
            lblStatus.setText (" ");
    }

    public static void main (String [] args)
    {
        Runnable r = new Runnable ()
                     {
                         public void run ()
                         {
                            new DemoScriptedEditorPane ();
                         }
                     };
        EventQueue.invokeLater (r);
    }
}
```

该应用程序的 Swing GUI 包括一个支持脚本的编辑器面板和一个状态栏标签。编辑器面板显示 demo.html 文件的内容，该文件必须在当前目录下。而状态栏则给出了当前鼠标指针正悬浮其上的链接相应的 URL。将鼠标指针移到某个链接上可以改变链接的颜色。图 9-2 显示了该 GUI。

图 9-2   通过 Scripting API 脚本化编辑器面板集成 JavaScript

如代码清单 9-13 所示，demo.html 文件描述了一个 HTML 文档。该文档在一对<script>和</script> 标签之间定义了两个 JavaScript 函数(也可以指定多组<script>和</script>标签)。每个属性的 JavaScript 代码调用一个定义的函数。

代码清单 9-13   demo.html

```
<html>
  <head>
    <script>
    function setColor(color)
    {
        document.linkcolor = color;
```

```
            println (document.linkcolor);
        }

        function revertToDefaultColor()
        {
            document.linkcolor = document.defaultlinkcolor;
        }
    </script>
</head>
<body>
    <h1>demo.html</h1>

    Demonstrate JavaScript logic for changing link colors.

    <p>
    <a href="first.html" onmouseover="setColor (java.awt.Color.red);"
                          onmouseout="setColor (java.awt.Color.magenta);">
        first link</a>

    <p>
    <a href="second.html" onmouseover="setColor
(java.awt.Color.green);"
                          onmouseout="revertToDefaultColor();">
        second link</a>

    <!-- I chose first.html and second.html to serve as example href values.
        The actual files do not exist; they are not needed. -->
    </body>
</html>
```

代码清单 9-13 涉及到一个和当前所显示的 HTML 文档相关联的 document 对象。该对象仅定义了 linkcolor 和 defaultlinkcolor 属性，其值均为 java.awt.Color 实例。linkcolor 属性描述了激活的或者未激活的链接的颜色，该属性可以设置也可以读取。defaultlinkcolor 则是一个指定了所有链接默认颜色的只读属性。

现在您已经对 DemoScriptedEditorPane 和 demo.html 比较熟悉，那么理解 ScriptedEditorPane 的实现将相对要简单一些。该实现包含 5 个私有的实例域、2 个公有构造函数、1 个公有方法和 3 个私有内部类。代码清单 9-14 给出了 ScriptedEditorPane 的源代码。

代码清单 9-14　ScriptedEditorPane.java

```java
//ScriptedEditorPane.java

import java.awt.*;

import java.io.*;

import java.net.*;
```

```
import java.util.*;

import javax.script.*;

import javax.swing.*;
import javax.swing.event.*;
import javax.swing.text.*;
import javax.swing.text.html.*;
import javax.swing.text.html.parser.*;

public class ScriptedEditorPane extends JEditorPane
{
    //和最近的超链接事件相关联的锚元素。
    //该元素可能位于使用该元素的ScritpEnvironment中。

    private javax.swing.text.Element currentAnchor;

    //Rhino脚本引擎。

    private ScriptEngine engine;

    //对应于JavaScript文档对象的Java环境。

    private ScriptEnvironment env;

    //一段初始化脚本将一个JavaScript文档对象和一个具有__get__()成员函数
    //和__put__()成员函数的适配器相连接。
    //该文档对象具有linkcolor和defaultlinkcolor属性。
    //则这两个成员函数可以访问该脚本环境。

    private String initScript =
        "var document = new JSAdapter ({"+
        "   __get__ : function (name)"+
        "          {"+
        "            if (name == 'defaultlinkcolor')"+
        "                return env.getDefaultLinkColor ();"+
        "            else"+
        "            if (name == 'linkcolor')"+
        "                return env.getLinkColor ();"+
        "          },"+
        "   __put__ : function (name, value)"+
        "          {"+
        "            if (name == 'linkcolor')"+
        "                env.setLinkColor (value);"+
        "          }"+
        "})";

    //从上到下连接所有<script></script>部分的内容。
```

```
private String script;
```

//创建一个不带 HTML 文档的、脚本化的编辑器面板。
//文档可以通过一个 setPage() 调用添加到该面板。

public ScriptedEditorPane () throws ScriptException
```
{
  ScriptEngineManager manager = new ScriptEngineManager ();
  engine = manager.getEngineByName ("rhino");
```

//为了方便起见，在此抛出了一个 ScriptException 异常，
//而不是为了这个目的创建一个新的异常类。

```
  if (engine == null)
     throw new ScriptException ("no Rhino script engine");
```

//建立 JSAdapter 的运行环境，并计算初始化脚本。

```
  env = new ScriptEnvironment ();
  engine.put ("env", env);
  engine.eval (initScript);

  addHyperlinkListener (new ScriptedLinkListener ());
}
```

//创建具有给定 HTML 文档的一个脚本化编辑器面板。

public ScriptedEditorPane (String pageUrl)
```
    throws IOException, ScriptException
{
    this ();
    setPage (pageUrl);
}
```

//将该脚本化的编辑器面板和一个 HTML 文档相关联。
//在关联前，文档需要进行解析，以获取所有<script></script>部分的内容。

public void setPage (URL url) throws IOException
```
{
  InputStreamReader isr = new InputStreamReader (url.openStream ());
  BufferedReader reader;
  reader = new BufferedReader (isr);
  Callback cb = new Callback ();
  new ParserDelegator ().parse (reader, cb, true);
  reader.close ();
  script = cb.getScript ();

  super.setPage (url);
}
```

```
//通过该回调函数提取所有<script></script>部分中的内容。
//由于解析器将把这些内容作为 HTML 注释提供,
//需要特别小心将这些内容和真正的 HTML 注释区分。
//通过 Jeff Heaton 的文章 "Parsing HTML with Swing" 以了解更多解析器的知识
//(http://www.samspublishing.com/articles/article.asp?p=31059&seqNum=1)。

private class Callback extends HTMLEditorKit.ParserCallback
{
    //当该变量为 true 时,处理<script></script>部分。该参数默认为 false。

    private boolean inScript;

    //为了最小化字符串对象的创建,所有<script></script>部分中的内容
    //均存储在一个 StringBuffer 中,而不是存储在一个 String 对象中。

    private StringBuffer scriptBuffer = new StringBuffer ();

    //返回该脚本。

    String getScript ()
    {
        return scriptBuffer.toString ();
    }

    //如果解析器检测到一个<script>标签,那么仅将该数据添加到该字符串缓冲区。

    public void handleComment (char [] data, int pos)
    {
        if (inScript)
            scriptBuffer.append (data);
    }

    //检测一个<script>标签。

    public void handleStartTag (HTML.Tag t,
                                MutableAttributeSet a, int pos)
    {
        if (t == HTML.Tag.SCRIPT)
            inScript = true;
    }

    //检测一个</script>标签。

    public void handleEndTag (HTML.Tag t, int pos)
    {
        if (t == HTML.Tag.SCRIPT)
            inScript = false;
    }
```

```
}
```

//在文档的属性和脚本运行的 Java 环境之间提供一个连接。

```
private class ScriptEnvironment
{
    //某个锚标签的链接文本的默认颜色由当前 CSS 样式表确定。

    private Color defaultLinkColor;

    //创建一个脚本环境，并通过当前 CSS 样式表提取默认链接颜色。

    ScriptEnvironment ()
    {
        HTMLEditorKit kit;
        kit = (HTMLEditorKit) getEditorKitForContentType ("text/html");
    StyleSheet ss = kit.getStyleSheet ();
    Style style = ss.getRule ("a"); //获取针对锚标签的规则。
    if (style != null)
    {
        Object o = style.getAttribute (CSS.Attribute.COLOR);
        defaultLinkColor = ss.stringToColor (o.toString ());
    }
}
```

//返回默认的链接颜色。

```
public Color getDefaultLinkColor ()
{
    return defaultLinkColor;
}
```

//返回当前锚元素的链接颜色。

```
public Color getLinkColor ()
{
    AttributeSet as = currentAnchor.getAttributes ();
    return StyleConstants.getForeground (as);
}
```

//设置当前锚元素的链接颜色。

```
public void setLinkColor (Color color)
{
  StyleContext sc = StyleContext.getDefaultStyleContext ();
  AttributeSet as = sc.addAttribute (SimpleAttributeSet.EMPTY,
                                     StyleConstants.Foreground,
                                     color);
  ((HTMLDocument) currentAnchor.getDocument ()).
```

```
            setCharacterAttributes (currentAnchor.getStartOffset (),
                               currentAnchor.getEndOffset ()-
                               currentAnchor.getStartOffset(), as,
                               false);
      }
}
```

//提供一个监听器，以标识当前锚元素、
//检测一个 onmouseove 属性(为鼠标进入事件) 或
//一个和该元素的<a>标签相关联的 onmouseout 元素
//以及计算该属性的 JavaScript 代码。

```
private class ScriptedLinkListener implements HyperlinkListener
{
    //为了方便起见，该监听器的 hyperlinkUpdate()方法忽略 HTML 框架。

    public void hyperlinkUpdate (HyperlinkEvent he)
    {
        HyperlinkEvent.EventType type = he.getEventType ();

        if (type == HyperlinkEvent.EventType.ENTERED)
        {
            currentAnchor = he.getSourceElement ();
            AttributeSet as = currentAnchor.getAttributes ();
            AttributeSet asa = (AttributeSet) as.getAttribute (HTML.Tag.A);
            if (asa != null)
            {
                Enumeration<?> ean = asa.getAttributeNames ();
                while (ean.hasMoreElements ())
                {
                    Object o = ean.nextElement ();
                    if (o instanceof String)
                    {
                        String attr = o.toString ();
                        if (attr.equalsIgnoreCase ("onmouseover"))
                        {
                            String value = (String) asa.getAttribute (o);
                            try
                            {
                                engine.eval (script+value);
                            }
                            catch (ScriptException se)
                            {
                                System.out.println (se);
                            }
                            break;
                        }
                    }
                }
```

```
        }
    }
    else
    if (type == HyperlinkEvent.EventType.EXITED)
    {
        currentAnchor = he.getSourceElement ();
        AttributeSet as = currentAnchor.getAttributes ();
        AttributeSet asa = (AttributeSet) as.getAttribute (HTML.Tag.A);
        if (asa != null)
        {
            Enumeration<?> ean = asa.getAttributeNames ();
            while (ean.hasMoreElements ())
            {
                Object o = ean.nextElement ();
                if (o instanceof String)
                {
                    String attr = o.toString ();
                    if (attr.equalsIgnoreCase ("onmouseout"))
                    {
                        String value = (String) asa.getAttribute (o);
                        try
                        {
                            engine.eval (script+value);
                        }
                        catch (ScriptException se)
                        {
                            System.out.println (se);
                        }
                        break;
                    }
                }
            }
        }
    }
}
```

尽管该源代码给出了很多注解，但是当研究代码清单 9-14 时可能还是有很多问题。以下的一些观点至少可以回答一些问题：

* 使用 JSAdapter(在某个最初的计算脚本)来将 document 对象的 linkcolor 属性和 defaultlinkcolor 属性连接到委托的成员函数调用。访问 document 的属性要比调用 document 对象的成员函数看起来直观得多。__get()__成员函数将属性的读取翻译成对 ScriptEnvironment 的 public Color getLinkColor()方法和 Color getDefaultLinkColor()方法的调用。__put()__成员函数将把属性写入到 linkcolor 翻译成一个等价的对 public void setLinkColor(Color color)方法的调用。

- 故意将 ScriptedEditorPane 的文档对象模型限制在 ScriptEnvironment(也许应该将该类命名为 ScriptDOM)和 JSAdapter。创建一个高级的文档对象模型并不是一项简单的工作。综合多方面考虑，需要确定该模型是否与支持脚本的编辑器面板组件无关。例如，该决定将影响您如何从该模型中访问一个状态栏组件。

- 重写 JEditorPane 的 public void setPage(URL url)方法，因此在最初的解析操作中，可以抽取每个遇到的<script>和</script>标签对之间的内容。通过依靠 HTML 编辑器工具包的内部解析，并不能抽取该内容。也许还有其他的方法可以抽取该内容，同时又避免两次解析 url 的内容。但是目前还未发现。

- 为简单起见，没有使用 HTMLEditorKit.LinkController 类。该类可用于鼠标指针悬浮于任意 HTML 元素(例如没有和链接相关联的一幅图像)的情况。提供自定义的编辑器工具箱以使 LinkController 添加一个其他方面均非常简单的示例的复杂性。相反，ScriptedLinkListener 仅仅解决了进入和退出(或者，如果改变了的话，则激活)链接的有限场景。

如果想修改脚本的编辑器面板组件，或者只是想对 ScriptedLinkListener 的 public void hyperlinkUpdate(HyperlinkEvent he) 方法的代码有一个更深入的了解(并未提到 ScriptEnvironment 的内部类中的代码)，可以查阅广泛涉及 Swing 文本组件的书籍。这里有一本书对此非常有益，是 Marc Loy、Robert Eckstein、Dave Wood、James Elliott 和 Brian Cole 编写的 *Java Swing, Second Edition*(O'Reilly, 2002)。

提示

Java Swing, Second Edition 的作者对于 HTML 编辑器工具箱和 HTML I/O 创建了两个基于 PDF 的章节。这两章可以从 http://examples.oreilly.com/jswing2/code/goodies/misc.html 下载。

9.3 使用 JRuby 和 JavaFX 脚本的 Scripting API

由于 Java SE 6 仅仅带有 Rhino 脚本引擎，因此迄今为止本章的内容大部分都集中在 JavaScript 脚本上。在这一节中，将学习如何使用 Scripting API 和其他两种也有脚本引擎的脚本语言进行交互，即 JRuby 和 JavaFX 脚本。之所以选择 JRuby，是因为 Ruby 语言非常流行。而选择 JavaFX 脚本，则是因为该脚本简化了 Swing GUI 的创建。

注意

Java SE 6 所支持的所有脚本引擎和脚本语言列表可以在 java.net 的脚本项目主页 (https://scripting.dev.java.net/)中找到。

9.3.1 JRuby 和 Scripting API

JRuby 是 Ruby 语言语法、Ruby 核心以及标准类库的一个 Java 实现。JRuby 是 Jan Arne Petersen 于 2001 年创建的，随后由 Charles Nutter、Thomas Enebo、Ola Bini 和 Nick Seiger

等人改进。由于认识到了 Ruby 和 JRuby 的流行性，Sun 公司雇用 Charles 和 Thomas(于 2006 年 9 月)以全力开发 JRuby。

注意

维 基 百 科 的 JRuby 条 目 (http://en.wikipedia.org/wiki/Jruby) 介 绍 了 JRuby ，Ruby(Programe Language) 条 目 (http://en.wikipedia.org/wiki/Ruby_programming_language) 介绍了 Ruby。

如果您的平台没有安装 JRuby，那么从 JRuby 站点(http://dist.codehaus.org/jruby/)上下载最新版本的 ZIP 或者 TAR 文件。由于在撰写本章的时候，JRuby 1.0 是最新版本，因此下载 jrubybin-1.0.zip。解压该 ZIP 或者 TAR 文件，然后将其主目录(Home Dictionary) 移到合适的位置。例如，将 c:\unzipped\JRUBY-~1.0\jruby-1.0 移动到了 C:驱动器的根目录上，因此 c:\jruby-1.0 将是其主目录。还应该将该目录的 bin 子目录添加到您平台的 PATH 环境变量上。

警告

JRuby 还要求将 JAVA_HOME 环境变量设置为 Java 的主目录。否则 JRuby 脚本文件(位于 bin 子目录下)将不会运行。

可以在命令行窗口中通过调用 jirb(JRuby IRB)脚本来启动交互式的 Ruby 工具以验证 JRuby 是否已经安装了。如果一切运转正常，将看到一个 irb(main):001:0>提示，从该提示就可以和 JRuby 实施交互。例如，输入 puts "Hello, from Ruby"，然后按下 Enter 键。这样，将在 Ruby 上看到 Hello，然后再起一行输出=>nil(这表示 puts 并不返回一个值)。当完成了和交互性 Ruby 的交互后，输入 exit 或者 quit 将退出该工具。

注意

尽管 irb(main):001:0>提示看起来比较复杂，但是它非常易于理解。irb(main)部分标识某个正在运行的 JRuby 应用程序(通常由 jruby 脚本调用)的一个位置。在该位置，为了将应用程序停止以进入交互式 Ruby，应用程序产生了一个断点。如果交互式 Ruby 是直接通过 jirb 进入的，那么将出现 main.:001 部分标识已经输入的 Ruby 代码行数。最后，:0 部分标识当前的语句深度。当一个语句打开时，其深度加 1；当一个语句关闭时，其深度减 1。此外，当 jirb 检测到一个语句没有结束时，用一个*号替换>。例如，当还没有为某个 if-else 语句输入 end 的时候，将出现这种情况。

由于 JRuby 是用 Java 编写的，因此从某个 JRuby 脚本中直接访问 Java 类和接口将非常方便。例如，假定 Interactive Ruby 还在运行，在输入 require 'java'(在某行中)之后再输入 puts java.lang.System.getProperty("java.version")(在另外一行)可以输出 Java 的 java.version 系统属性。

但是，为了从 Java 程序访问 JRuby，需要获取一个合适的脚本引擎。访问 java.net 的脚本项目主页(https://scripting.dev.java.net/)，然后下载 jsr223-engines.tar.gz(Unix/Linux) 或者 jsr223engines.zip(Windows)。每个压缩文件都包含一组打包在 JAR 文件中的与 JSR

233 兼容的脚本引擎。对于 JRuby，需要从该压缩文档中解压 jruby-engine.jar 文件。

提示

将 jruby-engine.jar 复制到 JRuby 的主目录的 lib 子目录是非常方便的。

下面准备了一个例子以演示从 Java 应用程序访问 JRuby 脚本。如代码清单 9-15 所示，该脚本是本章前面所给出的温度转换示例(代码清单 9-11)的 Ruby 版本。它包含了一个 TempConverter 类和它的两个温度转换方法，以及一个返回 TempConverter 实例的函数。

代码清单 9-15 TempConverter.rb

```
# TempConverter.rb

class TempConverter
  def c2f(degrees)
      degrees*9.0/5.0+32
  end

  def f2c(degrees)
      (degrees-32)*5.0/9.0
  end
end

def getTempConverter
    TempConverter.new
end
```

该应用程序使用 ScriptEngineManager 的 getEngineByName()方法和 jruby 简称来获取 JRuby 的脚本引擎。它加载并计算 TempConverter.rb，然后调用 getTempConverter()以获取一个 TempConverter 实例，之后利用该实例调用 TempConverter 的方法。该应用的源代码如代码清单 9-16 所示。

代码清单 9-16 WorkingWithJRuby.java

```
//WorkingWithJRuby.java

import java.io.*;

import javax.script.*;

public class WorkingWithJRuby
{
  public static void main (String [] args) throws Exception
  {
    ScriptEngineManager manager = new ScriptEngineManager ();

    //通过 jruby 简称来访问 JRuby 脚本引擎
```

```
ScriptEngine engine = manager.getEngineByName ("jruby");

//计算 TempConverter.rb 以生成中间代码。

engine.eval (new BufferedReader (new FileReader ("TempConverter.rb")));

Invocable invocable = (Invocable) engine;
Object tempconverter = invocable.invokeFunction ("getTempConverter");

double degreesCelsius;
degreesCelsius = (Double) invocable.invokeMethod (tempconverter, "f2c",
                                                  98.6);
System.out.println ("98.6 degrees Fahrenheit = "+degreesCelsius+
                    " degrees Celsius");

double degreesFahrenheit;
degreesFahrenheit = (Double) invocable.invokeMethod (tempconverter,
                                                     "c2f", 100.0);
System.out.println ("100.0 degrees Celsius = "+degreesFahrenheit+
                    " degrees Fahrenheit");
    }
}
```

为了运行该应用程序，必须将 JRuby 主目录下 lib 子目录中的 jruby-engine.jar 和 jruby.jar 添加到类路径(或者通过类路径环境变量，或者是通过 java 工具的-cp 选项)。下面是针对 Windows 平台的一个例子：

```
java -cp c:\jruby-1.0\lib\jruby.jar;c:\jruby-1.0\lib\jruby-engine.jar;.
WorkingWithJRuby
```

将看到以下的输出：

```
98.6 degrees Fahrenheit = 37.0 degrees Celsius
100.0 degrees Celsius = 212.0 degrees Fahrenheit
```

如果想通过 jrunscript 来使用 JRuby，首先需要将所有的 JAR 文件(包含 jruby-engine.jar) 从 JRuby 主目录的 lib 子目录复制到 JRE 的 lib\ext 目录(或者是 Unix 平台下的 lib/ext)。尽管可以仅复制 ruby.jar 和其他的少数几个 JAR 文件，但是这样很可能会在试图访问脚本引擎时由于缺少必要的 JAR 文件，而返回一个 NoClassDefFoundError 错误。在复制这些文件后，运行 jrunscript -l jruby，将看到 jrunscript 的 jruby>提示。在此可以加载并执行一个 Ruby 脚本文件，如 load "demo.rb"。如果选择将所有的 JAR 文件都复制到 JRE 的扩展目录，那么在运行 WorkingWithJRuby 之前不再需要在类路径中添加 jruby-engine.jar 和 jruby.jar。

9.3.2 JavaFX Script 和 Scripting API

2007年5月，Sun 公司在 JavaOne 会议上介绍了 JavaFX。JavaFX 是用于创建富 Internet

应用程序的一系列产品。查阅维基百科的 JavaFX 条目(http://en.wikipedia.org/wiki/JavaFX)以对 JavaFX 有一个简单的了解。该产品系列的脚本语言成员就是 JavaFX Script，该脚本基于 Chris Oliver 的 F3(Form Follows Function)语言。

注意

Chirs Oliver 的 F3 博客(http://blogs.sun.com/chrisoliver/entry/f3)介绍了 F3 语言。此外，维基百科的 JavaFX Script 条目 (http://en.wikipedia.org/wiki/JavaFX_Script)也介绍了 JavaFX 脚本。

JavaFX Script 是由 java.net 的 OpenJFX 协会维护的一个项目。根据该项目的主页(https://openjfx.dev.java.net/)介绍：

OPenJFX 项目是 OpenJFX 协会的一个项目，其目的是为了共享 JavaFX Script 语言的早期版本并为脚本语言的开发提供一种协作方式。未来，JavaFX Script 的代码将是开源的。随着项目的发展，项目的管理、许可证以及社区模型将逐步形成。

为了获取 OpenJFX 项目的最新消息，请查阅主页上的 what's New 部分。

警告

由于 OpenJFX 项目正在不断发展，因此本章中关于 JavaFX Script 的某些内容可能在本书出售时已经不再正确。

OpenJFX 项目的主页对该语言做了这样的介绍：JavaFX Script 是一个声明式的、静态类型的编程语言。它拥有高级的函数、声明式的语法、列表包含以及基于增量式依赖性的演化。高级函数(First class function)是指可以当成值考虑的函数。例如，这类函数可以用作函数参数。Planet JFX 的 FAQ 页面(http://jfx.wikia.com/wiki/FAQ)分别定义了声明式语法、列表包含和基于增量式依赖性演变的含义。

OpenJFX 项目的主页面也说明 JavaFX Script 可以直接调用位于同一个平台上的 Java API。同样，它的静态类型特性意味着 JavaFX 脚本"具有同样的(和 Java 一样)代码结构化、重用和封装特性(如包、类、集成以及分离编译和部署单元)使得它可以用 Java 技术创建并维护非常大型的程序"。这些 JavaFX Script 的特性使您可以快速"使用 Java Swing、Java 2D 和 Java 3D 构建丰富和引人注目的 UI"。想具体了解 JavaFX Script 语言，请查阅 OpenJFX 的 JavaFX Script Programming Language 页面(https://openjfx.dev.java.net/JavaFX_Programming_Language.html)。

注意

尽管 JavaFX Script 是静态类型，但是由于 JavaFX Script 可以根据脚本所使用的上下文推断出类型，因此类型在很多地方是可以忽略的。想看看这方面的例子，请查阅 Sundar Athijegannathan 的博客"JavaScript, JSON and JavaFX Script"(http://blogs.sun.com/sundararajan/entry/javascript_json_and_javafx_script)。

OpenJFX 的主页上 Downloads 部分提供了一个 via tar.gz or zip file 链接，链接到另外

一个页面(https://openjfx.dev.java.net/servlets/ProjectDocumentList)，在此，可以下载最近的 JavaFX Script 运行时、类库源代码以及演示程序的 ZIP 文件或者 TAR 文件。在撰写本章时，OpenJFX-200707201531.tar.gz 和 OpenJFX-200707201531.zip 是最新的文件。解压该 ZIP 文件将得到一个 openjfx-200707201531 主目录，在该主目录下，不同的子目录将包含一些用于不同目的的子目录。

提示

OpenJFX 的主页中 Downloads 部分也提供插件下载的链接。这些插件将允许在 NetBeans IDE 5.5 和 6.0 以及 Eclipse 3.2 中使用 JavaFX Script。您可能想安装相应的插件，这样就可以在喜欢的 IDE 上研究 JavaFX Script 了。

trunk 目录有一个 demos 子目录，该目录包含了一些演示 JavaFX Script 用处的程序。为了使用这些演示程序，要进入 demos 目录的 demo 子目录，并启动 demo.bat 或者 demo.sh。稍等片刻，将看到一个 JavaFX Demos 窗口，该窗口给出了一个带有 demo 名称列表的 JavaFX Demos 选项卡。图 9-3 展示了 JavaFX Canvas Tutorial 演示程序的介绍页面。

trunk 目录还提供一个 lib 子目录，该目录包含 Filters.jar、javafxrt.jar 和 swing-layout.jar。这些 JAR 文件一起实现了 JavaFX Script。javafxrt.jar 包含了 JavaFXScriptEngine.class 和 JavaFXScriptEngineFactory.class，这两个类是 JavaFX Script 的脚本引擎。可以将这些 JAR 文件复制到 JRE 的扩展目录以方便从 jrunscript 访问 JavaFX Script(调用 jrunscript -l FX 将显示该工具的 FX>提示)，但是将不能完成任何事。JavaFX Script 的脚本引擎一直提示 script error：Invalid bindging name 'javax.script.argv'. Must be of the form 'beanName:javaTypeFQN'. 显然，在访问 JavaFX Script 之前，jrunscript 需要做一些其他的工作。

但是，可以通过 Scripting API 访问 JavaFX Script 的脚本引擎。为了证明这一点，本节准备一个例子来演示通过一个 Java 应用程序来运行一段脚本。该脚本在屏幕中央显示一个窗口。该应用程序在浅黄色的背景下显示蓝色的文本，这些文本具有梯度填充、带一定噪声、发光且具有轻微的模糊。代码清单 9-17 给出了该脚本。

代码清单 9-17　demo.fx

```
//demo.fx

import javafx.ui.*;
import javafx.ui.canvas.*;
import javafx.ui.filter.*;

Frame
{
  width: 650
  height: 150
  title: "demo.fx"
  background: lightgoldenrodyellow
  centerOnScreen: true
```

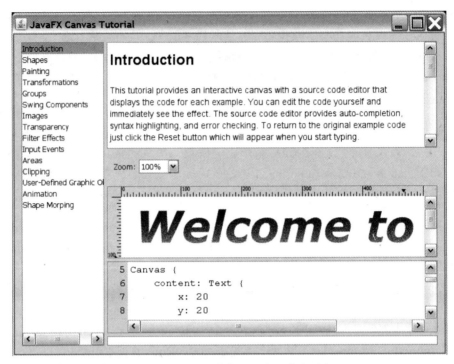

图 9-3　JavaFX Canvas Tutorial 使您可以交互式地研究 JavaFX Script

```
content: Canvas
{
  content: Text
  {
    x: 15
    y: 20
    content: "{msg:<<java.lang.String>>}"
    font: Font { face: VERDANA, style: [ITALIC, BOLD], size: 80 }
    fill: LinearGradient
    {
      x1: 0, y1: 0, x2: 0, y2: 1

      stops:
      [
        Stop
        {
          offset: 0
          color: blue
        },

        Stop
        {
          offset: 0.5
          color: dodgerblue
        },
```

```
        Stop
        {
          offset: 1
          color: blue
        }
      ]
    }

    filter: [MotionBlur { distance: 10.5 }, Glow {amount: 0.15},
             Noise {monochrome: false, distribution: 0}]
    }
  }
  visible: true
}
```

代码清单 9-17 演示了 JavaFX Script 的声明式编码样式,其中值赋给了 GUI 组件的属性(例如,650 被赋给了框架窗口的 width 属性)而不是为了实现该目标而调用相应的方法。{msg:<<java.lang.String>>}文本是一个基于字符串值的占位符。该值将从代码清单 9-18 的应用程序中获取,并显示在窗口上。

代码清单 9-18   WorkingWithJavaFXScript.java

```
//WorkingWithJavaFXScript.java

import java.awt.*;

import java.io.*;

import javax.script.*;

public class WorkingWithJavaFXScript
{
  public static void main (String [] args)
  {
    ScriptEngineManager manager = new ScriptEngineManager ();

    //通过 FX 简称来访问 JavaFX 脚本引擎。

    final ScriptEngine engine = manager.getEngineByName ("FX");

    engine.put ("msg:java.lang.String", "JavaFX Script");

    Runnable r = new Runnable ()
    {
      public void run ()
      {
        try
        {
```

```
                System.out.println ("EDT running: "+
                                    EventQueue.isDispatchThread ());
                engine.eval (new BufferedReader (new FileReader ("demo.fx")));
            }
            catch (Exception e)
            {
                e.printStackTrace ();
            }
        }
    };
    EventQueue.invokeLater (r);
}
}
```

在通过 FX 简称获取 JavaFX Script 的脚本引擎之后，应用程序使用 engine.put ("msg:java.lang.String", "JavaFX Script");将一个字符串值(将显示在脚本的框架中)传递给脚本。然后，由于已经创建了一个 Swing GUI，应用程序将在事件-派发线程上计算脚本。

将 Filters.jar、javafxrt.jar 和 swing-layout.jar 设置为类路径的一部分，然后运行该应用程序。例如，假定这些 JAR 文件均位于\javafx，java-cp\javafx\Filters.jar;\javafx\swing-layout.jar;\javafx\javafxrt.jar;。WorkingWithJavaFXScript 在 Windows 平台上运行该应用程序。该应用程序和脚本一起工作将生成如图 9-4 所示的窗口。

图 9-4　使用 JavaFX Script 创建的 GUI 最初显示在屏幕中央

此外，还有 3 个消息发送到了标准的输出设备。第一个消息报告事件-派发线程正在运行。其余的两条消息则分别标识 JavaFX Script 的内部编译器用来将一段脚本编译成内部代码(为了改进性能)的线程，以及编译脚本所花费的时间。

由于 JVM 类文件提供比中间代码更好的性能，所以 java.net 也成为 OpenJFX Complier 项目的一部分。根据该项目的主页(https://openjfx-compiler.dev.java.net/)介绍，该项目的目的是"集中精力创建一个 JavaFX 编译器以将 JavaFX 脚本编译成 JVM 类文件(字节码)。"此外，新的编译器还将扩展标准的 Java 编译器。

9.4　小结

Java SE 6 引入了 Scripting API，从而使得 servlet、应用程序以及其他各类 Java 程序能够使用 Ruby、PHP、JavaScript 以及其他脚本语言。

Scripting API 是基于 JSR 223 规范开发出来，在 javax.script 包中提供。Java SE 6 中还包含了 Rhino 脚本引擎。

在利用该 API 之前，需要掌握该 API 的一些基础知识，包括如何执行以下任务：

- 通过脚本引擎管理器从工厂获取脚本引擎
- 计算脚本
- 从脚本中交互 Java 类和接口
- 通过脚本变量和脚本通信
- 使用绑定、范围以及脚本上下文
- 从宏生成脚本
- 编译脚本
- 调用全局函数、对象成员函数以及接口实现函数
- 使用 jrunscript

将基于 Rhino 的 JavaScript 集成到 JEditorPane 组件是使用 Scripting API 的一个很好的示例。所得到的 ScriptedEditorPane 组件可以在该组件上呈现一个带有 JavaScript 的 HTML 文档，并且当鼠标指针移动到文档的链接上时，用户可以动态改变文档中链接的颜色。

尽管基于 Rhino 的 JavaScript 非常有用，而且使用起来也比较有趣(特别是通过 jrunscript)，但是还是会想在其他脚本语言上使用 Scripting API。本章还给出和 JRuby 以及 JavaFX Script 一起使用该 API 的例子。

9.5 练习

您对 Java SE 6 中新的 Scripting API 理解如何？通过回答下面问题，测试您对本章内容的理解(参考答案见附录 D)。

(1) 赋予 Scripting API 的包名是什么？

(2) Compilable 接口和 CompiledScript 抽象类之间的区别是什么？

(3) 和 Java SE 6 的基于 Rhino 脚本引擎相关联的脚本语言是什么？

(4) ScriptEngineFactory 的 getEngineName()方法和 getNames()方法之间的差别是什么？

(5) 对于一个脚本引擎而言，展示 MULTITHREADED 线程行为意味着什么？

(6) ScriptEngineManager 的 3 个 getEngine 方法中哪个适用于通过一个对话框选择脚本文件名后获取一个脚本引擎？

(7) ScriptEngine 提供多少个 eval()方法以计算脚本？

(8) 为什么基于 Rhino 的脚本引擎默认情况下不引入 java.lang 包？

(9) importPackage()和 importClass()存在什么问题？Rhino 又是如何克服该问题的？

(10) Java 程序如何与脚本通信？

(11) jrunscript 如何使得脚本可以使用命令行参数？

(12) 绑定对象是什么？

(13) 引擎范围和全局范围之间的区别是什么？

(14) 尽管程序可以改变脚本引擎的脚本绑定，但是改变引擎的全局绑定将没有任何

意义。那么为什么 ScriptEngine 提供 setBindings(Bindings bindings, int scope)方法以允许替换全局绑定？

(15) 脚本上下文的作用是什么？

(16) eval(String script, ScriptContext context)方法和 eval(String script, Bindings n)方法之间的差别是什么？

(17) context 脚本变量的目标是什么？如何输出基于 Rhino 的 JavaScript 和 JRuby 中该变量的值？

(18) getOutputStatement()存在什么问题？

(19) 如何编译一个脚本？

(20) Invocable 接口提供了什么好处？

(21) jrunscript 是什么？

(22) 如何发现 jlist()、jmap()和 JSInvoker()函数的实现？

(23) JSAdapter 是什么？

(24) 如果想修改 demo.html 的 setColor(color)函数以打印在该属性设置为 color 参数(如：function setColor(color) {println ("Before = "+document.linkcolor); document.linkcolor = color; println ("After = "+document.linkcolor); })之前和之后 document.linkcolor 的值，将注意到第一次将鼠标指针移到该文档的两个链接中的某一个上时，输出 Before = java.awt.Color[r=0,g=0,b=0]。该输出表示 document.linkcolor 的初始值为黑色(而不是假定的默认设置：蓝色)。为什么？应该如何修正这一点，使得输出为 Before = java.awt.Color[r=0,g=0,b=255](同样假定为蓝色的默认样式表设置)？注意，您需要研究编辑器面板组件以回答该问题。

(25) 修改 WorkingWithJRuby(代码清单 9-16)以调用 WorkingWithJavaFXScript(代码清单 9-18)。在修改版本中，Java 程序计算一段 Ruby 脚本，该 Ruby 脚本执行一个 Java 程序，而该 Java 程序又计算一个基于 JavaFX Script 的脚本。

第 10 章

安全与 Web 服务

Java SE 6 的 JDK 文档在 Java 6 Security Enhancements 页面(http://java.sun.com/javase/6/docs/technotes/guides/security/enhancements.html)上详细地列出了 Java SE 6 在安全方面的诸多改进。本章将主要介绍 Java SE 6 所提供的两个新的安全 API，这两个 API 分别用于处理智能卡和数字签名。

在 Java SE 6 发布以前，使用 Web 服务需要涉及企业 Java API 的使用。由于 Java SE 6 引入了多个新的 Web 服务 API 以及面向 Web 服务的 API，如 XML Digital Signature API，从而使得开发 Web 服务以及和 Web 服务交互的 Java 应用程序都简单了很多。本章将描述 Java SE 6 对 Web 服务的支持。

本章主要涵盖以下几个方面的内容：

- 智能卡 I/O API
- XML Digital Signature API
- Web 服务

注意

前面的章节已经涉及到两个安全相关的主题。第 1 章提到一个涉及 Java SE 6 的 jarsigner、keytool 和 kinit 安全工具的改进(附录 B 给出新的 jarsigner 和 keytool 选项)。第 8 章从网络化的角度考虑 SPNEGO HTTP 认证。

10.1 Smart Card I/O API

多年前，当作者还在一个小的软件开发公司就职时，就接触过一个非常有趣的设备，也就是智能卡(smart card)。作为工作的一部分，作者创建了一个 Java API 以通过一个智能卡读卡器和智能卡交互。该 API 能够检测到智能卡的插入和拔出，并能提供相应手段从某个插入的智能卡中获取用户的证书。

注意

查阅维基百科的 Smart card 条目(http://en.wikipedia.org/wiki/Smart_card)可以获取对智能卡的一个初步介绍。

由于该智能卡的读卡器软件由 Windows 的动态链接库(DLL)组成，所以使用 Java 本地接口(Java Native Interface，JNI)为 Java 和这些与 DLL 交互的本地代码之间提供桥接——这是一件比较棘手的事。如果当时所使用的 Java 版本能够提供一个 API 来和智能卡通信的话，那么工作将会简单得多。幸运的是，Sun 公司最终通过提供 Smart Card I/O API 并在其 Java SE 6 参考实现中提供了 SunPCSC 安全提供程序，从而解决了该问题。

警告

由于 Smart Card I/O API 和 SunPCSC 提供程序并不是 Java SE 6 规范的一部分，因此这些内容仅能保证在 Sun 公司的参考实现中可用。

Smart Card I/O API 使得 Java 应用程序可以通过和运行在智能卡上的应用程序交换 ISO/IEC 7816-4 应用程序协议数据单元(Application Protocol Data Unit，APDU)来和智能卡通信。SunPCSC 安全提供程序则使得该 API 可以访问底层平台的个人计算机/智能卡(Personal Computer/Smart Card，PC/SC)栈(如果可用的话)。在 Solaris 和 Linux 平台上，SunPCSC 通过 libpcsclite.so 类库访问该栈。在 Windows 平台上，SunPCSC 通过 winscard.dll 类库访问该栈。

Smart Card I/O API 是基于 JSR 268: Java Smart Card I/O API 开发的。尽管该 JSR 建议将 javax.io.smartcard 作为该 API 的包名，但是该 API 的官方包名是 javax.smartcardio。表 10-1 描述了该包的 12 个类。这些类在 http://java.sun.com/javase/6/docs/jre/api/security/smartcardio/spec/的 JDK 文档中都有详细的描述。(尽管这些类在 Sun 公司的 JDK 文档中都有相应的描述，但是这些类并不是 Java SE 6 规范的一部分，因此也仅能保证是 Sun 公司的参考实现的一部分)。

表 10-1　javax.smartcardio 中的类

类	描　述
ATR	存储智能卡的 answer-to-reset 字节。当智能卡插入终端(terminal，智能卡读卡器槽，可以为智能卡加电)时，或者有一个命令发送给终端以显式地重置智能卡时，智能卡发送该字节到终端。answer-to-reset 字节用于建立通信会话的基础。如果对该字节的格式有兴趣的话，可查阅"Answer to Reset Explained"(http://www.cozmanova.com/content/view/18/34/)
Card	描述一个具有相关连接的智能卡。Card 对象通过获取一个 CardTerminal 实例，并利用该实例以指定的 protocol 调用 CardTerminal 的 public abstract Card connect(String protocol)方法来获取
CardChannel	描述一个到智能卡的逻辑通道，该通道主要用于和智能卡交换 APDU。CardChannel 可以通过在 Card 实例上调用 Card 的 public abstract CardChannel getBasicChannel()方法或者 public abstract CardChannel openLogicalChannel()方法来获取

(续表)

类	描　述
CardException	在和智能卡或者智能卡栈通信时，如果发生错误将抛出的异常类型。将来，应该会有新的智能卡栈引入，但 PC/SC 是目前 Sun 公司的参考实现中唯一可用的栈
CardNotPresentException	当应用程序试图和某个终端建立连接，而该终端上又没有智能卡时，抛出该异常
CardPermission	描述智能卡操作的许可信息。该类标识了许可信息所应用到的终端名以及对于该终端合法的动作(连接、重置等等)集合
CardTerminal	描述一个智能卡读卡器槽。通过调用 CardTerminals 的 list 方法并从结果中选择一个列表条目可以获取一个 CardTerminal 对象，或者通过终端特定的供应商名来调用 CardTerminals 类的 public CardTerminal getTerminal(String name)也可以获取一个 CardTerminal 对象
CardTerminals	描述由某个 TerminalFactory 实例所支持的终端集合。应用程序使用 CardTerminals 以枚举所有可用的智能卡终端、获取某个特定的卡终端或者等待某个卡的插入或者拔出。该类的内部 State 枚举类型描述了各种智能卡终端的状态常量，如 CardTerminals.State.CARD_ PRESENT。将一个状态常量传递给 CardTerminals 的 public abstract List<CardTerminal> list(CardTerminals.State state)方法以返回所有满足条件的智能卡列表。该列表中的所有智能卡在最近调用 CardTerminals 的两个 waitForChange()方法之一所检测到的状态就是给定的状态常量
CommandAPDU	存储一个 ISO/IEC 7816-4 结构的响应 APDU。响应 APDU 包含一个 4 个字节长的头(标识指令的类、代码和参数)和一个紧跟其后的、变长的可选响应体
ResponseAPDU	存储一个 ISO/IEC 7816-4 结构的响应 APDU。响应 APDU 包含一个可选的响应体以及一个紧随其后的两个字节的尾。尾提供了智能卡执行命令 APDU 之后的智能卡处理状态信息
TerminalFactory	Smart Card I/O API 的入口点。应用程序可以通过调用该类的 public static TerminalFactory getDefault()方法以返回默认的终端工厂(该工厂一直是可用的，但可能并不提供任何终端)，从而获取一个 TerminalFactory 的实例。应用程序也可以基于智能卡栈的类型和一个 java.security.Provider 实现，通过调用该类的三个 getInstance()方法中的一个来获取一个 TerminalFactory 的实例
TerminalFactorySpi	描述一个服务提供程序接口以引入新的面向智能卡的安全提供程序。应用程序并不直接和该类交互

在撰写本章时，作者并未处理过智能卡或者智能卡读卡器，因此要创建一个非常有效的示例是不可能的。相反，采用了一个简单的例子来演示如何获取默认的终端工厂以及针对 PC/SC 栈的工厂。该示例也展示了如何枚举某工厂的智能卡终端。代码清单 10-1 给出了源代码。

代码清单 10-1　Terminals.java

```java
// Terminals.java

import java.util.*;

import javax.smartcardio.*;

public class Terminals
{
  public static void main (String [] args) throws Exception
  {
      TerminalFactory factory = TerminalFactory.getDefault ();
      System.out.println ("Default factory: "+factory);
      dumpTerminals (factory);

      factory = TerminalFactory.getInstance ("PC/SC", null);
      System.out.println ("PC/SC factory: "+factory);
      dumpTerminals (factory);
  }

  static void dumpTerminals (TerminalFactory factory) throws Exception
  {
      List<CardTerminal> terminals = factory.terminals ().list ();
      for (CardTerminal terminal: terminals)
          System.out.println (terminal);
  }
}
```

在 Windows 平台上运行 Terminals 后，输出的第一行如下所示：

```
Default factory: TerminalFactory for type None from provider None
```

观察到与 java.security.NoSuchAlgorithmException 异常相关的输出，该异常是在 TerminalFactory.getInstance("PC/SC", null)方法中抛出的。抛出的该异常是由于该平台上没有任何智能卡读卡器设备引起的。

10.2　XML Digital Signature API

基于 Web 的业务事务通常都会调用一个包含业务数据的 XML 文档流。由于这些文档必须在文档的发送者和接收者之间保持私密(例如，您应该不想任何人读取您的信用卡信息)，因此 XML 文档中的业务数据需要被加密。此外，出于以下的原因，这些文档的不同部分还需要数字签名。

- 保证数据的真实性(authenticity)：谁发送的数据？
- 保证数据的完整性(integrity)：数据在传输过程中是否被篡改？
- 提供不可否认性(nonrepudiation)：数据发送者不能否认他所发送过的文档。

利用一些比较老的数字签名标准，如 RSA Security 的公共密钥加密标准(Public Key Cryptography Standard，PKCS)#7(http://tools.ietf.org/html/rfc2315)对 XML 文档签名存在一定的问题，因为比较老的标准并不是针对 XML 设计的。例如，文档可能引用需要签名的外部数据。此外，可能多个人一起联合开发一个 XML 文档，因此这些人可能仅仅想对他们自己的那部分内容进行签名以限制他们自己的责任。

Java SE 6 的 XML Digital Signature API 使处理数字签名变得简单。但是在学习这些 API 之前，需要理解 Java SE 6 XML Digital Signature API 所基于的数字签名基础以及为了解决 XML 需求的数字签名标准。

10.2.1 数字签名基础

对信息进行数字签名，并在后来验证信息的真实性和完整性时均涉及到公共密钥加密机制(参见 http://en.wikipedia.org/wiki/Public_key_cryptography)。为了对信息进行加密，发送者首先需要对信息应用一个数学转换，其结果是一个唯 的散列(hash)或者消息摘要(message digest)。然后发送者通过其私钥对散列进行加密。加密后的散列就是一个数字签名(digital signature，参见 http://en.wikipedia.org/wiki/Digital_signature)。

在从发送者接收到消息、签名以及公钥后，接收者执行相应的验证：利用同样的数学转换生成一个消息的散列；利用公钥对数字签名进行解密，并比较所生成的散列和解密的散列。如果两个散列一样，那么接收者可以确认消息的真实性和完整性。由于接收者并没有私钥，因此不可否认性也得到了保证。

注意

成功的验证依赖于知道属于发送者的公钥。否则，另外的人也可以宣称是发送者，并用其公钥替换实际的公钥。为了避免这一点，由证书授权机构发布的、针对作为公钥拥有者的发送者的一个证书担保也要发送给接收方。

10.2.2 XML 签名标准

多年前，W3C(World Wide Web Consortium)和 IETF(Internet Engineering Task Force)联合一起打造了针对 XML 文档的数字签名标准。它们的 XML Signature 标准由 W3C 的"XML-Signature Syntax and Processing"文档和 IETF 的"(Extensible Markup Language) XML-Signature Syntax and Processing"文档描述。

根据 XML Signatures 标准规定，XML 签名(XML signature)包含一个 Signature 元素和该元素所包含的用于描述 XML Signature 各个不同方面的元素。这些元素由 W3C 的名

称空间所定义，并和下面的语法规范相关联，其中*表示 0 个或多个出现，+表示一个或
多个出现，而?表示 0 个或一个出现。

```
<Signature Id?>
  <SignedInfo Id?>
    <CanonicalizationMethod Algorithm/>
    <SignatureMethod Algorithm/>
    (<Reference Id? URI? Type?>
      (<Transforms>
          (<Transform Algorithm/>)+
      </Transforms>)?
          <DigestMethod Algorithm/>
          <DigestValue>…</DigestValue>
    </Reference>)+
  </SignedInfo>
  <SignatureValue Id?>…</SignatureValue>
  (<KeyInfo Id?>…</KeyInfo>)?
  (<Object Id? MimeType? Encoding?>…</Object>)*
</Signature>
```

Signature 元素包含了 SignedInfo、SignatureValue、KeyInfo(可选)以及 0 个或者多个
Object 元素。SignedInfo 元素又包含 CanonicalizationMethod、SignatureMethod 以及一个
或者多个 Reference 元素。每个 Reference 元素均包含 Transforms 元素(可选)、DigestMethod
元素和 DigestValue 元素。Transforms 元素则包含一个或多个 Transform 元素。

SignedInfo 元素标识某个 XML 文档的该部分被加上了签名；所有在 SignedInfo 节内
部 的 内 容 都 是 签 名 所 保 护 的 内 容。 该 节 的 内 容 在 通 过 SignedInfo 的
CanonicalizationMethod 元素所标识的算法进行规范(canonicalizing)后，应用程序可以通
过 SignedInfo 的 SignatureMethod 元素所标识的算法对规范化后的内容进行签名。
(CanonicalizationMethod 和 SignatureMethod 元素是 SignedInfo 为了防止内容被篡改而提
供的部分元素。)

注意

Sean Mulla 的文章 "Programming With the Java XML Digital Signature API" (http://
java.sun.com/developer/technicalArticles/xml/dig_signature_api/)将规范化描述为"规范化是
为了消除某些使得在数据上签名无效的微小的改变，而调用规范的形式以将 XML 内容
转换为物理表示的过程。由于 XML 的特性以及 XML 可能被不同的处理器和中间者解析，
因此规范化是有必要的。这是因为处理器和中间者可以改变数据，从而使签名无效而被
签名的数据却仍然逻辑等价。规范化在生成或者验证签名之前，通过将 XML 转换成规
范的形式，从而消除这些允许的语法变体。" Sean 对将 XML 签名带入 Java 领域做了很
大贡献。

SignedInfo 元素还包括一个 Reference 元素列表。每个 Reference 元素均是签名的一
部分，并通过一个 URI 来标识一个被摘要的数据对象(data object)(可以进行签名的内容)。
每个 Reference 元素还标识一个可选的 Transform 元素的 Transforms 列表以在摘要之前应

用于数据对象；通过 DigestMethod 元素标识用于计算摘要的算法；并通过 DigestValue 元素标识所得到的摘要值。Transform 元素标识在摘要之前用于处理数据对象的转换算法。例如，如果 XML Signature(即 Signature 元素及其所包含的元素)恰好是被摘要数据对象的一部分，而不希望该 XML Signature 包括在摘要计算中，那么可以应用转换将 XML Signature 从计算中删除。

最后 3 个包含 Signature 的元素作用如下：

- SignatureValue 包含实际的数字签名的值，该值是通过 base64 算法编码的。
- KeyInfo 包含公钥信息——公钥、公钥名、证书以及其他的公钥管理数据，如密钥协议数据。接收方需要这些数据来验证签名(假设接收者并不能通过其他的方法知道公钥)。
- Object 包含任意数据。该元素可以多次出现。

注意

想详细了解 base64 算法，请查阅 RFC 2045: Multipurpose Internet Mail Extensions (MIME) Part One: Format of Internet Message Bodies(http://www.ietf.org/rfc/rfc2045.txt)。想了解更多密钥协议数据的信息，请参阅维基百科的 Password-authenticated key agreement 条目(http://en.wikipedia.org/wiki/ Password-authenticated_key_agreement)。

除了 XML Signature 语法规范外，"XML-Signature Syntax and Processing"文档还描述了生成和验证 XML Signature 的规则。概括如下。

生成一个 XML 签名：首先为和每个 Reference 元素相关联的(也可能是转换的)数据对象计算一个摘要值，然后对在 SignedInfo 元素所有规范化的内容计算签名(包含所有 Reference 摘要值)。

验证一个 XML 签名：首先规范化 SignedInfo 元素，针对各个 Reference 元素，摘要相关联的数据对象，并比较摘要值和 Reference 元素的摘要值(引用验证)。然后从 KeyInfo 元素或者从外部资源中获取公钥，并利用该公钥通过 SignatureMethod 的规范形式基于 SignedInfo 元素确认 SignatureValue 值(签名验证)。

XML 签名类型

"XML-Signature Syntax and Processing"文档基于数据对象及其 XML 签名之间的关系将 XML Signature 分为三类。

包含(Enveloping): 该类签名包括在 Signature 元素的 Object 元素(或子元素)的数据对象上。每个 Object 或者其子元素都通过一个 Reference 元素标识(通过一个 URI 片段标识符或者是一个转换)。

被包含(Enveloped): 该类签名是包括 Signature 元素的数据对象上。该数据对象提供 XML 文档的根元素。Signature 元素必须通过一个转换从数据对象的签名值计算中排除。

分离的(Detached): 该类签名是在 XML Signature 之外的数据对象上。每个对象由一个 Reference 元素(通过一个 URI 或者是一个转换)标识。数据对象可以位于外部资源，也可以位于同一 XML 文档中和 Signature 并列的其他元素。

10.2.3 Java 和 XML Signatures 标准

在 2001 年,Sun Microsystems 的 Sean Mullan 和 IBM 的 Anthony Nadalin 联合引入了 JSR 105: XML Digital Signature API(XML 数字签名 API, http://www.jcp.org/en/jsr/detail?id =105)以在 Java 中支持 XML 签名标准。根据该 JSR 的 Web 页面介绍,该 JSR "为 XML 数字签名服务定义了一个标准的、高层的、与实现独立的 API 集,并协作开发。"集成 在 Java SE 6 中的 JSR 105 API 包含了表 10-2 所示的 6 个 Java 包。

表 10-2 XML 数字签名 API 包

包	描　述
javax.xml.crypto	用于生成 XML 签名和执行其他 XML 加密操作的通用类和接口。例 如,KeySelector 类对于获取 XML Signature 的公钥非常有用,也可 以用于验证签名
javax.xml.crypto.dom	文档对象模型(Document Object Model, DOM)特有的通用类和接口。 仅有使用基于 DOM 的 XML 加密实现的开发人员才需要直接使用 该包
javax.xml.crypto.dsig	用于生成和验证 XML Signature 的类和接口。不同的接口,如 SignedInfo、CanonicalizationMethod 和 SignatureMethod 分别对应于 等价的 W3C 所定义的元素
javax.xml.crypto.dsig.dom	用于生成和验证 XML Signature 的 DOM 特有的类和接口。仅有使 用基于 DOM 的 XML 加密实现的开发人员才需要直接使用该包
javax.xml.crypto.dsig.keyinfo	用于解析和处理 KeyInfo 组件和结构的类和接口。KeyInfo 对应于等 价的 W3C 定义的 KeyInfo 元素
javax.xml.crypto.dsig.spec	用于摘要、签名、转换或者规范化算法的输入参数类和接口。 C14NmethodParameterSpec 就是其中的一个例子

javax.xml.crypto.dsig.XMLSignatureFactory 类是该 API 的入口点。该类所提供的方法 完成以下任务:

- 创建一个 XML Signature 的元素作为对象。
- 创建一个 javax.xml.crypto.dsig.XMLSignature 的实例包含这些对象。在签名操作 中, XMLSignature 及其签名将组合成一个 XML 表示。
- 在验证该签名前,将一个已有的 XML 表示编制成一个 XMLSignature 对象。

但是, 在应用程序可以完成这些任务之前,需要获取一个 XMLSignatureFactory 的 实例。调用一个 XMLSignatureFactory 的 getInstance()方法可以创建一个实例,因为每个 getInstance()方法都会返回一个支持特定 XML 机制类型(如 DOM)的实例。该工厂生产将 基于 XML 机制类型,并遵守该类型的互操作性需求的对象。

注意

想了解 DOM 的互操作性需求，请查阅 Javadoc "Java XML Digital Signature API Specification(JSR 105)" (http://java.sun.com/javase/6/docs/technotes/guides/security/xmldsig/overview.html)。

本节创建一个应用程序以演示 XML Digital Signature API。如代码清单 10-2 所示，XMLSigDemo 应用程序提供了对任意 XML 文档签名的能力，以及验证签名文档的 XML Signature 的能力。

代码清单 10-2　XMLSigDemo.java

```java
// XMLSigDemo.java

import java.io.*;

import java.security.*;

import java.util.*;

import javax.xml.crypto.*;
import javax.xml.crypto.dom.*;
import javax.xml.crypto.dsig.*;
import javax.xml.crypto.dsig.dom.*;
import javax.xml.crypto.dsig.keyinfo.*;
import javax.xml.crypto.dsig.spec.*;

import javax.xml.parsers.*;

import javax.xml.transform.*;
import javax.xml.transform.dom.*;
import javax.xml.transform.stream.*;

import org.w3c.dom.*;

public class XMLSigDemo
{
  public static void main (String [] args) throws Exception
  {
    boolean sign = true;

    if (args.length == 1)
        sign = false; //验证而不是签名。
    else
    if (args.length != 2)
    {
        System.out.println ("usage: java XMLSigDemo inFile [outFile]");
        return;
    }
```

```
    if (sign)
        signDoc (args [0], args [1]);
    else
        validateSig (args [0]);
}

static void signDoc (String inFile, String outFile) throws Exception
{
```

//获取 DocumentBuilderFactory 的默认实现以解析被签名的 XML 文档。

```
    DocumentBuilderFactory dbf = DocumentBuilderFactory.newInstance ();
```

//由于 XML 签名使用了 XML 名称空间，因此该工厂将被告知名称空间识别。

```
    dbf.setNamespaceAware (true);
```

//使用该工厂获取一个 DocumentBuilder 实例，该实例将用于解析由 inFile 标识的文档。

```
    Document doc = dbf.newDocumentBuilder ().parse (new File (inFile));
```

//生成一个 512 位长的 DSA KeyPair。该私钥将用于生成签名。

```
    KeyPairGenerator kpg = KeyPairGenerator.getInstance ("DSA");
    kpg.initialize (512);
    KeyPair kp = kpg.generateKeyPair ();
```

//创建一个 DOM 特有的 XMLSignContext。
//该类包含了生成 XML Signature 的上下文信息。
//该类使用用于签名文档的私钥进行初始化，然后，该文档的根目录将被签名。

```
    DOMSignContext dsc = new DOMSignContext (kp.getPrivate (),
                                              doc.getDocumentElement ());
```

//Signature 元素的不同部分组装成了一个 XMLSignature 对象。
//这是元素是利用 XMLSignatureFactory 创建并组装的。
//由于 DocumentBuildFactory 将 XML 文档解析成一棵 DOM 对象树，
//因此将可以得到 XMLSignatureFactory 的 DOM 实现。

```
    XMLSignatureFactory fac = XMLSignatureFactory.getInstance ("DOM");
```

//为将要被摘要的内容创建一个 Reference 元素：一个空的字符串 URI("")表示文档根。
//采用 SHA1 作为摘要算法。
//对于一个被包含的签名，需要一个单独被包含的 Transform，
//因此当计算签名时，Signature 元素和被包含的元素都不包含在内。

```
    Transform xfrm = fac.newTransform (Transform.ENVELOPED,
                                       (TransformParameterSpec) null);
    Reference ref;
```

```
ref = fac.newReference ("",
                        fac.newDigestMethod (DigestMethod.SHA1, null),
                        Collections.singletonList (xfrm), null,
                        "MyRef");
```

//创建 SignedInfo 对象，该对象是被签名的唯一对象——
//一个 Reference 元素所标识的对象被实施了摘要，
//并且作为 SignedInfo 对象的一部分的摘要值将被包含在该签名中。
//所选择的 CanonicalizationMethod 是综合性的，
//并且剔除了注释，SignatureMethod 是 DSA，
//并且该 References 列表仅仅包含一个 Reference。

```
CanonicalizationMethod cm;
cm = fac.newCanonicalizationMethod (CanonicalizationMethod.
                                    INCLUSIVE_WITH_COMMENTS,
                                    (C14NMethodParameterSpec) null);
SignatureMethod sm;
sm = fac.newSignatureMethod (SignatureMethod.DSA_SHA1, null);
SignedInfo si;
si = fac.newSignedInfo (cm, sm, Collections.singletonList (ref));
```

//创建 KeyInfo 对象，该对象使得接收者可以找到验证签名所需要的公钥。

```
KeyInfoFactory kif = fac.getKeyInfoFactory ();
KeyValue kv = kif.newKeyValue (kp.getPublic ());
KeyInfo ki = kif.newKeyInfo (Collections.singletonList (kv));
```

//创建 XMLSignature 对象，并将 SignedInfo 和 KeyInfo 传递为其参数。

```
XMLSignature signature = fac.newXMLSignature (si, ki);
```

//生成签名。

```
signature.sign (dsc);
```

```
System.out.println ("Signature generated!");
System.out.println ("Outputting to "+outFile);
```

//将基于 DOM 的 XML 内容和 Signature 元素转换成一个内容流。
//该内容流将输出到由 outFile 文件标识的文件。

```
TransformerFactory tf = TransformerFactory.newInstance ();
Transformer trans = tf.newTransformer ();
trans.transform (new DOMSource (doc),
                 new StreamResult (new FileOutputStream (outFile)));
}

@SuppressWarnings ("unchecked")
static void validateSig (String inFile) throws Exception
```

```
{
    //获取 DocumentBuilderFactory 的默认实现以解析包含签名的 XML 文档。

    DocumentBuilderFactory dbf = DocumentBuilderFactory.newInstance ();

    //由于 XML 签名使用了 XML 名称空间，该工厂将设定为名称空间识别的。

    dbf.setNamespaceAware (true);

    //使用该工厂以获取一个 DocumentBuilder 实例。
    //该实例将用于解析由 inFile 标识的文档。

    Document doc = dbf.newDocumentBuilder ().parse (new File (inFile));

    //返回 DOM 对象树上的所有 Signature 元素节点的列表。
    //至少需要有一个 Sinature 元素——signDoc()方法确实有一个 Signature 元素。

    NodeList nl = doc.getElementsByTagNameNS (XMLSignature.XMLNS,
                                              "Signature");

    if (nl.getLength () == 0)
        throw new Exception ("Missing Signature element");

    //创建一个 DOM 特有的 XMLValidateContext。
    //该类包含了验证 XML Signature 的相关信息。
    //该类使用用于验证文档的公钥进行初始化，并且 Signature 元素的一个引用将被验证。
    //通过调用 keyValueKeySelector 的 select()方法可以获取公钥(在后台)。

    DOMValidateContext dvc;
    dvc = new DOMValidateContext (new KeyValueKeySelector (), nl.item (0));

    //Signature 元素的不同部分组合成一个 XMLSignature 对象。
    //该 Signature 元素的是使用一个 XMLSIgnature 元素进行组合的。
    //由于采用 DocumentBuilderFactory 来将 XML 文档(包含 Siganture 元素)
    //解析成一个 DOM 对象树，因此可以获得 XMLSignatureFactory 的 DOM 实现。

    XMLSignatureFactory fac = XMLSignatureFactory.getInstance ("DOM");

    //从 DOM 树解码 XML Signature。

    XMLSignature signature = fac.unmarshalXMLSignature (dvc);

    //验证 XML Signature。

    boolean coreValidity = signature.validate (dvc);
    if (coreValidity)
    {
        System.out.println ("Signature is valid!");
        return;
```

```
      }

      System.out.println ("Signature is invalid!");

      //标识失败的原因。

      System.out.println ("Checking Reference digest for validity...");

      List<Reference> refs;
      refs = (List<Reference>) signature.getSignedInfo ().getReferences ();

      for (Reference r: refs)
          System.out.println (" Reference '"+r.getId ()+"' digest is "+
                              (r.validate (dvc) ? "" : "not ")+"valid");

      System.out.println ("Checking SignatureValue element for validity...");

      System.out.println (" SignatureValue element's value is "+
                          (signature.getSignatureValue ().validate (dvc)
                          ? "" : "not ")+"valid");
    }

  private static class KeyValueKeySelector extends KeySelector
  {
    //在 Signature 元素的 KeyInfo 元素的 KeyValue 元素中搜索将用于验证的公钥。
    //如果公钥可信，那么不需要进行决策。

    public KeySelectorResult select (KeyInfo keyInfo,
                                     KeySelector.Purpose purpose,
                                     AlgorithmMethod method,
                                     XMLCryptoContext context)
      throws KeySelectorException
    {
      if (keyInfo == null)
          throw new KeySelectorException ("Null KeyInfo object!");

      SignatureMethod sm = (SignatureMethod) method;
      List list = keyInfo.getContent ();

      for (int i = 0; i < list.size (); i++)
      {
        XMLStructure xmlStructure = (XMLStructure) list.get (i);
        if (xmlStructure instanceof KeyValue)
        {
          PublicKey pk = null;
          try
          {
              pk = ((KeyValue) xmlStructure).getPublicKey ();
          }
```

```
        catch (KeyException ke)
        {
            throw new KeySelectorException (ke);
        }

        //确保算法和签名方法兼容。

        if (algEquals (sm.getAlgorithm (), pk.getAlgorithm ()))
        {
            final PublicKey pk2 = pk;
            return new KeySelectorResult ()
                    {
                        public Key getKey ()
                        {
                            return pk2;
                        }
                    };
        }
      }
    }

    throw new KeySelectorException ("No KeyValue element found!");
  }
}

static boolean algEquals (String algURI, String algName)
{
    if (algName.equalsIgnoreCase ("DSA") &&
        algURI.equalsIgnoreCase (SignatureMethod.DSA_SHA1))
        return true;

    if (algName.equalsIgnoreCase ("RSA") &&
        algURI.equalsIgnoreCase (SignatureMethod.RSA_SHA1))
        return true;

    return false;
  }
}
```

XMLSigDemo.java 是基于 *The Java Web Services Tutorial*(http://java.sun.com/webservices/ docs/2.0/tutorial/doc/XMLDigitalSignatureAPI8.html#wp511424)的 "XML Digital Signature API Examples" 一节中的代码编写。想了解该代码工作原理的更多信息,可以查阅该资源。

编译 XMLSigDemo.java 后,需要一个 XML 文档来签名。例如,可能想在代码清单 10-3 所示的一个简单货物订单文档 po.xml 上试试 XMLSigDemo 的作用。

代码清单 10-3 po.xml

```xml
<?xml version="1.0" encoding="UTF-8"?>
<po>
  <items>
    <item>
      <code>hw-1021</code>
      <desc>Hammer</desc>
      <qty>5</qty>
      <unitcost>11.99</unitcost>
    </item>
    <item>
      <code>hw-2103</code>
      <desc>Solar lights</desc>
      <qty>10</qty>
      <unitcost>24.99</unitcost>
    </item>
  </items>
</po>
```

为了对该货物订单进行签名，调用以下命令：

```
java XMLSigDemo po.xml pos.xml
```

在 pos.xml 中的 s 表示已签名(signed)。(可以选择您自己的名字来替换 pos.xml。)如果一切运行正常，XMLSigDemo 将输出如下结构

```
Signature generated!
Outputting to pos.xml
```

另外，已签名的文档存储在 pos.xml 中，其内容应该类似于代码清单 10-4 的内容。

注意

本书中已经对代码清单 10-4 进行了调整。pos.xml 的内容对各个签名的操作将有所不同，因为 XMLSigDemo 每次运行都会生成不同的公/私钥对。

代码清单 10-4 pos.xml

```xml
<?xml version="1.0" encoding="UTF-8" standalone="no"?>
  <po>
    <items>
      <item>
        <code>hw-1021</code>
        <desc>Hammer</desc>
        <qty>5</qty>
        <unitcost>11.99</unitcost>
      </item>
      <item>
        <code>hw-2103</code>
        <desc>Solar lights</desc>
```

```
        <qty>10</qty>
        <unitcost>24.99</unitcost>
      </item>
    </items>
    <Signature xmlns="http://www.w3.org/2000/09/xmldsig#">
      <SignedInfo>
        <CanonicalizationMethod Algorithm="http://www.w3.org/TR/2001/
                                REC-xmlc14n-20010315#WithComments"/>
        <SignatureMethod Algorithm="http://www.w3.org/2000/09/xmldsig
                                #dsa-sha1"/>
        <Reference Id="MyRef" URI="">
          <Transforms>
            <Transform Algorithm="http://www.w3.org/2000/09/xmldsig#
                                enveloped-signature"/>
          </Transforms>
          <DigestMethod Algorithm="http://www.w3.org/2000/09/
                                xmldsig#sha1"/>
          <DigestValue>nquYM0ZPk5K6di76vnt63xvR1jI=</DigestValue>
        </Reference>
      </SignedInfo>
    <SignatureValue>ftXiy7gIDtU6O1BibABWfc+VteJw2O8xKMTALt14lm091ATeU8
                8+jA==</SignatureValue>
      <KeyInfo>
        <KeyValue>
        <DSAKeyValue>
          <P>/KaCzo4Syrom78z3EQ5SbbB4sF7ey80etKII864WF64B81uRpH5t9jQ
            TxeEu0ImbzRMqzVDZkVG9xD7nN1kuFw==</P>
          <Q>li7dzDacuo67Jg7mtqEm2TRuOMU=</Q>
          <G>Z4Rxsnqc9E7pGknFFH2xqaryRPBaQ01khpMdLRQnG541Awtx/XPaF5Bps
            y4pNWMOHCBiNU0NogpsQW5QvnlMpA==</G>
          <Y>ajryQOwA2H77GAt6LNhGwPALyGLMu/e7T70ytj0bxp0RQndX++ydqzKXW
            6P0VZj1X91RW3rVxE0RBxp4yb7eMQ==</Y>
        </DSAKeyValue>
        </KeyValue>
      </KeyInfo>
    </Signature>
  </po>
```

代码清单 10-4 显示 XMLSigDemo 创建了一个被包含的签名。可以通过调用 java XMLSigDemo pos.xml 来验证该签名。如果文件没有被篡改，那么 XMLSigDemo 将输出 Signature is valid!。

篡改该文件有三种方式：

修改创建摘要值所基于的数据对象。例如，假定您将 hammer 项中 quantity 标签的值由 5 改成 6，然后调用 java XMLSigDemo pos.xml，那么 XMLSigDemo 的输出将是：

```
Signature is invalid!
Checking Reference digest for validity...
    Reference 'MyRef' digest is not valid
```

```
Checking SignatureValue element for validity...
    SignatureValue element's value is valid
```

修改签名值。例如,可以交换 SignatureValue 元素中一组连续的字符。如果不抛出
异常(因为签名不再是基于 64 位编码),那么 XMLSigDemo 的输出将是:

```
Signature is invalid!
Checking Reference digest for validity...
    Reference 'MyRef' digest is valid
Checking SignatureValue element for validity...
    SignatureValue element's value is not valid
```

修改摘要值和签名。在这种情况下,可以同时看到 Reference 'MyRef' digest is not
valid 和 SignatureValue element's value is not valid 消息。

提示

XML Digital Signature API 包含大量的日志以支持提供额外的信息以帮助您调试验
证错误。Sean Mullan 在文章 "Programming With the Java XML Digital Signature API" 中
(http://java.sun.com/developer/technicalArticles/xml/dig_signature_api/)的 "Logging and Debugging"
一节演示如何利用该支持。

10.3　Web 服务栈

Java SE 6 在 Java 平台中添加的一个非常有趣的特性,即 Web 服务栈。该栈允许创
建并本地测试您自己的 Web 服务,或者访问已有的 Web 服务。当在本地测试一个 Web
服务时,Java 启动其驻留 Web 服务的轻量级 HTTP 服务器(另外的一个 Java SE 6 特性,
在第 8 章中已经讨论过了)。

在 Sun 公司 Developer Network 上的文章 "Implementing High Performance Web
Services Using JAX-WS 2.0" (http://java.sun.com/developer/technicalArticles/WebServices/
high_performance/index.html)中,作者 Bharath Mundlapudi 解释了 web 服务栈的分层体系
结构,该结构的最上层是 JAX-WS 2.0,中间是 JAXB 2.0,最下面是 StAX。这些 API 的
主要工作如下:

- **Java API for XML Web Services (JAX-WS)**:该 API 用于构建 Web 服务以及通
  过 XML 和 Web 服务通信的客户端(用 Java 编写的)。该 API 被指派的包为
  javax.xml.ws。JAX-WS 替代了比较老的 JAX-RPC。

- **Java Architecture for XML Binding (JAXB)**:该 API 在不需要显式地创建一个解
  析器的情况下用于访问和处理 XML 数据。该 API 被指派的包为 javax.xml.bind
  以及多个子包。

- **Streaming API for XML (StAX)**:是 Java API for XML Processing(JAXP)1.4 的一
  部分。该部分包含一个用以解决 Simple API for XML(SAX)限制的解析器 API 以
  及多个 DOM 解析器 API。该 API 被指派为 javax.xml.transform.stax 包。

注意

通过研究 Ed Ort 和 Bhakti Metha 所撰写的文章"Java Architecture for XML Binding (JAXB)"(http://java.sun.com/developer/technicalArticles/WebServices/jaxb/)，将可以了解更多关于 JAXB 的信息。通过查阅维基百科的 StAX 条目 (http://en.wikipedia.org/wiki/ StAX)，可以了解一些 StAX 的知识。想深入了解 StAX，请查阅 Anghel Leonard 的文章 "StAX and XSLT Transformations in J2SE 6.0 Mustang" (http://javaboutique.internet.com/tutorials/staxxsl/)。

除了 JAX-WS、JAXB 和 StAX 以外，Java SE 6 还引入了 SOAP with Attachments API for Java(SAAJ)1.3(通过 javax.xml.soap 包)。*Java Web Services Tutorial* 将 SAAJ 描述为"主要用于 JAX-WS 处理器和 JAXR [Java API for XML Registries]实现中后台所使用的 SOAP(Service Oriented Architecture Protocol，面向服务的体系结构协议)消息传输。"

注意

Java Web Services Tutorial 还表明，可以使用 SAAJ "编写直接向应用程序发送消息的 SOAP，而不需要使用 JAX-WS"。

Java SE 6 除了将这 4 个 API 引入 Java 平台外，还引入了一个 Web Services Metadata API(通过 javax.jws 包)，该 API 包含了各种注解类型，如 WebService 和 WebMethod。这些注解类型可以轻松地使用 Java 到 WSDL(Web Service Description Language，网络服务描述语言)的映射关系将注解信息映射到一个 Web 服务的 Java 的类。

注意

为了了解更多关于 Web Services Metadata API 的知识，请查阅 JSR 181: Web Services Metadata for the Java Platform (http://jcp.org/en/jsr/detail?id=181)。

10.3.1 创建并测试自己的 Web 服务

Web 服务栈对于创建和测试自己的 Web 服务很有帮助。例如，可以创建一个执行各种单位转换的 Web 服务(例如，将千克转换成磅和将磅转换成千克)。为了使该 Web 服务保持简单，应该将该服务限制在一个单一的类中，如 Converter 类。其源代码如代码清单 10-5 所示。

代码清单 10-5　Converter.java

```java
// Converter.java

package wsdemo;

import javax.jws.WebService;

@WebService
```

```
public class Converter
{
  public double acresToSqMeters (double value)
  {
     return value*4046.8564224; //英亩到平方米。
  }

  public double sqMetersToAcres (double value)
  {
     return value/4046.8564224; //平方米到英亩。
  }

  public double lbsToKilos (double value)
  {
     return value*0.45359237; //磅到千克
  }

  public double kilosToLbs (double value)
  {
     return value/0.45359237; //千克到磅
  }
}
```

Converter 声明为 public，并用@WebService 注解进行标注，以标识其 public 方法(不能同时是 static 的)是 web 服务操作。客户端程序可以使用这些操作。由于被注解的@WebService 类也存储在包中，因此 Converter 类被指派为 wsdemo 包。

提示

除了使用@WebService 将某个类的所有 public 方法标识为 Web 服务操作外，也可以通过为 public 方法加上@WebMethod 注解以选择性地标识 public 方法。

Converter 必须在某个特定的地址上发布，从而将其转换为一个活动的 Web 服务。可以通过调用 javax.xml.ws.EndPoint 类的 public static Endpoint publish(String address, Object implementor)方法来完成该任务，但需要将 Web 服务的地址 URI 和 Converter 实例作为参数。代码清单 10-6 给出完成该任务的 RunConverter 应用程序的源代码。

代码清单 10-6　RunConverter.java

```
// RunConverter.java

package wsdemo;

import javax.xml.ws.Endpoint;

public class RunConverter
{
  public static void main (String [] args)
  {
```

//启动轻量级 HTTP 服务器和 Converter Web 服务。

```
Endpoint.publish ("http://localhost:8080/WSDemo/Converter",
                  new Converter ());
    }
}
```

在调用 RunConverter 应用程序以启动轻量级 HTTP 服务器和 Web 服务之前，需要创建一个合适的包目录，编译代码清单 10-5 和 10-6，并调用 wsgen 工具以生成一些允许将 Converter 部署为一个 Web 服务的 Web 服务相关对象。为了完成这些任务，需要执行以下步骤：

(1) 在当前目录下，创建一个对应 wsdemo 包的 wsdemo 目录。Converter.java 和 RunConverter.java 源文件必须存储在该目录下。

(2) 假定包含 wsdemo 的目录是当前目录，调用 javac wsdemo/*.java 以编译 Converter.java 和 RunConverter.java。如果一切运行正常，wsdemo 应该包含 Converter.class 和 RunConverter.class。如果编译器发生错误，那么检查源代码以确保其与代码清单 10-5 和 10-6 匹配。

(3) 假定包含 wsdemo 的目录是当前目录，那么调用 wsgen -cp . wsdemo.Converter 以生成 Web 服务相关对象。其中-cp 选项(用句号字符参数表示当前路径)是为了保证找到 Converter.class 所必需的。所生成的类文件和源文件都放置在 wsdemo 的 jaxws 子目录中。

(4) 假定包含 wsdemo 的目录是当前目录，调用 java wsdemo.RunConverter 以发布该 Converter Web 服务。

在完成这些步骤后，可以通过启动自己的 Web 浏览器，并在浏览器的地址栏内输入 http://localhost:8080/WSDemo/Converter?wsdl 来验证 Converter 确实已经发布了。在输入该地址后，浏览器应该显示 Converter 的 WSDL 文件。图 10-1 给出该文件的一部分。

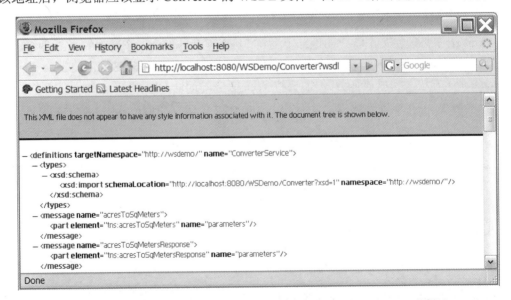

图 10-1 Converter 的 WSDL 文件提供了 Web 服务的一个基于 XML 的描述

如果不是想尝试写一个 Web 服务以自娱，那么需要创建一个客户端应用程序来将其连接到 Converter、获取一个 Converter 代理对象，并通过该代理对象调用 Converter 的方法。代码清单 10-7 给出了一个样本 TestConverter 应用程序的源代码。该应用程序测试单位转换 Web 服务。

代码清单 10-7　TestConverter.java

```java
// TestConverter.java

import wsdemo.*;

public class TestConverter
{
  public static void main (String [] args)
  {
    ConverterService service = new ConverterService ();

    Converter proxy = service.getConverterPort ();

    System.out.println ("2.5 acres = "+proxy.acresToSqMeters (2.5)+
                        " square meters");
    System.out.println ("358 square meters = "+proxy.sqMetersToAcres (358)+
                        " acres");
    System.out.println ("6 pounds = "+proxy.lbsToKilos (6)+" kilograms");
    System.out.println ("2.7 kilograms = "+proxy.kilosToLbs (2.7)+
                        " pounds");
  }
}
```

ConverterService 和 Converter 代理类由调用 wsimport 工具所生成的 Web 服务相关对象产生，这些类使客户端程序可以导入 Converter。为了和该单位转换服务交互，需要考虑多个任务，而调用该工具只是这多个任务中的一个。为了完成这些任务需要执行以下步骤：

(1) 在包含 wsdemo 的目录中，创建一个 TestConverter 目录。TestConverter 目录必须包含 TestConverter.java。

(2) 假定 TestConverter 目录是当前目录，调用 wsimport http://localhost:8080/WSDemo/Converter?wsdl。这些生成的类文件将放置在 TestConverter 的 wsdemo 子目录下。如果您想保留这些生成的源文件以便将来研究，那么在命令中使用-keep 选项，即 wsimport-keep http://localhost:8080/WSDemo/Converter?wsdl。

注意

wsimport 的-keep 选项将生成的源文件和生成的类文件放置在同一个目录下。也可以通过指定 wsimport 的-s 选项为源代码选择其他的目录。

(3) 假定 TestConverter 目录是当前目录，调用 javac TestConverter.java 以编译该客户

端应用程序的源代码。

(4) 假定 TestConverter 目录是当前目录，调用 java TestConverter 以和该 Web 服务交互。这样应该看到如下的输出：

```
2.5 acres = 10117.141056 square meters
358 square meters = 0.08846372656524519 acres
6 pounds = 2.7215542200000002 kilograms
2.7 kilograms = 5.952481078991695 pounds
```

但是，如果单位转换 Web 服务还没有运行(通过 RunConverter 和轻量级 HTTP 服务器启动)，可能会看到抛出一个 java.net.ConnectionException 异常。在这种情况下，调用 java wsdemo.RunConverter 以发布该 Converter web 服务，但必须确保包含 wsdemo 的目录是当前目录。

10.3.2　访问一个已有的 Web 服务

Web 服务栈对于访问一个已有的 Web 服务也非常有帮助。例如，可能对 Amazon、eBay、Google 或者其他某个知名公司的知名 Web 服务感兴趣，并想访问该服务。当然，也可能选择访问某个并不是那么知名的 Web 服务，如在 XMethods 目录站点(http://www.xmethods.net/ve2/index.po)上列出的某个服务。

考虑一个 SkyView 应用程序，该应用程序从 Sloan Digital Sky Survey(SDSS，斯隆数字天空观测，http://www.sdss.org/)所维护的图像归档中获取一些图像。这些图像是通过 Image Cutout Web 服务获取的。该服务由 http://casjobs.sdss.org/ImgCutoutDR5/ImgCutout.asmx?wsdl 上的 WSDL 文件描述。代码清单 10-8 给出了 SkyView 的源代码。

代码清单 10-8　SkyView.java

```java
// SkyView.java

import java.awt.*;
import java.awt.event.*;
import java.awt.image.*;

import java.io.*;

import javax.imageio.*;

import javax.swing.*;

import org.sdss.skyserver.*;

public class SkyView extends JFrame
{
  final static int IMAGE_WIDTH = 300;
  final static int IMAGE_HEIGHT = 300;
```

```
static ImgCutoutSoap imgcutoutsoap;

public SkyView ()
{
  super ("SkyView");
  setDefaultCloseOperation (EXIT_ON_CLOSE);

  setContentPane (createContentPane ());

  pack ();
  setResizable (false);
  setVisible (true);
}

JPanel createContentPane ()
{
  JPanel pane = new JPanel (new BorderLayout (10, 10));
  pane.setBorder (BorderFactory.createEmptyBorder (10, 10, 10, 10));

  final JLabel lblImage = new JLabel ("", JLabel.CENTER);
  lblImage.setPreferredSize (new Dimension (IMAGE_WIDTH+9,
                                            IMAGE_HEIGHT+9));
  lblImage.setBorder (BorderFactory.createEtchedBorder ());

  pane.add (new JPanel () {{ add (lblImage); }}, BorderLayout.NORTH);

  JPanel form = new JPanel (new GridLayout (4, 1));

  final JLabel lblRA = new JLabel ("Right ascension:");
  int width = lblRA.getPreferredSize ().width+20;
  int height = lblRA.getPreferredSize ().height;
  lblRA.setPreferredSize (new Dimension (width, height));
  lblRA.setDisplayedMnemonic ('R');
  final JTextField txtRA = new JTextField (25);
  lblRA.setLabelFor (txtRA);

  form.add (new JPanel ()
          {{ add (lblRA); add (txtRA);
             setLayout (new FlowLayout (FlowLayout.CENTER, 0, 5)); }});

  final JLabel lblDec = new JLabel ("Declination:");
  lblDec.setPreferredSize (new Dimension (width, height));
  lblDec.setDisplayedMnemonic ('D');
  final JTextField txtDec = new JTextField (25);
  lblDec.setLabelFor (txtDec);

  form.add (new JPanel ()
          {{ add (lblDec); add (txtDec);
             setLayout (new FlowLayout (FlowLayout.CENTER, 0, 5));}});

  final JLabel lblScale = new JLabel ("Scale:");
```

```java
lblScale.setPreferredSize (new Dimension (width, height));
lblScale.setDisplayedMnemonic ('S');
final JTextField txtScale = new JTextField (25);
lblScale.setLabelFor (txtScale);

form.add (new JPanel ()
        {{ add (lblScale); add (txtScale);
          setLayout (new FlowLayout (FlowLayout.CENTER, 0, 5));}});

final JLabel lblDO = new JLabel ("Drawing options:");
lblDO.setPreferredSize (new Dimension (width, height));
lblDO.setDisplayedMnemonic ('o');
final JTextField txtDO = new JTextField (25);
lblDO.setLabelFor (txtDO);

form.add (new JPanel ()
        {{ add (lblDO); add (txtDO);
          setLayout (new FlowLayout (FlowLayout.CENTER, 0, 5));}});

pane.add (form, BorderLayout.CENTER);
final JButton btnGP = new JButton ("Get Picture");
ActionListener al;
al = new ActionListener ()
    {
        public void actionPerformed (ActionEvent e)
        {
          try
          {
            double ra = Double.parseDouble (txtRA.getText ());
            double dec = Double.parseDouble (txtDec.getText ());
            double scale = Double.parseDouble (txtScale.getText ());
            String dopt = txtDO.getText ().trim ();

            byte [] image = imgcutoutsoap.getJpeg (ra, dec, scale,
                                                   IMAGE_WIDTH,
                                                   IMAGE_HEIGHT,
                                                   dopt);
            lblImage.setIcon (new ImageIcon (image));
          }
          catch (Exception exc)
          {
              JOptionPane.showMessageDialog (SkyView.this,
                                             exc.getMessage ());
          }
        }
    };
btnGP.addActionListener (al);
pane.add (new JPanel () {{ add (btnGP); }}, BorderLayout.SOUTH);

return pane;
}
```

```
public static void main (String [] args) throws IOException
{
  ImgCutout imgcutout = new ImgCutout ();
  imgcutoutsoap = imgcutout.getImgCutoutSoap ();

  Runnable r = new Runnable ()
                  {
                      public void run ()
                      {
                          try
                          {
                              String lnf;
                              lnf = UIManager.
                                  getSystemLookAndFeelClassName ();
                              UIManager.setLookAndFeel (lnf);
                          }
                          catch (Exception e)
                          {
                          }
                          new SkyView ();
                      }
                  };
    EventQueue.invokeLater (r);
  }
}
```

代码清单 10-8 的大部分内容都是关于创建 SkyView 的用户界面。如果对 new JPanel () {{ add (lblImage); }}感到好奇的话,这代码实际上是代码通过一个匿名的内部类建立了 javax.swing.JPanel 的子类,然后创建该子类面板的一个实例,并通过该对象的初始化器在该实例上添加指定的组件,最后返回该实例(该代码以及类似的代码将是一个比较方便的缩写方法)。

代码清单 10-8 还引用了 org.sdss.skyserver 包及其 ImgCutout 和 ImgCutoutSoap 成员类。该包可以通过在 http://casjobs.sdss.org/ImgCutoutDR5/ImgCutout.asmx?wsdl URI 上调用 wsimport 工具以创建 Image Cutout Web 服务的生成类来获取。以下的命令行将完成该任务:

```
wsimport -keep http://casjobs.sdss.org/ImgCutoutDR5/ImgCutout.asmx?wsdl
```

wsimport 工具在当前目录下创建了一个 org 目录。该目录包含一个 sdss 子目录,而该子目录还包含一个 skyserver 子目录。除了用于访问 Image Cutout Web 服务的类文件外,skyserver 还包含用于访问该 Web 服务而描述的相应的源文件(由于采用了-keep 选项)。

ImgCutout.java 源文件显示 ImagCutout 扩展了 javax.xml.ws.Service 以提供一个 Web 服务的客户端视图。ImgCutout 的 public ImgCutoutSoap getImgCutoutSoap()方法调用 Service 的 public <T> T getPort(QName portName, Class<T> serviceEndpointInterface)方法以返回一个存根。通过调用存根的方法可以调用 Web 服务操作。

SkyView 仅仅访问 ImgCutoutSoap 的 public byte[ ] getJpeg(double ra, double dec, double scale, int width, int height, String opt)方法。调用该方法主要是为了返回一个字节数组，该字节数组将天空的一部分描述为一个 JPEG 图像，其参数如下：

● ra 和 dec：以赤经和赤纬指定图像的中心坐标(各个值均是用经纬度来指定)。

注意
天文术语赤经和赤纬在维基百科的 right ascension and declination(http://en.wikipedia.org/wiki/Right_ascension)和 Delination(http://en.wikipedia.org/wiki/Declination)条目中分别做了介绍。

● scale：以每像素弧度秒的形式指定一个比例值。1 弧度秒等于 1/1 296 000 个圆周。
● width 和 height：标识返回图像的大小。
● opt：标识在图像上所绘制内容的一系列代码。这些代码包括如下的 String 值：
　□ G 在图像上画出一个网格。
　□ L 标志图像。
　□ I 翻转图像。

getJpeg()方法从不返回一个 null 引用。如果发生错误，则该方法将返回一个显示错误消息的图像。

假定当前目录包含 SkyView.java 和 org 子目录，调用 javac SkyView.java 以编译该应用程序的源代码。

编译完以后，调用 java SkyView 以运行该应用程序。图 10-2 显示了当在图 10-7 的文本域内指定相应值后将看到的内容。

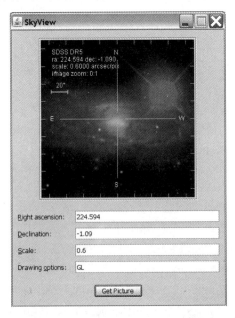

图 10-2　查看一幅新银河总表(New General Catalog，NGC)5792 的图像，该星座是接近
　　　　　边缘的一个螺旋型星座。其中最明亮的红星位于银河系

提示

查阅 Sloan Digital Sky Survey/SkyServer 站点的 Famous Places 部分 (http://cs.sdss.org/dr6/en/tools/places)以获取不同天文图像的赤经/赤纬值。

10.4　小结

Java SE 6 提供了多种安全方面的改进。本章所讨论的两个改进是 Smart Card I/O API 和 XML Digital Signature API。

Sun 公司在其 Java SE 6 的参考实现中提供了 Smart Card I/O API 和 SunPCSC 安全提供程序。该 API 使 Java 应用程序可以通过和运行在智能卡上的应用程序交换 ISO/IEC 7816-4 APDU 数据包来和应用程序通信。SunPCSC 安全提供程序使 API 可以访问底层平台的 PC/SC 栈(如果有的话)。javax.smartcardio.TerminalFactory 类是该 API 的入口点。

XML Digital Signature API 基于 XML Signature 标准。XML Signature 标准由 W3C 的 "XML-Signature Syntax and Processing" 文档和 IETF 的 "(Extensible Markup Language) XML-Signature Syntax and Processing" 文档描述。该标准描述了 XML Signature 的语法、处理规则,以及三种不同的 XML Signature。由 JSR 105 所引用的 API 包含 6 个包,其中 javax.xml.crypto.dsig.XMLSignatureFactory 类是其入口点。

本章还介绍了 Java SE 6 中对 Web 服务的支持。该支持可以通过一个 Web 服务栈访问。Web 服务栈具有分层体系结构,顶层是 JAX-WS 2.0,中间是 JAXB 2.0,底层是 StAX。除了该 Web 服务栈以外, Java SE 6 还引入了 SAAJ 1.3 和 Web Service Metadata API。这 5 个 API 一起使得可以创建 Web 服务并在本地测试自己的 Web 服务,以及访问已有的 Web 服务。

10.5　练习

您对 Java SE 6 中新的安全特性和 Web 服务特性理解如何? 通过回答下面问题,测试您对本章内容的理解(参考答案见附录 D)。

(1) Java 应用程序如何与运行在智能卡上的应用程序通信?

(2) Smart Card I/O API 的包名是什么?

(3) 终端是什么?

(4) 真实性、完整性和不可否认性分别是什么?

(5) 什么是数字签名?

(6) 假定采用公钥加密,那么对文档进行签名和对文档实施加密有什么不同?

(7) XML Signature 是什么?

(8) 规范化完成了哪些任务?

(9) 使用什么算法对 XML 文档中的 SignatureValue 元素的签名进行编码?

(10) 包含 XML Signature、被包含 XML Signature 和分离的 XML Signature 3 种 XML

签名类型中，哪种签名的 Signature 元素将数据对象的签名值计算排除在外？

(11) XML Digital Signature API 的入口点是哪个类？

(12) 应用程序如何获取 XML Digital Signature API 入口点类的一个实例？

(13) Web 服务栈分层体系结构由哪些 API 组成？

(14) 用什么注解来标注一个 Web 服务类？

(15) Web 服务如何发布？

(16) 采用哪个工具来生成部署某个 Web 服务所需要的 Web 服务生成对象？

(17) 采用哪个工具来生成将某个 Web 服务导入到客户端程序所需要的 Web 服务生成对象？

(18) 当执行 byte [ ] image = Imgcutoutsoap.getJpeg (ra, dec, scale, IMAGE_WIDTH, IMAGE_HEIGHT, dopt);需要一定的时间完成时，SkyView 应用程序的 GUI 将变得无法响应。修改该应用程序，使其 GUI 总是可以响应。

附录 A

新注解类型

Java 5 中 JSR 175：A Metadata Facility for the Java Programming Language(JSR 175：为 Java 程序语言所提供的元数据工具，http://www.jcp.org/en/jsr/detail?id=175)的实现，为 Java 语言引进了注解(Annotation)。注解是一个语言特性，可以将元数据(Metadata)(关于数据的数据)和包、类、域、方法等其他程序元素相关联。在使用注解之前，需要通过一个类似于接口的机制，如@interface Marker {}，将注解定义为注解类型(annotation type)。由于 Java 5 限制了它本身提供注解基础设施的能力，因此它仅仅引入 7 种对于此基础设施比较重要的注解类型：java.lang.Deprecated、java.lang.Override、java.lang.SuppressWarnings、java.lang.annotation.Documented、java.lang.annotation.Inherited、java.lang.annotation.Retention 和 java.lang.annotation.Target。与 Java 5 不同，Java SE 6 引入了多种注解类型，本附录将对其进行详细介绍。

A.1 注解处理器的注解类型

没有经过处理，注解是没有任何用处的。为了让您不需要编写自己的注解处理代码，Java 5 引入了非标准 apt 工具。Java SE 6 也允许使用 javac 来处理注解。这两种命令行实用程序都可以定位并执行注解处理器(annotation processor)以处理指定源文件中的注解。

Java 5 中的注解处理不是标准化的；它使用 apt 的 com.sun.mirror.apt、com.sun.mirror.declaration、com.sun.mirror.type 和 com.sun.mirror.util API 包。Java SE 6 通过实现 JSR 269：Pluggable Annotation Processing API 解决了非标准化的这个问题。此实现包括以下方面：

- 一个新的 javax.annotation.processing 包，该包的 API 允许声明可以与注解工具环境通信的注解处理器。
- 一个新的 javax.lang.model 包及其子包，该包的接口通过在注解处理时可调用的方法对 Java 语言建模，从而返回关于各种程序元素的信息。

javax.annotation.processing 包介绍了 3 种注解类型，这些类型可以提供关于注解处理器的信息：

- SupportedAnnotationTypes 标识了注解处理器所支持的注解类型。
- SupportedOptions 标识了注解处理器所支持的选项。

● SupportedSourceVersion 标识了注解处理器所支持的最新源代码语言版本。

每种类型都可以用@Documented、@Retention(value=RUNTIME)和@Target(value=ANNOTATION_TYPE)注解。

关于 Java SE 6 注解处理的更多信息，请查看 Artima 的采访小结 "Joe Darcy on Standardizing Annotation Processing" (http://www.artima.com/forums/flat.jsp?forum=276&thread=179769)。此小结还包括了一个说明 SupportedAnnotationTypes 和 SupportedSourceVersion 使用的例子。Joe Darcy 是 Sun 公司的一位工程师，JSR 标准的资深人员。您还可以查看此书附录 B 中所给出的示例注解处理器。

A.2 Common Annotation 1.0

在 Java 5 实现 JSR 175 之后，Sun 公司期盼未来的 JSR 可以引入注解以支持他们的声明式程序需要(正如将在此附录中的下一节中看到的，各种 JSR 已经在 Java SE 6 中引入了新注解类型)。由于 JSR 可能已经冗余地定义了支持通用概念的注解(如与资源注入相关的注解，其中一个容器将由注解标识的资源在应用程序初始化时注入到应用程序)，Sun 公司改进了 JSR 250：Common Annotation for the Java Platform 来改善一小部分其他 JSR 可以利用的注解。

Sun 公司的 "Common Annotations for the Java Platform" 文档的最新版本，可以从 http://jcp.org/aboutJava/communityprocess/final/jsr250/index.html 上下载。该文档定义了 Java EE 5 的一些特定的与安全相关的通用注解，以及一些针对 Java SE(甚至是一些未来的 Java SE 版本)的未来的 JSR 所使用的通用注解。Java SE 6 只包括通用注解的后面一部分(在 javax.annotation 包中)，如下所示：

Generated：标记某些工具所生成的源代码。当指定 value 元素时，它必须标识代码生成器的名称(推荐用全限定名)。生成代码的日期存储在 date 元素中。代码生成器将包括在代码中的所有注解都存储在占位符元素 comment 中。此注解类型用@Documented、@Retention(value=SOURCE)以及@Target(value={PACKAGE,TYPE,ANNOTATION_TYPE, METHOD,CONSTRUCTOR,FIELD,LOCAL_VARIABLE,PARAMETER})来注解。

PostConstruct：标记一个方法(方法名跟随在@PostConstruct 之后)必须在依赖注入完成之后执行以实施初始化。此注解类型用@Documented、@Retention(value=RUNTIME)和@Target(value=METHOD)来注解。

PreDestroy：标记一个方法(方法名跟随在@PreDestroy 之后)作为一个回调通知，以表示一个对象正在从一个容器中删除。此注解类型用@Documented、@Retention(value=RUNTIME)和@Target(value=METHOD)来注解。

Resource：声明一个资源引用。此注解类型可以用于一个应用程序组件类，或此类的任意方法或域。当注解类型应用到一个域或方法时，那么在组件初始化时，容器将在组件中注入一个资源实例。相反，如果注解类型被用于组件类，则应用程序将在运行时寻找资源。其元素如下所示：

● authenticationType 元素指定此资源的认证类型。

- description 元素描述该资源。
- mappedName 元素为需要映射的资源指定一个特定产品的名称。
- name 元素指定 Java 命名和目录接口(Java Naming and Directory Interface，JNDI)资源名。
- shareable 元素显示此组件是否可以在此组件和其他组件之间共享。
- type 元素指定资源的 Java 类型。

此 注 解 类 型 用 @Target(value={TYPE,FIELD,METHOD}) 和 @Retention (value=RUNTIME)来注解。

Resources：作为多个资源声明的一个容器。此注解类型的存在是因为指定重复的 Resource 注解是不可能的。该注解的 value 元素作为一个容器，它存储了多个资源声明。此注解类型用@Documented、@Retention(value=RUNTIME)和@Target(value=TYPE)来注解。

"Common Annotations for the Java Platform"文档包括一些简单的例子以演示这 5 种注解类型。

A.3　更多新注解类型

Java SE 6 引入了新的注解类型以支持 Java Architecture for XML Binding (JAXB)、Java API for XML Web Service(JAX-WS)、Java Web Service(JWS)、Java Management Exctension(JMX)和 JavaBeans API。

JavaBeans API 只有一个位于 java.beans 包中的注解类型，即 ConstructorProperties。该注解标记了一个构造函数，该构造函数显示它的参数如何与一个被构造对象的 get 方法相对应。其他 API 的注解类型分别在表 A-1 到 A-4 中做了简要介绍。

表 A-1 描述了 JAXB 注解类型。这些类型没有用包名作前缀，并位于 javax.xml.bind. annotation 包中。

表 A-1　JAXB 注解类型

注 解 类 型	描　　　述
XmlAccessorOrder	控制一个类的域和属性的顺序
XmlAccessorType	控制一个类的域和属性默认情况下是否可序列化
XmlAnyAttribute	在一个开放模式(open schema，一个允许包括在模式中未正式定义的元素和属性的模式)的上下文中，指定父元素可以包含此模式中未正式定义的 XML 属性
XmlAnyElement	在一个开放模式的上下文中，指定父元素可以包含此模式中未正式定义的 XML 元素
XmlAttachmentRef	标记一个域或属性，其 XML 表示是一个引用多用途 Internet 邮件扩展(Multipurpose Internet Mail Extensions，MIME)内容的统一资源标识符(URI)

（续表）

注 解 类 型	描　　　述
XmlAttribute	将一个属性映射到一个 XML 属性
XmlElement	将一个属性映射到一个派生于该属性名称的 XML 元素
XmlElementDecl	将一个工厂方法映射到一个 XML 元素
XmlElementRef	将一个属性映射到一个派生于该属性类型的 XML 元素
XmlElementRefs	标记一个引用了带有 XmlElement 或 JAXBElement 类的属性
XmlElements	作为多个@XmlElement 注解的一个容器
XmlElementWrapper	为一个集合的 XML 表示生成一个包装器元素
XmlEnum	将一个枚举类型映射到它的 XML 表示
XmlEnumValue	将一个枚举常数映射到它的 XML 表示
XmlID	将一个属性映射到一个 XML 标识符
XmlIDRef	将一个属性映射到一个 XML 标识符的引用
XmlInlineBinaryData	指定不使用 XML 二进制优化封装(XML-binary Optimized Packaging，XOP)来编码数据类型(如 byte[ ])。在 XML 文档中，在表示数据类型(和它的数据)时，此数据类型被绑定到 base64 编码的二进制数据
XmlList	将 java.util.List<E>类型的一个属性映射到一个 XML 表示
XmlMimeType	将控制一个属性的 XML 表示的 MIME 类型与属性相关联
XmlMixed	注解一个多值的属性以表示此属性支持混合内容
XmlNs	将一个名称空间前缀与一个 XML 名称空间 URI 相关联
XmlRegistry	标记一个包含 XmlElementDecl 注解的类
XmlRootElement	将一个类或一个枚举类型映射到一个 XML 元素
XmlSchema	将一个包名映射到一个 XML 名称空间
XmlSchemaType	将一个 Java 类型映射到一个简单模式类型
XmlSchemaTypes	作为多个@XmlSchemaType 注解的一个容器
XmlTransient	阻止那些在 JAXB 的序列/反序列中不需要进行相应操作的属性映射到一个 XML 表示
XmlType	将一个类或一个枚举类型映射到一个 XML 模式类型
XmlValue	使得一个类可以映射到一个 XML 模式中带嵌套 impleContent 的 complexType 或一个 XML 模式的 simpleType 的映射
javax.xml.bind.annotation. adapters.XmlJavaTypeAdapter	用一个基于javax.xml.bind.annotation. adapters.XMLAdapter 的适配器来自定义排列
javax.xml.bind.annotation. adapters.XmlJavaTypeAdapters	作为@XmlJavaTypeAdapter 注解的一个容器

表 A-2 描述了 JAX-WS 注解类型。所有这些类型位于 javax.xml.ws 包中。

表 A-2　JAX-WS 注解类型

注 解 类 型	描　　　述
BindingType	指定用于访问 Web 服务端点实现类的绑定
RequestWrapper	注解服务端点接口(Service Endpoint Interface，SEI)中的某些方法，这些方法拥有在运行时使用的请求包装器 bean
ResponseWrapper	注解 SEI 中的某些方法，这些方法拥有在运行时使用的响应包装器 bean
ServiceMode	指出一个 javax.xml.ws.Provider 实现是在整个过程中使用协议消息还是仅仅在有效负载中使用协议消息
WebEndpoint	注解生成的服务接口的 getPortName()方法
WebFault	注解服务相关的异常类来自定义 fault 元素的位置和名称空间名字以及故障 bean 的名称
WebServiceClient	注解一个生成的服务接口
WebServiceProvider	注解一个 Provider 实现类
WebServiceRef	定义一个 Web 服务的引用和(可选地)Web 服务的注入目标
WebServiceRefs	允许在类层次上指定多个 Web 服务引用

表 A-3 描述了 JWS 注解类型。这些类型没有用包名作前缀，均位于 javax.jws 包中。

表 A-3　JWS 注解类型

注 解 类 型	描　　　述
HandlerChain	将一个 Web 服务与一个定义了处理器链的外部文件相关联
OneWay	表示一个@WebMethod 注解只有输入参数，没有返回值
WebMethod	指定作为@WebMethod 注解目标的方法向外提供为 Web 服务的一个公有操作
WebParam	自定义 Web 服务的操作的输入参数和生成的 Web 服务描述语言(Web Services Description Language，WSDL)文件的元素之间的映射。注解也用于指定参数行为
WebResult	自定义 Web 服务的操作的返回值与生成的 WSDL 文件中的对应元素之间的映射
WebService	将一个 Java 类标记为实现一个 Web 服务，或将一个 Java 接口标记为定义一个 Web 服务
javax.jws.soap.InitParam	不赞成使用，但为了兼容作为 JSR 181 版本 2.0

(续表)

注 解 类 型	描　　述
javax.jws.soap.SOAPBinding	指定一个 Web 服务到 SOAP(面向服务的体系结构协议(Service Oriented Architecture Protocol)，也被称为简单对象访问协议(Simple Object Access Protocol))上的映射
javax.jws.soap.SOAPMessageHandler	不赞成使用，但为了兼容作为 JSR 181 版本 2.0
javax.jws.soap.SOAPMessageHandlers	不赞成使用，但为了兼容作为 JSR 181 版本 2.0

表 A-4 描述了 JMX 注解类型。所有这些类型位于 javax.management 包中。

表 A-4　JMX 注解类型

注 解 类 型	描　　述
DescriptorKey	描述一个注解元素如何与 javax.management.Descriptor 中的一个域相关
MXBean	显式地将一个接口标记为一个 MXBean 接口或者不作为一个 MXBean 接口

▪▪▪

新增及改进后的工具

Java SE 6 包括了多个新增及改进后的命令行工具。例如，面向 Web 服务的一个命令行脚本 shell 和工具就是一些新添加的工具。改进的工具包括 Java 归档文件管理器和 Java 语言编译器。除了添加和改进各种工具外，Java SE 6 还改善了它的虚拟机以及相关的运行时环境。此附录简单地介绍了 Java SE 6 新增的工具和改进后的工具，以及对虚拟机所做的改进。

B.1 基本工具

Java 归档文件管理器(jar)和 Java 语言编译器(javac)基本工具在 Java SE 6 中得到较大的改进。所作的改进包括在 jar 工具中添加一个新的选项、将注解处理工具(apt)功能迁移到 javac(apt 工具很有可能在 Java SE 7 中被删除)。

注意

Java SE 6 中 Java 应用程序启动器(java)的 Java SE 开发包(Java SE Development Kit, JDK)工具文档现在说明了 version: release 选项。该选项在 Java 5 中是没有说明的。而且 Java SE 6 文档不再提供非标准选项：-Xdebug 和-Xrunhprof；但是，这些选项并未从 java 工具中删除。例如，如果指定 java -Xrunhprof classname，其中 classname 代表一些应用程序起始类，则在控制台上将显示 Dumping Java heap ... allocation sites ... done 消息。并且，在当前目录中还将包括一个 java.hprof.txt 文件。

B.1.1 改进的 Java 归档文件管理器

Java SE 6 在 jar 工具中添加了一个新的-e 选项，并利用此选项来标识应用程序的入口点的类，此应用程序的类文件均绑定到一个可执行的 JAR 文件。此选项创建或重导 JAR 文件的列表清单文件中的 main-class 属性值。在创建或更新 JAR 文件时将用到该属性。

代码清单 B-1 给出了可以用来查看此新的-e 选项如何工作的源代码。

代码清单 B-1　Classes.java

```
// Classes.java
```

```
class ClassA
{
    public static void main (String [] args)
    {
        System.out.println ("This is class A.");
    }
}

class ClassB
{
    public static void main (String [] args)
    {
        System.out.println ("This is class B.");
    }
}
```

按照以下步骤来运行此例子:

(1) 编译代码清单 B-1 的内容:

```
javac Classes.java
```

(2) 将得到的类文件绑定到一个 Classes.jar 文件上, 并将 ClassB 作为主类:

```
jar cfe Classes.jar ClassB *.class
```

(3) 执行 Classes.jar:

```
java -jar Classes.jar
```

将看到如下输出:

```
This is class B
```

(4) 为了将入口点类切换到 ClassA, 结合-e 和-u(更新)以更新 JAR 文件的类文件(如果它们对应的未归档类已改变):

```
jar ufe Classes.jar ClassA *.class
```

这次, 执行 Classes.jar 得到以下输出:

```
This is class A
```

如果仅希望更新列表文件而不更新任何类, 需要结合使用-e 和-i 选项(在该 JAR 文件中, 以 META-INF/INDEX.LIST 文件的形式存储索引信息):

```
jar ie Classes.jar ClassA
```

Java SE 6 引入了很多小而有用的特性以方便开发人员进行开发, -e 选项就是一个很好的例子。当只是希望更新列表文件的 Main-Class 属性时,不再需要解压并重建一个 JAR 文件。要了解关于此选项的更多信息, 参看 JDK 的 jar 文档(http://java.sun.com/

javase/6/docs/technotes/tools/solaris/jar.html)。

B.1.2　改进的 Java 语言编译器

　　Java SE 6 中的 javac 工具版本包括多处新增功能。最大的一处就是增强了处理源文件注解的能力，从而不再需要使用非标准 apt 工具来处理注解。在创建一个注解和一个注解处理器之后，用-processor 选项调用 javac 来加载注解处理器。此处理器将在编译源文件之前处理注解的所有实例。

　　以一个由很多类组成源代码的 Java 应用为例程序，此应用程序是以增量的方式构建的。在这种开发方式中，类的构造函数和方法在完全实现之前一直需要被部分地或完全地隐藏。代码清单 B-2 中所定义的@Stub 标记注解是用来标识那些在处理过程中仍然还在编写的构造函数和方法。

代码清单 B-2　Stub.java

```
// Stub.java

import java.lang.annotation.*;

@Target({ElementType.METHOD, ElementType.CONSTRUCTOR})
public @interface Stub
{
}
```

　　该注解可以由某个注解处理器使用，该处理器将输出隐藏的构造函数和方法的名称以提醒使用者该构造函数和方法还有工作需要做。本质上说，注解处理器寻找以@Stub注解为前缀的构造函数和方法，并输出它们的名称。代码清单 B-3 给出了它的源代码。

代码清单 B-3　StubAnnotationProcessor.java

```
// StubAnnotationProcessor.java

import static javax.lang.model.SourceVersion.*;
import static javax.tools.Diagnostic.Kind.*;

import java.lang.annotation.*;

import java.util.*;

import javax.annotation.processing.*;

import javax.lang.model.element.*;

@SupportedAnnotationTypes("Stub")
@SupportedSourceVersion(RELEASE_6)
public class StubAnnotationProcessor extends AbstractProcessor
```

```
{
    //javac工具调用该方法来处理产生于前一轮注解处理所产生的注解类型集。
    //该方法返回一个布尔值来标识是(true)否(false)有注解被声明。
    //当有注解声明时，它们将不会被后续处理。


    public boolean process (Set<? extends TypeElement> annotations,
                            RoundEnvironment roundEnv)
    {
        //如果该轮注解处理所生成的类型隶属于后续的注解处理...

        if (!roundEnv.processingOver ())
        {
            Set<? extends Element> elements;
            elements = roundEnv.getElementsAnnotatedWith (Stub.class);

            Iterator<? extends Element> it = elements.iterator ();
            while (it.hasNext ())
            {
              Element element = it.next ();
              String kind = element.getKind ().equals (ElementKind.METHOD)
                            ? "Method " : "Constructor ";
              String name = element.toString ();
              processingEnv.getMessager ().
                printMessage (NOTE, kind+name+ " needs to be fully implemented");
            }
        }
        return true; //声明注解。
    }
}
```

注解处理器必须实现 javax.annotation.processing.Processor 接口，以将自身注册到 javac。Processor 接口中的各种方法将告知 javac 关于注解处理器的能力。例如，Set<String> getSupportedAnnotationTypes()返回该注解处理器所支持注解类型的名称。为方便起见，通常都是构建 javax.annotation.processing.AbstractProcessor 的子类而不是实现 Processor 接口。

仅需要实现 AbstractProcessor 子类中的 public abstract boolean process(Set<? extends TypeElement> annotations, RoundEnvironment roundEnv)方法即可。Javac 在注解处理器的每轮(round)处理过程中调用此方法，以处理前一轮处理所生成的元素类型上的一系列注解类型(由 annotations 描述的)。

javax.annotation.processing.RoundEnvironment 型参数 roundEnv 提供了一个 boolean processingOver()方法，如果注解处理器此轮处理中所生成的类型与另一轮中的不一致，则此方法返回 true。该参数的 Set<? extends Element> getElementsAnnotatedWith(Class<? extends Annotation> a)方法返回用给定的注解类型标注的元素。

StubAnnotationProcessor 的 process()方法被调用两次。由于 processingOver()在第一次

调用时返回 false，因此所有用@Stub (Stub.class)注解的元素集合将通过处理器的消息器 (messenger，消息器是一个对象，该对象将信息输出到标准输出、输出到某个窗口，或输出到任何其他由 javax.annotation.processing.Messager 实现所定义的目的地)输出。

　　process() 方法返回 true 来声明注解为 -processor StubAnnotationProcessor，StubAnnotationProcessor2，从而防止这些注解被后来的处理器所处理。由于在该轮中没有生成类型，下一次调用 process()将导致 processingOver()返回 true，所以不执行任何处理。

　　代码清单 B-4 给出了 Calculator 应用程序的源代码，此应用程序拥有单一的存根构造函数和单一的存根方法。

代码清单 B-4　Calculator.java

```java
// Calculator.java

import javax.swing.*;

public class Calculator extends JFrame
{
  @Stub
  public Calculator ()
  {
    super ("Calculator");
    setDefaultCloseOperation (EXIT_ON_CLOSE);

    //做……

    pack ();
    setVisible (true);
  }

  @Stub
  double doCalc (String expr)
  {
    return 0.0;
  }

  public static void main (String [] args)
  {
      Runnable r = new Runnable ()
                  {
                      public void run ()
                      {
                          new Calculator ();
                      }
                  };
      java.awt.EventQueue.invokeLater (r);
  }
}
```

作为使用 StubAnnotationProcessor 的一个例子，编译代码清单 B-2 和 B-3。然后，调用 javac -processor StubAnnotationProcessor Calculator.java 来加载 StubAnnotationProcessor 类，并且在编译 Calculator.java 之前让它处理@Stub 的所有实例。应该可以观察到以下输出，该输出反映要完成此应用程序还需做的工作。

```
Note: Constructor Calculator() needs to be fully implemented
Note: Method doCalc(java.lang.String) needs to be fully implemented
```

-processor 选项只是处理注解的几个新的 javac 选项之一。表 B-1 描述了所有这些选项。

表 B-1　javac 注解处理选项

选　　项	描　　述
-A*key*[=value]	将 *key*-命名的选项直接传递给注解处理器。此选项不是由 javac 解释的
-implicit:(class|none)	控制为隐式加载的源文件生成类文件。如果源文件定义了一种将被所有正在处理的源文件所引用的 searched-for 类型，那么该文件将隐式加载。如果指定了 -implicit:class，则生成类文件。要阻止生成类文件，指定 -implicit:none 即可。如果没有指定此选项，则类文件自动生成。此外，如果在注解处理过程中生成了等价的类文件，则编译器给出一个警告消息，说明隐式发现的源文件与注解处理不符。如果指定了 -implicit:class 或-implicit:none，则这种情况不发出报警信息
-proc:(none|only)	限制 javac 编译(-proc:none)时不进行注解处理或者仅仅处理注解而不编译(-proc:only)
-processor class1 [, class2, class3...]	指定加载和运行的注解处理器列表，之间用逗号隔开
-processorpath	指定注解处理器的路径(path)位置。默认情况下，从类路径中搜索
-s dir	指定生成的源文件所放置的 dir 位置
-Xprefer:(newer|source)	当同时找到了某类型的源文件和类文件时，确定读取哪一个文件。如果未指定-Xprefer 选项，或者如果指定了-Xprefer:newer 选项，那么选择类文件和源文件中较新的。如果指定了-Xprefer:source，则总是选择源文件
-Xprint	打印某类型的文本表示来进行调试。一个例子就是 javac －Xprint java.lang.String
-XprintProcessorInfo	打印已经运行的注解处理器以及该处理器已处理的注解的信息
-XprintRounds	打印每一轮注解处理的信息

javac 中有一项很少为人所熟知的新增功能，即支持@SuppressWarnings 注解，该注解告诉编译器抑制各种报警信息。虽然此注解在 Java 5 中已经首次亮相，但编译器并不支持。在 Java SE 6 支持@SuppressWarnings 注解以后，Sun 公司又转而通过更新包 6 让

Java 5 支持此功能。

　　对于抑制未核对的警告而言，@SuppressWarnings 注解尤其有用。这种情况表明编译器不能确保类型安全，而且这种情况通常发生在遗留代码中混合通用类型和未处理类型的情况下。对类型参数进行强制转换将导致未核对的报警，如代码清单 B-5 中繁琐的堆栈的数据结构类所示。

代码清单 B-5　Stack.java

```java
// Stack.java

public class Stack<T>
{
  private T [] items;
  private int top;

  @SuppressWarnings("unchecked")
  public Stack (int size)
  {
      items = (T []) new Object [size];
       top = -1;
  }

  public void push (T item) throws Exception
  {
      if (top == items.length-1)
          throw new Exception ("Stack Full");
      items [++top] = item;
  }

  public T pop () throws Exception
  {
      if (top == -1)
          throw new Exception ("Stack Empty");
      return items [top--];
  }
}
```

　　由于强制转换的静态和动态部分之间不匹配，因此 items = (T []) new Object [size]; 中的(T [])符号导致了一个未核对的警告。

　　由于类型安全问题没有得到解决，报警让人特别烦恼。但是，可以通过注解报警所在元素来抑制该报警。采用 Java 5 更新包 6 和之后的版本，用@SuppressWarnings ("unchecked")注解 stack 的构造函数将使得未核对的报警信息在编译过程中不出现。

B.2　命令行脚本 Shell

　　Java SE 6 引入了 jrunscript 以辅助探索 Java 和脚本语言的通信方式。jrunscript 是一个实验性的命令行脚本 shell 工具，其目的是使用此工具来计算单行的脚本、计算交互式输入的脚本，以及计算基于文件的脚本。虽然 jrunscript 默认使用 JavaScript，但是此工具可以和任何可访问的脚本语言一起使用。表 B-2 给出了此工具的选项。

表 B-2　jrunscript 选项

选　　项	描　　述
-classpath *path*	标识用户的脚本可访问的类文件的路径位置
-cp *path*	-classpath 的同义词
-Dname=value	设置 Java 的一个用 name 标识的系统属性
-J*flag*	将 *flag* 传递给后台的虚拟机
-l language	指定使用的可访问脚本语言。JavaScript 是默认语言
-e *script*	计算单行脚本
-encoding *encoding*	指定一个脚本文件的字符编码
-f *script-file*	从一个文件读取一段脚本并计算该脚本
-f -	从标准输入中逐行读取一个脚本并计算每一行
-help	输出一个帮助信息并退出
-?	-help 的同义词
-q	列出所有现有脚本引擎并退出

　　此工具的命令行语法为 jrunscript [*options*] [*arguments*...]。如果要将选项传递给 jrunscript，选项必须紧跟在命令名之后。在命令名或 options 选项后可以指定任意参数。如果没有指定选项或参数，jrunscript 以交互的模式执行：

```
jrunscript
js>Math.PI*20
62.83185307179586
js>cat("dumpargs.js")
for (i = 0; i < arguments.length; i++) println(arguments [i]);
```

　　如果您指定了至少一个参数，而并没有指定-e 选项或-f 选项，那么第一个参数标识一个脚本文件，其他参数将传递给脚本文件。文件中的脚本可通过预定义的 arguments 数组引擎变量来获取这些参数，arguments 数组是一个 String 类型的数组。

```
jrunscript dumpargs.js arg1 arg2
arg1
arg2
```

　　如果指定-e (或-f)后面跟着参数列表，则所有的参数将被传递给脚本：

```
jrunscript -e "for (i = 0; i < arguments.length; i++) println(arguments
  [i]);" dumpargs.js arg1 arg2
dumpargs.js
```

```
arg1
arg2
```

最后才可能计算一个脚本文件的内容，并进入交互模式以继续交互式计算脚本：

```
jrunscript -f dumpargs.js -f - arg1 arg2
arg1
arg2
js>
```

可以阅读本书的第 9 章和 JDK 的 jrunscript 文档(http://java.sun.com/javase/6/docs/technotes/tools/share/ jrunscript.html)来了解关于 jrunscript 的更多信息。

B.3 Java 监控和管理控制台

Java 监控和管理控制台(JConsole)是一个基于 GUI 的应用程序，用于监控和管理本地或远程平台上运行的应用程序。Jconsole 命令行工具用于启动 JConsole。

Java SE 6 提供了创建自定义 JConsole 插件的能力，例如，和 JDK 捆绑的 JTop 示例插件。(JTop 用于监视应用程序线程的 CPU 使用情况)。Java SE 6 还为 jconsole 更新了一个新的-pluginpath 选项，此选项指定了搜索插件的目录和/或 JAR 文件列表。(这些插件随后将被加载)。

本书的第 7 章给出了一个插件例子。第 7 章还包括了创建插件、将插件打包到一个 JAR 文件中，以及用 jconsole 运行插件的指南。另外，第 2 章也讨论了 ServiceLoader API。jconsole 用该 API 来加载-pluginpath 选项的列表插件。

B.4 Java Web 服务工具

通过包括 Java EE Web 服务栈的一个子集，Java SE 6 让开发人员可以更轻松地创建 Web 服务。除了 Web 服务栈外，Java SE 6 还引入了 4 个新的命令行工具为 Web 服务效力，如表 B-3 所描述的。

表 B-3 为 Web 服务提供的工具

工　　具	描　　述
schemagen	Java Architecture for XML Binding(JAXB)模式生成器。此工具为 Java 源文件的类中引用的每个名称空间生成一个模式文件。更多信息请查看 JDK 文档(http://java.sun.com/javase/6/docs/technotes/tools/share/ schemagen.html)
wsgen	Web 服务生成器。此工具和一个端点实现类一起使用，以生成 Web 服务的相关对象，从而允许部署 Web 服务。在 JDK 文档(http://java.sun.com/javase/6/docs/technotes/tools/share/wsgen.html)中更深入地讨论了此工具

(续表)

工　具	描　述
wsimport	Web 服务导入器。此工具生成并编译导入一个 Web 服务到 Web 客户端所需要的 Web 服务相关生成类。要了解关于此工具的更多信息，请查看 JDK 文档(http://java.sun. com/javase/6/docs/technotes/tools/share/wsimport.html)
xjc	JAXB 模式绑定编译器。此工具将一个源 XML 模式转换(绑定)成用 Java 编程语言编写的 JAXB 内容类的集合上。JDK 文档中有关于此工具的更多信息(http://java. sun.com/javase/6/docs/technotes/tools/share/xjc.html)

本书的第 10 章演示了 wsgen 和 wsimport 的作用。 *The Java EE 5 Tutotial* 提供了涉及这 4 种工具的例子(http://java.sun.com/javaee/5/docs/tutorial/doc/)。

B.5　Java Web Start

Java Web Start(JWS)是 Java 网络启动协议(Java Network Launching Protocol，JNLP)的一个实现。它允许用户不需要复杂的安装过程就可下载和启动 Java 应用程序。用户可以在一个浏览器中通过单击一个标识了 JNLP 文件的链接来运行一个应用程序。如果文件没有被缓存，那么 JWS 首先下载该应用程序。

此技术通过只允许受信任的应用程序获取各种资源来解决安全问题。它也使用户在单击应用程序图标时通过自动下载应用程序从而透明地运行最新的应用程序版本。如果您是新的 JWS 用户，那么请查看以下两个资源：

- *The Java Tutorial* 的 "Java Web Start" 一课(http://java.sun.com/docs/books/tutorial/ deployment/webstart/index.html)是关于 JWS 的一个很好的介绍。
- JDK 文档的 *Java Web Start Guide*(http://java.sun.com/javase/6/docs/technotes/guides/ javaws/developersguide/contents.html)给出了关于 JWS 的完整信息。

Java SE 6 对 JWS 和它的 javaws 启动器工具做了很多改进，例如，增强的图标支持、新的<java>和<update>元素。此外，Java SE 6 还重写了 JNLPClassLoader 以扩展 URLClassLoader。关于新增功能的列表，请查阅 Sun 公司的文档 "Java Web Start enhancements in version 6"(http://java.sun.com/javase/6/docs/technotes/guides/javaws/ enhancements6.html)。

B.6　安全工具

Java SE 6 为 keytool 安全工具添加了两个新选项，并为 jarsigner 安全工具也添加了两个新选项。

B.6.1 新的 keytool 选项

keytool 工具允许您管理一个 keystore 数据库，该数据库存储了受信任的密码公钥、受信任的证书和 X.509 证书链。该工具支持以下新的选项：

- -genseckey：生成一个密钥(用一个别名标识)并存储在一个 keystore 中。
- -importkeystore：从某源 keystore 中导入一个或全部内容到目的 keystore。

要了解此选项的更多信息请查看 JDK 的 keytool 文档(http://java.sun.com/javase/6/docs/technotes/tools/solaris/keytool.html)。

B.6.2 新的 jarsigner 选项

jarsigner 工具为 JAR 文件生成数字签名，并验证签名以及被签名 JAR 文件的完整性。该工具支持以下新的 jarsigner 选项：

- -digestalg：重写分类 JAR 文件条目时所采用的消息分类算法。如果没有指定 -digestalg，则使用默认的 SHA-1 消息分类算法。
- -sigalg：重写用于签署 JAR 文件的签名算法。如果没有指定-sigalg，则使用默认的 SHA1withDSA 或 MD5withRSA 算法(取决于私钥的类型)。

要了解此选项的更多信息请查看 JDK 的 jarsigner 文档(http://java.sun.com/javase/6/docs/technotes/tools/solaris/ jarsigner.html)。

B.7 故障诊断工具

在开发 Java 应用程序时，可能发生死锁、内存泄漏和其他一些问题。为了帮助开发人员确定产生这些问题的原因，Java 提供了一套试验性的故障诊断工具：

Java 堆分析工具(jhat)：Java SE 6 引进此工具来浏览堆转储内象。此快照通常是由 jmap 或 jconsole 创建的。它支持一种内置的类 SQL 对象查询语句(SQL-like Object Query Language，OQL)来查询堆转储内象。它也包括用于分析类、分析没有最终清除的对象，以及其他内容的内置查询。要了解关于 jhat 的更多信息请查看 JDK 文档 (http://java.sun.com/ javase/6/docs/technotes/tools/share/jhat.html)。

Java 配置信息(jinfo)：此工具为一个 Java 进程输出配置信息(包括 Java 系统属性和虚拟机命令行标志)。Java SE 6 为设置一个虚拟机选项引入了一个新的-flag 选项。要了解关于 jinfo 和-flag 的更多信息，请查看 JDK 文档(http://java.sun.com/javase/6/docs/technotes/tools/share/jinfo.html)。

内存映射(jmap)：此工具可以为一个 Java 进程获取堆信息。在 Java SE 6 中，此工具的 Windows 版本现在支持-dump 和-histo 选项。可以在 JDK 文档(http://java.sun.com/javase/6/docs/technotes/tools/share/ jmap.html)中找到更多关于 jmap 和新选项的信息。

堆栈轨迹(jstack)：此工具输出一个 Java 进程中所有绑定到该虚拟机的线程(Java 和自身)的堆栈轨迹，这些线程在检测死锁时很有用的。从 Java SE 6 开始，Windows 支持

jstack。查看 JDK 文档(http://java.sun.com/javase/6/docs/technotes/tools/share/jstack.html)以
了解关于 jstack 的更多信息。

最后，在 Windows 平台上可以使用 jstack 工具真是一件让人高兴的事，这使得发现
一个应用程序的线程是否发生死锁变得容易很多。例如，编译代码清单 B-6 的
Deadlock.java 源代码并运行得到的应用程序。

代码清单 B-6　Deadlock.java

```java
// Deadlock.java

public class Deadlock
{
    public static void main (String [] args)
    {
        new ThreadA ("A").start ();
        new ThreadB ("B").start ();
    }
}

class ThreadA extends Thread
{
  ThreadA (String name)
  {
      setName (name);
  }

  public void run ()
  {
    while (true)
    {
      synchronized ("A")
      {
        System.out.println ("Thread A acquiring Lock A");
        synchronized ("B")
        {
          System.out.println ("Thread A acquiring Lock B");
          try
          {
              Thread.sleep ((int) Math.random ()*100);
          }
          catch (InterruptedException e)
          {
          }
          System.out.println ("Thread A releasing Lock B");
        }
        System.out.println ("Thread A releasing Lock A");
      }
    }
```

```
    }
  }

class ThreadB extends Thread
{
  ThreadB (String name)
  {
    setName (name);
  }

  public void run ()
  {
    while (true)
    {
      synchronized ("B")
      {
        System.out.println ("Thread B acquiring Lock B");
        synchronized ("A")
        {
          System.out.println ("Thread B acquiring Lock A");
          try
          {
            Thread.sleep ((int) Math.random ()*100);
          }
          catch (InterruptedException e)
          {
          }
          System.out.println ("Thread B releasing Lock A");
        }
        System.out.println ("Thread B releasing Lock B");
      }
    }
  }
}
```

　　每个线程最终都将要求对方的锁，从而无法继续——应用程序被死锁。当此现象发生时，打开另一个命令窗口并运行监控工具来获取 Deadlock 的进程 ID。将此 ID 传递给 jstack(如 jstack pid)来输出堆栈轨迹：

```
2007-05-15 15:37:46
Full thread dump Java HotSpot(TM) Client VM (1.6.0-b105 mixed mode):

"DestroyJavaVM" prio=6 tid=0x00296000 nid=0xe68 waiting on condition
[0x00000000..0x0090fd4c]
   java.lang.Thread.State: RUNNABLE

"B" prio=6 tid=0x0aae3800 nid=0x9a8 waiting for monitor entry
[0x0ae4f000..0x0ae4fd14]
   java.lang.Thread.State: BLOCKED (on object monitor)
```

```
         at ThreadB.run(Deadlock.java:58)
         - waiting to lock <0x06b42948> (a java.lang.String)
         - locked <0x06b43200> (a java.lang.String)


"A" prio=6 tid=0x0aae2800 nid=0xb3c waiting for monitor entry
[0x0adff000..0x0adffd94]
   java.lang.Thread.State: BLOCKED (on object monitor)
      at ThreadA.run(Deadlock.java:26)
      - waiting to lock <0x06b43200> (a java.lang.String)
      - locked <0x06b42948> (a java.lang.String)

"Low Memory Detector" daemon prio=6 tid=0x0aabc800 nid=0xac0 runnable
[0x00000000..0x00000000]
   java.lang.Thread.State: RUNNABLE

"CompilerThread0" daemon prio=10 tid=0x0aab7c00 nid=0x628 waiting on
condition[0x00000000..0x0ad0f71c]
   java.lang.Thread.State: RUNNABLE

"Attach Listener" daemon prio=10 tid=0x0aab6800 nid=0xc24 waiting on
condition[0x00000000..0x00000000]
   java.lang.Thread.State: RUNNABLE

"Signal Dispatcher" daemon prio=10 tid=0x0aab5800 nid=0xad0 runnable
[0x00000000..0x00000000]
   java.lang.Thread.State: RUNNABLE

"Finalizer" daemon prio=8 tid=0x0aaa6800 nid=0x350 in Object.wait()
[0x0ac1f000..0x0ac1fc94]
   java.lang.Thread.State: WAITING (on object monitor)
      at java.lang.Object.wait(Native Method)
      - waiting on <0x02e80288> (a java.lang.ref.ReferenceQueue$Lock)
      at java.lang.ref.ReferenceQueue.remove(ReferenceQueue.java:116)
      - locked <0x02e80288> (a java.lang.ref.ReferenceQueue$Lock)
      at java.lang.ref.ReferenceQueue.remove(ReferenceQueue.java:132)
      at java.lang.ref.Finalizer$FinalizerThread.run(Finalizer.java:159)

"Reference Handler" daemon prio=10 tid=0x0aaa2000 nid=0xf5c in
Object.wait()[0x0abcf000.. 0x0abcfd14]
   java.lang.Thread.State: WAITING (on object monitor)
      at java.lang.Object.wait(Native Method)
      - waiting on <0x02e7bf40> (a java.lang.ref.Reference$Lock)
      at java.lang.Object.wait(Object.java:485)
      at java.lang.ref.Reference$ReferenceHandler.run(Reference.java:116)
      - locked <0x02e7bf40> (a java.lang.ref.Reference$Lock)

"VM Thread" prio=10 tid=0x0aa9f000 nid=0xe40 runnable

"VM Periodic Task Thread" prio=10 tid=0x0aabe000 nid=0xa5c waiting on
```

```
condition

JNI global references: 624
```

Found one Java-level deadlock:
```
==============================
"B":
 waiting to lock monitor 0x0aaa32ec (object 0x06b42948, a
 java.lang.String),which is held by "A"
"A":
 waiting to lock monitor 0x0aaa3284 (object 0x06b43200, a java.lang.String),
 which is held by "B"

Java stack information for the threads listed above:
====================================================
"B":
    at ThreadB.run(Deadlock.java:58)
    - waiting to lock <0x06b42948> (a java.lang.String)
    - locked <0x06b43200> (a java.lang.String)
"A":
    at ThreadA.run(Deadlock.java:26)
    - waiting to lock <0x06b43200> (a java.lang.String)
    - locked <0x06b42948> (a java.lang.String)
```

Found 1 deadlock.

输出标识了 Deadlock 应用程序执行期间出现死锁的场景。它显示了此应用程序的线程在哪里出现了问题(代码清单 B-6 中的粗体部分标示出的源代码行),各个线程正在等待锁定哪个监视器,以及各个线程所控制的锁定的监视器。

B.8　虚拟机和运行时环境

除了提供新的和改进的工具外,Java SE 6 还为虚拟机和它们的运行时环境提供了新增功能。它们包括与性能相关的新增功能(在附录 C 中标识),以及以下特性:

新的类路径通配符:一个类路径条目可以包含一个通配符字符(*)以表示目录中所有以.jar或.JAR扩展名结束的文件。查看设置类路径的JDK文档(http://java.sun.com/javase/6/docs/technotes/tools/solaris/classpath.html)来了解关于此新特性的更多信息。

分割验证器:根据JSR 202: Java Class File Specification update,Java SE 6 以前的版本中用于确定一个类文件的正确性,类验证器的算法有一个内存开销,从而会影响运行时的性能。由于这些开销对于小设备来说很重要,Sun 公司的连接受限设备配置(Connected Limited Device Configuration,CLDC)团队将验证分为两个阶段:编译时阶段在类文件中添加额外的 StackMap 属性;运行时阶段利用这些属性来执行最后的验证。由于“分割验证器”导致类更快地加载(并且有其他好处),所以 Java SE 6 包括了一个分割验证器。该验证器可以部分在javac 工具中实现,部分在虚拟机中实现。可以通过阅读java.net 的

"New Java SE 6 Feature: Type Checking Verifier" (https://jdk.dev. java.net/verifier.html)来了解关于 Java SE 6 的分割验证器的更多信息。

更好的 DTrace 支持：DTrace 是 Sun 公司用于调整和诊断基于 Solaris 应用程序的故障的动态跟踪框架。在基于 Solaris 的虚拟机中，Java 5 提供了对 DTrace 的有限支持；在 Java SE 6 中这种支持得到了扩展。要了解关于 DTrace 中新增功能的更多信息，阅读 Jarod Jenson 的"DTrace and Java: Exposing Performance Problems That Once Were Hidden"文章(http://www.devx. com/Java/Article/33943)和 "Dynamic Tracing Support in the Java HotSpot Virtual Machine" 白皮书(http://java.sun.com/j2se/reference/whitepapers/java-dtrace -whitepaper.pdf)。

改进的 Java 本地接口(Java Native Interface，JNI)：Java SE 6 为 JNI 带来了很多新增功能。例如，GetVersion()函数现在返回 0x00010006(新的 JNI_VERSION_1_6 #define 定义了该常量值)来表示 JDK/JRE 1.6。此外，Java SE 6 还添加了一个新的 GetObjectRefType()函数，以返回它的 JObject 参数的类型。此参数可以是一个局部引用、全局引用或者是弱全局引用。最后，已过期的 JDK1_1InitArgs 和 JDK1_1AttachArgs 结构已被删除；相反采用了它们的 JavaVMInitArgs 和 JavaVMAttachArgs 替代结构。查看 JDK 的 Java Native Interface Specification(http://java.sun.com/javase/6/docs/technotes/guides/ jni/spec/jniTOC.html)来了解关于这些改变和通用的 JNI 的更多信息。

改进的 JVM 工具接口(JVM TI)：Java SE 6 改进了 JVM TI。在本书的第 7 章中已讨论了这些改进。

改进的 Java 平台调试器体系结构(JPDA)：Java SE 6 改进了 JPDA。最大的改变是删除了 Java 虚拟机调试接口(Java Virtual Machine Debug Interface)，并用 JVM TI 代替。(由于 JVM TI 的存在，Java SE 6 也不能使用 Java 虚拟机监视程序接口(Java Virtual Machine Profiler Interface)，它将在下一个版本中被删除；见 Sun 公司的 Java SE 6 Release Note Compatibility 页面(http://java.sun.com/javase/6/webnotes/compatibility.html)。关于 JPDA 新增功能的完整列表请见 JDK 文档(http://java.sun.com/javase/6/docs/technotes/ guides/ jpda/enhancements.html)。

注意

Java SE 6 中的垃圾回收已经增强。并行压缩的性能也得到很大改进(见 http://java.sun.com/javase/6/docs/technotes/guides/vm/par-compaction-6.html)。此外，并行标记扫描回收器也接受了几项改进意见(见 http://java.sun.com/javase/6/docs/technotes/guides/ vm/cms-6.html)。

附录 C

性 能 改 进

Java 平台每个新版本的发布，人们都希望新的版本能够在性能上超越之前的版本。Java SE 6 没有让人失望。研究人员做了大量工作，从而使该版本性能比 Java 5 好很多。如果您觉得要让管理层转为使用 Java SE 6 有困难，那么列出本附录中所涉及的性能改进将有助于说服他们。

C.1 对于灰框问题的修复

Java SE 6 修复了 Swing 中长期存在的一个问题。在 Java SE 6 以前的版本中，让一个 Swing 窗口变暗后重新显示将导致在窗口的背景被擦除和内容被绘制时产生一个可注意到的延时。这被称为"灰框问题"(gray-rect problem)。运行代码清单 C-1 中的应用程序将可以演示此问题。

代码清单 C-1　GrayRectDemo.java

```java
// GrayRectDemo.java

import java.awt.*;

import javax.swing.*;

public class GrayRectDemo extends JFrame
{
  public GrayRectDemo ()
  {
    super ("Gray Rect Demo");
    setDefaultCloseOperation (EXIT_ON_CLOSE);

    //用一个延时绘制其内容的组件覆盖主窗口。

    getContentPane ().add (new SlowPaintComponent ());

    setSize (300, 300);
    setVisible (true);
  }
```

```java
    public static void main (String [] args)
    {
        Runnable r = new Runnable ()
                    {
                            public void run ()
                            {
                                new GrayRectDemo ();
                            }
                    };
        EventQueue.invokeLater (r);
    }
}

class SlowPaintComponent extends JLabel
{
    final static int DELAY = 1000;

    SlowPaintComponent ()
    {
        //该组件将一直绘制其整个显示区域——没有透明区域。

        setOpaque (true);
    }

    public void paintComponent (Graphics g)
    {
        //绘制背景。

        g.setColor (Color.white);
        g.fillRect (0, 0, getWidth (), getHeight ());

        //绘制前景形状。

        g.setColor (Color.black);
        g.fillOval (0, 0, getWidth (), getHeight ());

        try
        {
            // 用 DELAY 毫秒来休眠，从而演示灰框问题。

            Thread.sleep (DELAY);
        }
        catch (InterruptedException e)
        {
        }
    }
}
```

在 Java 5 平台上编译此源代码，然后运行该应用程序。将应用程序的窗口置于其他窗口下使窗口部分变暗，然后选择应用程序的窗口，将它置于前面。将看到窗口的此区域在被绘制之前的未被绘制情况，如图 C-1 所示。

图 C-1　在一个短暂的延时后未着色的区域被填充

如果在 Java SE 6 下执行相同的实验，将不会看到一个未绘制区域；窗口总是显示为完全绘制好的。这可能是因为 Java SE 6 在 Swing 中添加了对真正双缓冲技术的支持。Java SE 6 为每个窗口分配了一个离屏图像缓冲，该缓冲与它的在屏图像同步的。当一个窗口被展现时，缓冲的内容被立即复制到屏幕上。

但是，代码清单 C-1 中的 DELAY 常量和线程休眠逻辑(可以把它看作是耗时的渲染代码)在速度较快的机器上看到未绘制区域才需要。如果没有延时(如果您的机器真的很快，可能还需要增加)，可能无法看到未绘制区域。

"New and Updated Desktop Features in Java SE 6, Part 1" 文章给出了一个图表，该图表比较了在 JDK 1.4.2、JDK 1.5 和 JDK 1.6 下 NetBeans IDE 的窗口-验证速度。这个图表是让老板信服，并使用 Java SE 6 的有力证据！

C.2　性能更好的图像 I/O

通过消除图像 I/O 的 com.sun.imageio.plugins.jpeg.JPEGImageReader 插件类的最终清理工作，Java 5 桌面团队在读取 JPEG 图像时的性能和扩展性上取得了较大成功。在 Java 5 之后，他们继续研究图像 I/O 的 API 和核心插件，寻找新的途径来提升性能。Java SE 6 通过开发团队对以下性能漏洞进行修复而大大提高了其性能：

- Bug 6299405 "ImageInputStreamImpl still uses a finalize() which causes　java.lang.OutOfMemoryError"
- Bug 6347575 "FileImageInputStream.readInt() and similar methods are inefficient"
- Bug 6348744 "PNGImageReader should skip metadata if ignoreMetadata=true"
- Bug 6354056 "JPEGImageReader could be optimized"
- Bug 6354112 "Increase compiler optimization level for libjpeg to improve runtime performance"

Java SE 6 通过用 Java 2D Disposer(Java 2D 用来处理它与图形相关的资源的一个内部机制)迅速处理本地资源(例如，java.io.RandomAccessFile 文件处理)，而不是等待运行最终处理器，从而修复了 Bug 6299405，因此改进了性能。这样，应用程序在涉及图像 I/O 时，使用了更小的、频率更低的垃圾回收算法。

C.3　更快速的 Java 虚拟机

由于对灰框问题的修复(以及提升的感知性能，此修复通过不擦除窗口的背景而提高了真实性能)和改进的图像 I/O 而导致的性能提升是转向使用 Java SE 6 的重要原因。但是信息技术(IT)经理似乎对 Java SE 6 的 HotSpot 虚拟机是迄今为止速度最快的虚拟机(至少对 Sun 公司来说)这一点印象最深。

此速度的提升源于最新的客户端和服务器的 HotSpot 虚拟机已经设计为具有最优秀的性能。换句话说，由于这些机器已经被优化配置以获取环境的最佳性能，所以不需要再花时间来调整参数以让它们为应用程序获取最佳配置。

有人认为此性能的改进是由于 Sun 公司对 HotSpot 编译器技术所作的各种改进(以便在执行期间动态编译 Java 字节码指令)。所做的改进在 bug 数据库均有文档说明，包括 bug 4850474、5003419、5004907、5079711、5101346、6190413、6191063、6196383、6196722、6206844、6211497、6232485、6233627、6239807、6245809、6251002 和 6262235。例如，根据 Bug 6239807，HotSpot 编译器现在检查 32 位 x86 体系结构上的各种 AMD 特性，包括 3DNow 的出现！(见维基百科 http://en.wikipedia.org/wiki/3DNow!的 3DNow! 条目以获取关于此技术的更多信息)。另外，正如附录 B 中提到的，垃圾回收算法也得到一定的改进。

David Dagastine 的博客“Java 6 Leads Out of the Box Server Performance”(http://blogs.sun.com/dagastine/entry/java_6_leads_out_of)提供了关于这个新的优秀性能的更多信息，而且还提供了 Java SE 6 虚拟机和各种相应虚拟机性能的比较图。

C.4　单线程呈现

另一个 Java SE 6 新增性能是单线程呈现(single-threaded rendering，STR)。在该机制中，Java 2D 的 OpenGL 呈现管道通过一个单一的本地线程将执行过程的所有呈现申请排列成队列。这个操作改进了呈现性能并减少了 OpenGL 驱动冲突的可能性。

由于 OpenGL 呈现管道默认不是激活的(由于各种驱动的问题)，需要指定不支持的 sun.java2d.opengl 属性来使用 STR，如下所示：

```
java -Dsun.java2d.opengl=true -jar SwingSet2.jar
```

阅读 Sun 公司的“New and Updated Desktop Features in Java SE 6, Part 1”技术文章中的“Single-Threaded Rendering”节 (http://java.sun.com/developer/technicalArticles/

javase/6_desktop_features/index.html)以了解关于 STR 的更多信息。

注意

要找出 Java SE 6 在性能方面的其他改进，请查阅 Sun 公司的 Features and Enhancements 页面(http://java.sun.com/javase/6/webnotes/features.html)的各个条目。而且 JDK 6 文档包括一个到 Sun 公司 *Java SE 6 Performance White Papers* 页面(http://java.sun. com/performance/reference/whitepapers/6_performance.html)的链接，在这里，可以下载一个描述 JDK 6 性能改进的白皮书。

参 考 答 案

第 1 到 10 章都是以"练习"一节结束的,该部分通过一些练习测试您对该章内容的理解。本附录中将给出这些练习的答案。

注意

为简洁起见,此附录只给出了与出现在本书中其他地方同名的副本所不同的修订应用程序的那些部分,完整的源代码请参见本书代码的其他部分。

D.1 第 1 章: Java SE 6 简介

(1) Sun 公司用 Java SE 6 代替 J2SE 6.0 是因为 Sun 公司的营销部门与一群 Java 合作者讨论了这个问题,大多数合作者都同意简化 Java 2 平台的命名规则以建立品牌知名度。

(2) Java SE 6 的主题是兼容性和稳定性;可诊断性、监控和管理;易于开发;企业级桌面;XML 和 Web 服务;透明性。

(3) Java SE 6 不包括国际资源标识符。

(4) Action 的新常量 DISPLAYED_MNEMONIC_INDEX_KEY 是用来标识 text 属性(通过 NAME 键来访问)中的索引,属性中的助记符装饰需要呈现。

(5) 只能在事件-派发线程上创建一个 Swing 程序的 GUI 是因为 Swing GUI 工具包不是多线程的。在创建和获取 Swing 组件时,事件-派发线程不能与其他线程竞争。

(6) 通过使用 Window 类的 public void setMinimumSize(Dimension minimumSize)方法可以创建一个窗口的最小尺寸。

(7) NavigableSet 的最近似匹配方法包括 public E ceiling(E e)方法、public E floor(E e)方法、public E higher(E e)方法,以及 public E lower(E e)方法。ceiling()方法返回大于或等于给定元素的集合中最小的元素(如果元素不存在,则返回 null)。floor()方法返回小于或等于给定元素的集合中最大的元素(如果元素不存在,则返回 null)。higher()方法返回确定大于给定元素的集合中的最小元素(如果元素不存在,则返回 null)。最后,lower()方法返回确定小于给定元素的集合中最大元素(如果元素不存在,则返回 null)。

(8) 在 owner 为 null 时,public JDialog(Frame owner)构造函数不创建一个真正无主窗口。一个共享的隐藏的框架窗口被选中作为对话框的拥有者。

D.2 第 2 章: 核心类库

(1) 如果通过 BitSet(int nbits)创建位集，而且自创建以来位集的实现大小未改变，则克隆的或者序列化的位集不会被剪裁。

(2) 在调用由 Console 类的 reader()/writer()方法所返回 Reader/PrintWriter 对象的 close()方法时，底层的数据流不会关闭。

(3) 代码清单 D-1 给出了一个 ROW 应用程序，该应用程序可以将一个文件或者目录设置为只读的或者可写的。

代码清单 D-1　ROW.java

```java
//ROW.java

//调用 Java ROW filespec 以显示 filespec 的只读/可写状态。
//
//调用 Java ROW RO filespec 以设置 filespec 的状态为只读。
//
//调用 Java ROW W filespec 以设置 filespec 的状态为可写。

import java.io.File;
public class ROW
{
  public static void main (String [] args)
  {
    if (args.length != 1 && args.length != 2)
    {
        System.err.println ("usage: java ROW [RO | W] filespec");
        return;
    }

    String option = (args.length == 1) ? "" : args [0];
    File filespec = new File (args [(args.length == 1) ? 0 : 1]);

    if (option.equals ("RO"))
    {
        if (filespec.setWritable (false))
            System.out.println (filespec+" made read-only");
        else
            System.out.println ("Permission denied");
    }
    else
    if (option.equals ("W"))
    {
        if (filespec.setWritable (true))
            System.out.println (filespec+" made writable");
        else
```

```
            System.out.println ("Permission denied");
        }
        else
            System.out.println (filespec+" is currently "+
                                (filespec.canWrite ()
                                 ? "writable" : "read-only"));
    }
}
```

(4) Deque<E>接口的 void addFirst(E e)方法和 boolean offerFirst(E e)方法之间的区别是：在由于兼容性的限制而无法添加元素时，它们的处理行为有所不同。前一个方法抛出一个 IllegalStateException 对象，而后一个方法返回 false。

(5) 以下从修改后的 ProductDB 应用程序(应用程序的原始代码参见代码清单 2-9)中摘录的代码使用 NavigableMap<K, V>的 higherKey(K key)和 K lowerKey(K key)最近似匹配的方法来分别输出大于 2034 和小于 2034 的键值。

```
System.out.println ("First key higher than 2034: "+db.higherKey (2034));
System.out.println ("First key lower than 2034: "+db.lowerKey (2034));
```

(6) 代码清单 D-2 给出了一个应用程序，该应用程序利用 CopyOf()方法将一个 String 数组复制到一个新的 CharSequence 数组。

代码清单 D-2　Copy.java

```
//Copy.java

import java.util.*;

public class Copy
{
    public static void main (String [] args)
    {
        String [] sa = { "First", "Second", "Third" };
        CharSequence [] csa;
        csa = Arrays.copyOf (sa, sa.length, CharSequence[].class);
        for (int i = 0; i < csa.length; i++)
            System.out.println (csa [i].length ());
    }
}
```

(7) ServiceLoader<S>类的 iterator()方法返回一个 Iterator<E>对象，该对象的 hasNext()方法和 next()方法可以抛出一个 ServiceConfigurationError 错误而不是一个异常。根据 JDK 6 文档，这是因为"和一个残缺的类文件一样，一个残缺的提供程序-配置文件表明 Java 虚拟机的配置或者使用方式具有一系列严重的错误。因此，情愿它抛出一个错误而不愿它尝试修复该错误或者，更糟的情况下——悄悄地放弃该错误，不做任何处理。"

(8) 无论何时执行 java - cp pcx.jar; EnumIO，此应用程序都输出 ca.mb.javajeff.pcx.PCXImageReaderSpi。然而，如果修改该代码，将 null 传递给 load()方

法，如 ServiceLoader.load (ImageReaderSpi.class, null)，然后调用 for (ImageReaderSpi imageReader: imageReaders)，则由于无法找到 PCXImageReaderSpi 类应用程序将抛出 ServiceConfigurationError 错误。之所以找不到此类，是因为(由于 ServiceLoader.java 和一些推演显示)Class.forName()使用引导程序(null)类加载器加载该类，而引导程序类加载器对核心系统类之外的其他类毫无了解。

虽然 JDK 6 文档关于 ServiceLoader 的 public static <S> ServiceLoader<S> load(Class<S> service, ClassLoader loader)方法显示将 null 传递给 loader 首先选择系统类加载器，但是如果系统类加载器不不可用，应用程序将把加载类的任务委派给引导程序类加载器，这种说法只有一部分是正确的。根据 ServiceLoader.java，通过 ServiceLoader 类的 iterator()方法返回给改进的 for 语句的一个迭代器，使用了一个私有的 LazyIterator 类。如果将 null 传递给 loader，那么 LazyIterator 类的 hasNext()方法尝试访问系统类加载器。相反地，此类的 next()方法将把在调用 ServiceLoader.load()时所指定的 null 值直接传递给 Class.forName()，它将自动选择引导程序类加载器。

D.3 第3章: GUI工具包: AWT

(1) 代码清单 D-3 给出了一个 LinkTest 应用程序。当用户单击对话框的 About 按钮，应用程序显示了一个带有自定义链接组件的对话框。单击此链接时，调用 Desktop 类的 browse()方法被调用来启动默认的浏览器并显示由链接标识的页面。

代码清单 D-3 LinkTest.java

```java
//LinkTest.java

import java.awt.*;
import java.awt.event.*;

import java.io.*;

import java.net.*;

import javax.swing.*;

public class LinkTest extends JFrame
{
public LinkTest ()
  {
    super ("Link Test");
    setDefaultCloseOperation (EXIT_ON_CLOSE);

    JButton btnAbout = new JButton ("About");
    ActionListener al;
    al = new ActionListener ()
```

```
            {
                public void actionPerformed (ActionEvent e)
                {
                    new About (LinkTest.this, "About LinkTest");
                }
            };
        btnAbout.addActionListener (al);

        getContentPane ().add (btnAbout);

        setSize (175, 75);
        setVisible (true);
    }

    public static void main (String [] args)
    {
        Runnable r = new Runnable ()
                    {
                        public void run ()
                        {
                            new LinkTest ();
                        }
                    };
        EventQueue.invokeLater (r);
    }
}

class About extends JDialog
{
    About (JFrame frame, String title)
    {
        super (frame, "About", true);
        getContentPane ().add (new Link ("Visit java.sun.com",
                                    "http://java.sun.com", Color.blue,
                                    Color.red), BorderLayout.NORTH);
        JPanel pnl = new JPanel ();
        JButton btnOk = new JButton ("Ok");
        btnOk.addActionListener (new ActionListener ()
                                {
                                    public void actionPerformed (ActionEvent e)
                                    {
                                        dispose ();
                                    }
                                });
        pnl.add (btnOk);
        getContentPane ().add (pnl, BorderLayout.SOUTH);

        pack ();
        setResizable (false);
```

```java
            setLocationRelativeTo (frame);
            setVisible (true); //这是自身可见的对话框; 不需要让其可见。
        }
    }

class Link extends JLabel
{
    private Desktop desktop;
    private String link;
    private Color textColor, activeColor;

    Link (String text, String link, Color textColor, Color activeColor)
    {
        super (text, JLabel.CENTER);

        this.link = link;
        this.textColor = textColor;
        this.activeColor = activeColor; //鼠标键单击时的链接颜色。

        setForeground (textColor);

            if (Desktop.isDesktopSupported ())
                desktop = Desktop.getDesktop ();

            addMouseListener (new LinkListener ());
    }

    class LinkListener extends MouseAdapter
    {
        private URI uri;

        public void mousePressed (MouseEvent e)
        {
            setForeground (activeColor);
        }

        public void mouseReleased (MouseEvent e)
        {
            setForeground (textColor);

            if (Link.this.contains (e.getX (), e.getY ()))
            {
                if (desktop != null &&
                    desktop.isSupported (Desktop.Action.BROWSE))
                    try
                    {
                        if (uri == null)
                            uri = new URI (link);
```

```
        //尽管 browse()是在事件派发线程上调用的，但这并不能证明它是
        //可以被 GUI 打断的，因为启动浏览器的调用并不是一个费时的操作。

        desktop.browse (uri);
    }
    catch (Exception ex)
    {
        JOptionPane.showMessageDialog (null, ex.getMessage ());
    }
            }
        }
    }
}
```

为方便起见，此链接组件是基于 JLabel 的。如果更愿意让此组件基于 JButton，在"Tools of the Trade: SwingX Meets Swing with New and Extended Components"文章中查找 Hyperlink 类(http://www.informit.com/articles/article.asp?p=598024& seqNum=3&rl=1)。在文章"Java Fun and Games: Tips from the Java grab bag"中给出了第三种链接组件(http://www.javaworld.com/javaworld/jw-01-2007/ jw-0102-games.html?page=2)。

(2) 在 UnitsConverter.java 的 Help 对话类的构造函数中将 setModalExclusionType (Dialog.ModalExclusionType.APPLICATION_EXCLUDE);改为 frame.setModalExclusionType (Dialog. ModalExclusionType.APPLICATION_EXCLUDE);，可以有效地将框架窗口(以及它的子窗口)排除在新的模态模型之外。为了实现这个目的，必须首先单击 Help 按钮，以 便 让 构 造 函 数 执 行 frame. setModalExclusionType (Dialog.ModalExclusionType. APPLICATION_EXCLUDE);。

(3) 同时指定-splash 命令行选项和 SplashScreen-Image 清单条目时，-splash 优先级更高。

(4) 以下摘自修改后的 QuickLaunch 应用程序(应用程序的原始代码请参见代码清单3-5)的代码段用粗体显示默认的 Launch Application 菜单项：

```
MenuItem miLaunch = new MenuItem ("Launch Application")
                    {
                        public void addNotify ()
                        {
                            super.addNotify ();
                            Font font = getFont ();
                            font = font.deriveFont (Font.BOLD);
                            setFont (font);
                        }
                    };
```

此代码段用于用粗体显示 Launch Application 菜单项。思想很简单：获取菜单项的当前字体并调用 Font 的 deriveFont()方法来基于当前字体获取一种新字体，新字体具有和原来字体基本一样的属性，除了样式外。然后，用新派生的具有粗体属性的新字体设置菜单项。但是，由于直到让菜单项组件可显示时(通过连接到它的本地的菜单端点资源)，

菜单项才能显示当前字体，因此该改变必须在调用 MenuItem 类的 addNotify()方法之后才会发生。通过编写 MenuItem 的子类、重写 addNotify()方法并将新字体修改代码置于调用 super.addNotify()方法之后，这一点就很容易实现。

注意

JDK 文档中关于 MenuComponent 类的 setFont()方法声明"某些平台可能不支持一个菜单组件的所有字体属性设置；在这种情况下，在此菜单组件所不支持字体属性上调用 setFont 将无效"。

D.4 第 4 章：GUI 工具包：Swing

(1) 如果一个选项卡没有与 indexOfTabComponent()方法的 Component 参数相关联，那么 indexOfTabComponent()方法将返回 -1。

(2) DropMode.USE_SELECTION 导致选中的文本暂时取消选定。

(3) 下面这段摘自修改后的 PriceList1 应用程序(参见代码清单 4-3 以查看原应用程序的源代码)的代码段引入了一个列表清单选择监听器，它通过一个选项面板对话框来显示选中行(视图)的索引和模型索引(通过 convertRowIndexToModel())。如果通过不同列头将此表格排序并选中不同行，将会注意到排序只影响视图(而不影响模型)。

```
table.setSelectionMode (ListSelectionModel.SINGLE_SELECTION);
ListSelectionListener lsl;
lsl = new ListSelectionListener ()
    {
        public void valueChanged (ListSelectionEvent lse)
        {
            int index = table.getSelectedRow ();
            if (index != -1)
            {
                JOptionPane.showMessageDialog (PriceList1.this,
                                        "View index = "+index+
                                        ", Model index = "+
                        table.convertRowIndexToModel (index));
            }
        }
    };
table.getSelectionModel ().addListSelectionListener(lsl);
```

(4) 让 SwingWorker<T, V>的 doInBackground()方法返回一个值，并且在 done()方法中检索此值，以便正确地将工作者线程的计算结果传递给事件-派发线程，这是很必要的。工作者线程调用 doInBackground()方法将结果储存在 future 中，而且应用程序代码可以在从 future 获取此结果之后利用事件-派发线程来更新 GUI。计算不能在事件-派发线程上执行，因为延误此线程将导致在情况好时 GUI 很慢，在情况不好时则 GUI 不响应。工作者线程无法用此结果更新 GUI，因为 Swing 不是线程-安全的。只有事件-派发线程可以安全地更新 GUI。

(5) 下面这段摘自修改后的 BrowserWithPrint 应用程序中的代码段(原应用程序的源代码请见代码清单 4-7)使用了 javax.print.attribute.PrintRequestAttributeSet 以指定初始 ISO A4 纸尺寸，并打印 3 份：

```
PrintRequestAttributeSet set;
set =
  new HashPrintRequestAttributeSet ();
set.add (MediaSizeName.ISO_A4);
set.add (new Copies (3));
//当调用无参数的 print()方法时，除了 set 外，下面所有的其他参数都是默认的。
ep.print (null, null, true, null,
          set, true);
```

D.5　第 5 章：国际化

(1) Calendar.WEEK_OF_YEAR 和 Calendar.DAY_OF_YEAR 域处理皇家纪年的第一年中不规则的规则。

(2) 所有规范等价的字符一定是兼容等价。查看维基百科的 Unicode equivalence 条目(http://en.wikipedia.org/ wiki/Canonical_equivalence)了解更多信息。

(3) 代码清单 D-4 给出了一个 LocaleNameProviderImpl 子类，它扩展了货币名称提供程序示例(见代码清单 5-2 和 5-3)，以包括一个 ti_ER 地区的地区名称提供程序。

代码清单 D-4　LocaleNameProviderImpl.java

```java
//LocaleNameProviderImpl.java

import java.util.*;
import java.util.spi.*;

public class LocaleNameProviderImpl extends LocaleNameProvider
{
  final static Locale [] locales = new Locale [] { new Locale ("ti", "ER") };

  public Locale [] getAvailableLocales ()
  {
    return locales;
  }

  public String getDisplayCountry (String countryCode, Locale locale)
  {
    if (countryCode.equals ("ER"))
    {
      if (locale.equals (locales [0]))
          return "\u12a4\u122d\u1275\u122b";
      else
```

```
            if (locale.equals (Locale.ENGLISH))
                return "Eritrea";
        }

        return null;
    }

    public String getDisplayLanguage (String languageCode, Locale locale)
    {
      if (languageCode.equals ("ti"))
      {
        if (locale.equals (locales [0]))
            return "\u1275\u130d\u122d\u129b";
        else
        if (locale.equals (Locale.ENGLISH))
            return "Tigrinya";
      }

      return null;
      }
      public String getDisplayVariant (String variantCode, Locale locale)
      {
          return null;
      }
    }
```

　　为证明此例子的 tiER.jar 文件的内容是正确的，而且此 JAR 文件安装正确，代码清单 D-5 给出了一个 ShowLocaleInfo 应用程序，它为 ti_ER 地区调用了 getDisplayCountry() 方法和 getDisplayLanguage()方法。

代码清单 D-5   ShowLocaleInfo.java

```
//ShowLocaleInfo.java

import java.util.*;

public class ShowLocaleInfo
{
  public static void main (String [] args)
  {
    Locale ti_ER = new Locale ("ti", "ER");

    String displayCountry = ti_ER.getDisplayCountry (Locale.ENGLISH);
    System.out.println (displayCountry);

    displayCountry = ti_ER.getDisplayCountry (ti_ER);
    for (int i = 0; i < displayCountry.length (); i++)
        System.out.print (Integer.toHexString (displayCountry.charAt
                                                (i))+" ");
```

```
System.out.println ();

String displayLanguage = ti_ER.getDisplayLanguage (Locale.ENGLISH);
System.out.println (displayLanguage);

displayLanguage = ti_ER.getDisplayLanguage (ti_ER);
for (int i = 0; i < displayLanguage.length (); i++)
    System.out.print (Integer.toHexString (displayLanguage.charAt
                                           (i))+" ");

System.out.println ();

System.out.println (ti_ER.getDisplayVariant ());
    }
}
```

(4) 代码清单 D-6 给出了一个与 ShowCurrencies(见代码清单 5-3)类似的 ShowLocales 应用程序，其中 Currency Code 和 Currency Symbol 列已经用 Country (Default Locale)、Language (Default Locale)、Country(Localized)和 Language (Localized)列代替。

代码清单 D-6　ShowLocales.java

```
//ShowLocales.java

import java.awt.*;

import java.util.*;

import javax.swing.*;
import javax.swing.table.*;

public class ShowLocales extends JFrame
{
  public ShowLocales ()
  {
    super ("Show Locales");
    setDefaultCloseOperation (EXIT_ON_CLOSE);

    final Locale [] locales = Locale.getAvailableLocales ();

    TableModel model = new AbstractTableModel ()
    {
      public int getColumnCount ()
      {
        return 5;
      }

      public String getColumnName (int column)
```

```
            {
                if (column == 0)
                    return "Locale";
                else
                if (column == 1)
                    return "Country (Default Locale)";
                else
                if (column == 2)
                    return "Language (Default Locale)";
                else
                if (column == 3)
                    return "Country (Localized)";
                else
                    return "Language (Localized)";
            }

            public int getRowCount ()
            {
                return locales.length;
            }

            public Object getValueAt (int row, int col)
            {
              if (col == 0)
                    return locales [row];
              else
                    try
                    {
                        if (col == 1)
                            return locales [row].getDisplayCountry ();
                        else
                        if (col == 2)
                            return locales [row].getDisplayLanguage ();
                        else
                        if (col == 3)
                            return locales [row].
                                    getDisplayCountry (locales [row]);
                        else
                            return locales [row].
                                    getDisplayLanguage (locales [row]);
                    }
                    catch (IllegalArgumentException iae)
                    {
                        return null;
                    }
              }
        };

        JTable table = new JTable (model);
```

```
        table.setPreferredScrollableViewportSize (new Dimension (750,
                                                  300));
        Renderer r = new Renderer ();
        table.getColumnModel ().getColumn (3).setCellRenderer (r);
        table.getColumnModel ().getColumn (4).setCellRenderer (r);
        getContentPane ().add (new JScrollPane (table));

        pack ();
        setVisible (true);
    }

    public static void main (String [] args)
    {
        Runnable r = new Runnable ()
                    {
                        public void run ()
                        {
                            new ShowLocales ();
                        }
                    };
        EventQueue.invokeLater (r);
    }
}

class Renderer extends JLabel implements TableCellRenderer
{
  Renderer ()
  {
      //让 JLabel 不使用加粗样式。

      setFont (getFont ().deriveFont (Font.PLAIN));
  }

  public Component getTableCellRendererComponent (JTable table, Object
                                                  value, boolean
                                                  isSelected, boolean
                                                  isFocus, int row, int
                                                  column)
  {
    String s = (String) value;
    if (s.equals ("\u12a4\u122d\u1275\u122b") ||
        s.equals ("\u1275\u130d\u122d\u129b"))
        setFont (new Font ("GF Zemen Unicode", Font.PLAIN, 12));

    setText (s);
    return this;
  }
}
```

图 5-3(第 5 章中)给出了此应用程序的 GUI。

D.6　第 6 章: Java 数据库连接

(1) 要对 MySQL 连接器/J5.1 利用自动驱动器加载，首先需要和在 mysql-connector-java-5.1.0-bin.jar 相同的目录中创建一个 META-INF 子目录。接下来，在 META-INF 内创建一个 services 目录。然后，将一个包含 com.mysql.jdbc.Driver 的文本文件 java.sql.Driver 置于 services 目录中。最后，假设包含 mysql-connector-java-5.1.0-bin.jar 的目录为当前目录，执行 jar -uf mysql-connector-java-5.1.0-bin.jar C META-INF/ services 来将 services 目录和它的内容打包到一个 JAR 文件中。

(2) 开始写入或读取 BLOB 或 CLOB 的位置(通过 Blob 的 setBinaryStream()方法和新的 getBinaryStream()方法，以及 Clob 的 setCharacterStream()和新的 getCharacterStream()方法)为 1。

(3) Connection 接口新的 setClientInfo()方法和 getClientInfo()方法通过使应用程序能够和连接相关联，从而让连接管理受益。此特性允许一个基于服务器的监控工具标识一个 JDBC 连接背后的、占用 CPU 或者其他方式停顿服务器的应用程序。

(4) 一个临时的 SQLException 异常描述了一个可以立即重试的失败操作。一个非临时的 SQLException 异常描述了一个不通过改动应用程序源代码或数据源的某些方面无法重试的失败操作。

(5) 代码清单 D-7 给出了一个 FuncSupported 应用程序，它利用了第 6 章中给出的 isSupported()方法来确定数据源是否支持标量函数。

代码清单 D-7　FuncSupported.java

```java
//FuncSupported.java

import java.sql.*;

public class FuncSupported
{
  public static void main (String [] args) throws SQLException
  {
    if (args.length != 2)
    {
      System.err.println ("usage: java FuncSupported jdbcURL funcname");
      return;
    }

    Connection con = DriverManager.getConnection (args [0]);

    System.out.println ("Function "+args [1]+
                        (isSupported (con, args[1]) ? " is supported" :
                        " is not supported"));
```

```
    if (con.getMetaData ().getDriverName ().equals ("Apache Derby "+
        "Embedded JDBC Driver"))
        try
        {
            DriverManager.getConnection ("jdbc:derby:;shutdown=true");
        }
        catch (SQLException sqlex)
        {
            System.out.println ("Database shut down normally");
        }
    }

    static boolean isSupported (Connection con, String func)
      throws SQLException
    {
      DatabaseMetaData dbmd = con.getMetaData ();

      if (func.equalsIgnoreCase ("CONVERT"))
          return dbmd.supportsConvert ();
          func = func.toUpperCase ();

      if (dbmd.getNumericFunctions ().toUpperCase ().indexOf (func) != -1)
          return true;

      if (dbmd.getStringFunctions ().toUpperCase ().indexOf (func) != -1)
          return true;

      if (dbmd.getSystemFunctions ().toUpperCase ().indexOf (func) != -1)
          return true;

      if (dbmd.getTimeDateFunctions ().toUpperCase ().indexOf (func) != -1)
          return true;

      return false;
    }
}
```

MySQL 5.1 不支持函数 EXTRACT。

(6) 代码清单 D-8 给出了一个 SQLROWIDSupported 应用程序，该应用程序只有一个命令行参数，即数据源的 JDBC URL，并输出一个消息说明数据源是否支持 SQL ROWID 数据类型。

代码清单 D-8　SQLROWIDSupported.java

```
//SQLROWIDSupported.java

import java.sql.*;
```

```
public class SQLROWIDSupported
{
  public static void main (String [] args)
  {
    if (args.length != 1)
    {
        System.err.println ("usage: java SQLROWIDSupported jdbcURL");
        return;
    }

    try
    {
      Connection con;
      con = DriverManager.getConnection (args [0]);

      DatabaseMetaData dbmd = con.getMetaData ();
      if (dbmd.getRowIdLifetime () != RowIdLifetime.ROWID_UNSUPPORTED)
          System.out.println ("SQL ROWID Data Type is supported");
      else
          System.out.println ("SQL ROWID Data Type is not supported");

      if (con.getMetaData ().getDriverName ().equals ("Apache Derby "+
          "Embedded JDBC Driver"))
          try
          {
            DriverManager.getConnection ("jdbc:derby:;shutdown=true");
          }
          catch (SQLException sqlex)
          {
            System.out.println ("Database shut down normally");
          }
    }
    catch (SQLException sqlex)
    {
        System.out.println (sqlex);
    }
  }
}
```

Java DB 版本 10.2.1.7 不支持 SQL ROWID 数据类型。

(7) 代码清单 D-9 给出了一个应用程序，该应用程序只有一个命令行参数，为数据源的 JDBC URL，并输出一个消息说明数据源是否支持 SQL XML 数据类型。

代码清单 D-9　SQLXMLSupported.java

```
//SQLXMLSupported.java

import java.sql.*;
```

```
public class SQLXMLSupported
{
  public static void main (String [] args)
  {
    if (args.length != 1)
    {
        System.err.println ("usage: java SQLXMLSupported jdbcURL");
        return;
    }

    try
    {
        Connection con;
        con = DriverManager.getConnection (args [0]);

        DatabaseMetaData dbmd = con.getMetaData ();
        ResultSet rs = dbmd.getTypeInfo ();
        boolean found = false;
        while (rs.next ())
        {
            if (rs.getInt ("DATA_TYPE") == Types.SQLXML)
            {
                found = true;
                break;
            }
        }

        if (found)
                System.out.println ("SQL XML Data Type is supported");
            else
                System.out.println ("SQL XML Data Type is not supported");

        if (con.getMetaData ().getDriverName ().equals ("Apache Derby "+
            "Embedded JDBC Driver"))
            try
            {
                DriverManager.getConnection ("jdbc:derby:;shutdown=true");
            }
            catch (SQLException sqlex)
            {
                System.out.println ("Database shut down normally");
            }
    }
    catch (SQLException sqlex)
    {
        System.out.println (sqlex);
    }
  }
}
```

Java DB 版本 10.2.1.7 不支持 SQL XML 数据类型。

(8) dblook 的-z 选项的目的是为了限制某个特定模式的 DDL 生成，只有隶属于该模式的数据库对象才允许让它们的 DDL 语言生成。dblook 的-t 选项则是为了限制由该选项所标识的那些与表格相关 DDL 生成。dblook 的-td 选项则是为了指定 DDL 语句的结束符 (默认的结束符为分号)。

(9) 代码清单 D-10 给出了一个 DumpSchemas 应用程序，该应用程序以某个数据源的 JDBC URL 作为唯一的命令行输入参数，并向标准的输出设备输出其模式名。

代码清单 D-10　DumpSchemas.java

```java
//DumpSchemas.java

import java.sql.*;

public class DumpSchemas
{
  public static void main (String [] args)
  {
    if (args.length != 1)
    {
        System.err.println ("usage: java DumpSchemas jdbcURL");
        return;
    }

    try
    {
        Connection con;
        con = DriverManager.getConnection (args [0]);

        DatabaseMetaData dbmd = con.getMetaData ();
        ResultSet rs = dbmd.getSchemas ();
        while (rs.next ())
            System.out.println (rs.getString (1));

        if (con.getMetaData ().getDriverName ().equals ("Apache Derby "+
            "Embedded JDBC Driver"))
            try
            {
                DriverManager.getConnection ("jdbc:derby:;shutdown=true");
            }
            catch (SQLException sqlex)
            {
                System.out.println ("Database shut down normally");
            }
    }
    catch (SQLException sqlex)
    {
        System.out.println (sqlex);
```

```
        }
      }
    }
```

当您针对 EMPLOYEE 数据库运行该应用程序时，将输出以下的模式：

```
APP
NULLID
SQLJ
SYS
SYSCAT
SYSCS_DIAG
SYSCS_UTIL
SYSFUN
SYSIBM
SYSPROC
SYSSTAT
```

D.7　第 7 章：监控和管理

(1) 本地监控是指在与被监控应用程序相同的机器上运行 JConsole(或者是任意的 JMX 客户端)。应用程序和 JConsole 必须属于同一个用户。在 Java SE 6 中启动一个本地监控的应用程序，不需要指定 com.sun.management.jmxremote 系统属性。

(2) 根据 Class 类的 protected final Class<?> defineClass(String name, byte[] b, int off, int len)方法的 JDK 文档描述，类定义涉及到将一个字节数组转换成一个类实例。相反，转换则涉及以某种方式改变该定义，如通过在各种方法中添加一些额外的字节码来监控类。重定义并不会导致类的初始化器运行。retransform()方法为重转换定义了以下步骤：

- 首先加载最初的类文件字节。
- 对于每个通过 void addTransformer(ClassFileTransformer transformer)方法，或者以 false 为 canRetransform 参数的 void addTransformer(ClassFileTransformer transformer, boolean canRetransform)添加的转换器，在最后一个类加载或重定义时，transform()方法所返回的字节将重用为转换的输出。
- 对于每个通过将 true 传递给 canRetransform 参数添加的转换器，调用这些转换器的 transform()方法。
- 被转换的类文件字节将作为类的新定义进行安装。

(3) agentmain()方法通常(但不是必须的)在应用程序的 main()方法已经运行之后才被调用。相反，premain()方法则总是在 main()方法运行之前被调用。另外，agentmain()方法的调用是一个动态绑定的结果，而 premain()方法的调用则是用-javaagent 选项启动虚拟机的结果。该选择用于指定一个代理的 JAR 文件的路径和文件名。

(4) 代码清单 D-11 给出了一个 LoadAverageViewer 应用程序，该应用程序调用了 OperatingSystemMXBean 的 getSystemLoadAverage()方法。如果该方法返回一个负值，那么应用程序将输出一条消息以表明在该平台上不支持平均负载。否则，它每分钟重复输出一次平台的平均负载，或者是以某个由命令行参数所确定的特定时间间隔来输出平均负载。

代码清单 D-11 LoadAverageViewer.java

```java
//LoadAverageViewer.java;

//Unix 编译：javac -cp $JAVA_HOME/lib/tools.jar LoadAverageViewer.java
//
//Windows 编译：javac -cp %JAVA_HOME%/lib/tools.jar LoadAverageViewer.java

import static java.lang.management.ManagementFactory.*;

import java.lang.management.*;

import java.io.*;

import java.util.*;

import javax.management.*;
import javax.management.remote.*;

import com.sun.tools.attach.*;

public class LoadAverageViewer
{
  static final String CON_ADDR =
    "com.sun.management.jmxremote.localConnectorAddress";

  static final int MIN_MINUTES = 2;
  static final int MAX_MINUTES = 10;

  public static void main (String [] args) throws Exception
  {
    int minutes = MIN_MINUTES;

    if (args.length != 2)
    {
      System.err.println ("Unix usage : "+
                          "java -cp $JAVA_HOME/lib/tools.jar:. "+
                          "LoadAverageViewer pid minutes");
      System.err.println ();
      System.err.println ("Windows usage: "+
                          "java -cp %JAVA_HOME%/lib/tools.jar;. "+
                          "LoadAverageViewer pid minutes");
      return;
    }

    try
```

```
{
  int min = Integer.parseInt (args [1]);
  if (min < MIN_MINUTES || min > MAX_MINUTES)
  {
      System.err.println (min+" out of range ["+MIN_MINUTES+", "+
                          MAX_MINUTES+"]");
      return;
  }
  minutes = min;
}
catch (NumberFormatException nfe)
{
  System.err.println ("Unable to parse "+args [1]+" as an integer.");
  System.err.println ("LoadAverageViewer will repeatedly check "+
                      " average (if available) every minute for "+
                      MIN_MINUTES+" minutes.");
}
```

//试图绑定到标识符由某个命令行参数所指定的目标虚拟机。

```
VirtualMachine vm = VirtualMachine.attach (args [0]);
```

//试图获取目标虚拟机的连接器地址，这样该虚拟机就可以和它的连接器服务器通信。

```
String conAddr = vm.getAgentProperties ().getProperty (CON_ADDR);
```

//如果没有连接器地址，那么连接器服务器和 JMX 代理均未在目标虚拟机中启动。
//因此，将 JMX 代理加载到目标虚拟机。

```
if (conAddr == null)
{
  //JMX 代理存储在 management-agent.jar 文件中。
  //该 JAR 文件位于 JRE 的主目录的 lib 子目录中。

  String agent = vm.getSystemProperties ()
                   .getProperty ("java.home")+File.separator+
                   "lib"+File.separator+"management-agent.jar";
```

//试图加载 JMX 代理。

```
vm.loadAgent (agent);
```

//再次试图获取目标虚拟机的连接器地址。

```
conAddr = vm.getAgentProperties ().getProperty (CON_ADDR);
```

//尽管第二次试图获取连接器地址应该会成功，但是如果不成功将抛出一个异常。

```
if (conAddr == null)
```

```
                throw new NullPointerException ("conAddr is null");
}
```

//在连接到目标虚拟机的连接器服务器之前，
//基于字符串的连接器地址必须转换成 JMXServiceURL。

```
JMXServiceURL servURL = new JMXServiceURL (conAddr);
```

//试图创建一个连接到位于指定 URL 的连接器服务器的连接器客户端。

```
JMXConnector con = JMXConnectorFactory.connect (servURL);
```

//试图获取一个表示远程 JMX 代理的 MBean 服务器的 MBeanServerConnetion 对象。

```
MBeanServerConnection mbsc = con.getMBeanServerConnection ();
```

//获取线程 MBean 的对象名，并利用该名字来获取
//由 JMX 代理的 MBean 服务器控制的 OS MBean 的名字。

```
ObjectName osName = new ObjectName (OPERATING_SYSTEM_MXBEAN_NAME);
Set<ObjectName> mbeans = mbsc.queryNames (osName, null);
```

//for-each 循环将方便地返回 OS MBean 的名字。
//由于仅有一个 OS MBean，因此该循环只迭代一次。

```
for (ObjectName name: mbeans)
{
  //获取 OperatingSystemMXBean 接口的一个代理，
  //将接口将通过由 mbsc 标识的 MBeanServerConnection 转发其方法调用。

  OperatingSystemMXBean osb;
  osb = newPlatformMXBeanProxy (mbsc, name.toString (),
                                OperatingSystemMXBean.class);

  double loadAverage = osb.getSystemLoadAverage ();

  if (loadAverage < 0)
  {   System.out.println (loadAverage);
    System.out.println ("Load average not supported on platform");
    return;
  }

  for (int i = 0; i < minutes; i++)
  {
    System.out.printf ("Load average: %f", loadAverage);
    System.out.println ();

    try
    {
```

```
        Thread.sleep (60000); //大概休眠一分钟。
    }
    catch (InterruptedException ie)
    {
    }

    loadAverage = osb.getSystemLoadAverage ();
    }

    break;
    }
  }
}
```

(5) JConsole API 的 JConsoleContext 接口的目的是为了表示一个到运行在目标虚拟机的应用程序的 JConsole 连接。

(6) 通过 JConsolePlugin 的 public final void addContextPropertyChangeListener (PropertyChangeListener listener) 方法或者通过在调用 JConsolePlugin 的 final JConsoleContext getContext()之后调用 JConsoleContext 的 void addPropertyChangeListener (PropertyChangeListener listener)方法(假定 getContext()返回值不为 null)，就可以在某个插件的 JconsoleContext 中添加 java.beans.PropertyChangeListener。这样，当 JConsole 和某个目标虚拟机之间的连接状态发生改变时，该对象将被调用。JConsoleContext. ConnectionState 枚举类型的 CONNECTED、CONNECTING 和 DISCONNECTED 常量标识了 3 种连接状态。

该监听器有助于插件提供一个方便的地方在连接状态变成 CONNECTED 时，通过 JConsoleContext 的 MBeanServerConnection getMBeanServerConnection()方法获取一个新的 javax.management.MBeanServerConnection。当连接中断时，当前 MBeanServerConnection 不可用。样本 JTop 插件的 jtopplugin.java 源代码(包含在 JDK 中)显示了如何实现 PropertyChangeListener 的 void propertyChange(PropertyChangeEvent evt)方法以恢复该 MBeanServerConnection。

D.8　第 8 章：网络化

(1) 如果在代码清单 8-1 的 CookieManager cm = new CookieManager();之前放置 new URL (args [0]).openConnection ().getContent ();语句，那么将看不到 cookie 输出。HTTP 协议处理器在其执行之前需要由一个系统范围内的 cookie 处理器实现(如 cookie 管理器)。这是因为协议处理器需要调用该系统范围内的 cookie 处理器的 public void put(URI uri, Map<String,List<String>> responseHeaders)方法来将响应 cookie 存储在某个 cookie 缓存中。如果没有安装一个 cookie 处理器的实现，那么它不能调用该方法来完成该任务。

(2) 如果 IDN 的 toASCII()方法的输入字符串不遵循 RFC 3490 规范，那么该方法将抛出一个 IllegalArgumentException 异常。

(3) 以下摘自修改后的 MinimalHTTPServer 应用程序(参见代码清单 8-4 以了解原始应用程序的源代码)的代码段引入了一个和/date 根 URI 相关联的 DateHandler 类。除了这段代码以外，还需要在 main()方法中添加一个 server.createContext ("/date", new DateHandler ());方法的调用。

```
class DateHandler implements HttpHandler
{
    public void handle (HttpExchange xchg) throws IOException
    {
        xchg.sendResponseHeaders (200, 0);
        OutputStream os = xchg.getResponseBody ();
        DataOutputStream dos = new DataOutputStream (os);
        dos.writeBytes ("<html><head></head><body><center><b>"+
                        new Date ().toString ()+"</b></center>
                        </body></html>");
        dos.close ();
    }
}
```

(4) 以下代码摘自修改后的 NetParms 应用程序(查阅代码清单 8-5 以获取原始应用的源代码)获取了每个网络接口的所有可访问 InterfaceAddress，并输出每个 InterfaceAddress 的 IP 地址、广播地址、网络前缀长度/子网掩码：

```
List<InterfaceAddress> ias = ni.getInterfaceAddresses ();
for (InterfaceAddress ia: ias)
{
    //由于getInterfaceAddresses()方法可能返回一个只包含唯一null元素的
    //列表——在WAN(PPP/SLIP)接口中会出现这种情况——需要
    //一个if语句来阻止NullPointerException异常。

    if (ia == null)
        break;

    System.out.println ("Interface Address");
    System.out.println (" Address: "+ia.getAddress ());
    System.out.println (" Broadcast: "+ia.getBroadcast ());
    System.out.println (" Prefix length/Subnet mask: "+
                        ia.getNetworkPrefixLength ());
}
```

D.9 第 9 章：脚本

(1) Scripting API 的包名是 javax.script。

(2) Compliable 接口描述了一个脚本引擎，该引擎可以将脚本编译成中间代码。CompiledScript 抽象类可以被子类扩展以保存编译结果——即中间代码。

(3) 和 Java SE 6 的基于 Rhino 脚本引擎相对应的脚本语言是 JavaScript。

(4) ScriptEngineFactory 的 getEngineName()返回一个引擎的全称(如 Mozilla Rhino)。而 ScriptEngineFactory 的 getNames()方法则返回一个引擎简称(如 rhino)的列表。必须将某个简称传递给 ScriptEngineManager 的 getEngineByName(String shortName)方法。

(5) 为了使得某个脚本引擎展现 MULTITHREAD 线程行为，脚本可以并行在不同线程上执行，尽管在某个线程上执行一个脚本的结果可能对于在其他线程上执行的脚本可见。

(6) ScriptEngineManager 的 getEngineByExtension(String extension)方法适用于通过一个对话框选择一个脚本文件的名字后获取一个脚本引擎。

(7) ScriptEngine 提供了 6 个 eval()方法以计算脚本。

(8) 为了防止和 JavaScript 中同名类型——Object、Math、Boolean 等——的冲突，基于 Rhino 的脚本引擎默认情况下不导入 java.lang 包。

(9) importPackage()和 importClass()的问题是由于它们所导入的类在 JavaScript 的全局变量范围内有效所导致的。Rhino 通过提供一个 JavaImporter 类克服这个问题。JavaImporter 类使用 JavaScript 的 with 语句来指定类和接口，不需要从该语句的范围内指定类和接口的包名。

(10) Java 程序通过脚本变量将对象传递给脚本和将脚本变量获取为对象来实现和脚本的通信。ScriptEngine 提供了 void put(String key, Object value)方法和 Object get(String key)方法来完成此任务。

(11) jrunscript 通过在调用 engine.put("arguments", args)之后再调用 engine.put (ScriptEngine.ARGV, args)方法来访问命令行参数，其中 args 为传递给该工具入口方法的 String 数组的名字。

(12) 绑定对象是一个存储键/值对的映射，其中键值为 String 类型。

(13) 在引擎范围内，一个绑定对象对某个特定脚本引擎在该引擎的整个生命周期内可见，其他的脚本引擎则不能访问该绑定对象(除非将该绑定和其他引擎共享)。在全局范围内，一个绑定对象对于所有用同一个脚本引擎管理器创建的脚本引擎可见。

(14) ScriptEngine 提供了一个 setBindings(Bindings bindings, int scope)方法实现对全局绑定的替换，使得 ScriptEngineManager 的 getEngineByExtension()方法、getEngineByMimeType()方法和 getEngineByName()方法可以和新创建的脚本引擎共享全局范围的绑定对象。

(15) 脚本上下文用于连接一个脚本引擎和一个 Java 程序。它提供了全局绑定对象和引擎绑定对象，还提供了一个读取器和两个书写器。脚本引擎将这些读写器用做输入和输出。

(16) eval(String script, ScriptContext context)用一个显式指定的脚本上下文计算一个脚本。eval(String script, Bindings n)在计算一个脚本前创建一个新的临时脚本上下文(将引擎绑定设置为 n，而全局绑定则设置为默认上下文的全局绑定)。

(17) context 脚本变量的目的是为了描述一个 SimpleScriptContext 对象，从而使脚本引擎可以访问脚本上下文。可以通过在基于 Rhino 的 JavaScript 中的 println (context)来输出该变量的值。在 JRuby 中，可以通过 puts $context 来输出该变量的值。

(18) 传递给 getOutputStatement()方法的 String 类型 toDisplay 参数的参数都将在该方法所返回的输出语句中用引号引起。这就意味着不能使用 getOutputStatement()来生成一个语句以输出该变量的值,除非随后用空格替换引号(如第 9 章的描述)。

(19) 编译一个脚本首先要确保其脚本引擎实例实现了 Compilable 接口。然后,将该脚本引擎实例转换成 Compilable 实例。最后,在该实例上调用 Compilable 的某个 compile()方法。

(20) Invocable 接口提供的优势之一就是性能。invokeFunction()和 invokeMethod()方法执行中间代码。和 eval()方法不一样,它们不需要事先将一个脚本解析成中间代码。这个解析过程是比较费时间的。Invocable 接口的另外一个好处就是最小化耦合。getInterface()方法返回 Java 接口对象,该对象的方法是通过一个脚本的全局或者是对象成员函数实现的。这些对象最小化了 Java 程序向脚本所提供的细节。

(21) jrunscript 是一个实验性的命令行脚本 shell 工具,用于探索脚本语言以及脚本语言和 Java 之间的通信。

(22) 通过调用 println (jlist)方法、println (jmap)方法和 println (JSInvoker)方法,可以发现 jlist()方法、jmap()方法和 JSInvoker()方法的实现。

(23) JSAdapter 是 JavaScript 中 java.lang.reflect.Proxy 的等价物。JSAdapter 对某个代理对象的属性访问(如 x.i)、赋值方法(如 x.p=10)以及其他简单的 JavaScript 语法适应到一个委托 JavaScript 对象的成员函数。

(24) 如果想修改 demo.html 的 setColor(color)函数以打印该属性设置为 color 参数(例如:function setColor(color) { println ("Before = "+document.linkcolor);document.linkcolor = color; println ("After = "+document.linkcolor); })之前和之后 document。LinRcolor 的值,将注意到第一次将鼠标指针移到该文档的两个链接中的某一个上时,输出 Before = java.awt.Color[r=0,g=0,b=0]。该输出表示 document.linkcolor 的初始值为黑色(而不是假定的默认设置:蓝色)。原因是某个链接的文本从文档的样式表中派生其前景色(默认为蓝色)而不是从其自身的前景色属性派生。自身的前景色为黑色。

为了弥补这一点以输出 Before = java.awt.Color[r=0,g=0,b=255](同样假定为蓝色的默认样式表设置),将需要对 ScriptEnvironment 类做如下的改变:

- 添加一个 private boolean first = true;域。
- 修改 getLinkColor()如下:

```
public Color getLinkColor ()
{
  if (first)
  {
    setLinksDefaultColorToCSS ();
    first = false;
  }
  AttributeSet as = currentAnchor.getAttributes ();
  return StyleConstants.getForeground (as);
}
```

- 添加如下的 setLinksDefaultColorToCSS()方法：

```
public void setLinksDefaultColorToCSS ()
{
  HTMLDocument doc;
  doc = (HTMLDocument) ScriptedEditorPane.this.getDocument ();

  StyleContext sc = StyleContext.getDefaultStyleContext ();
  AttributeSet as = sc.addAttribute (SimpleAttributeSet.EMPTY,
                                     StyleConstants.Foreground,
                                     defaultLinkColor);

  HTMLDocument.Iterator itr = doc.getIterator (HTML.Tag.A);
  while (itr.isValid ())
  {
    doc.setCharacterAttributes (itr.getStartOffset (),
                                itr.getEndOffset ()-
                                itr.getStartOffset (), as, false);
    itr.next ();
  }
}
```

(25) 代码清单 D-12 给出了一个 WorkingWithJRuby 应用程序，该应用程序调用了
WorkingWithJavaFXScript。

代码清单 D-12　WorkingWithJRuby.java

```
//WorkingWithJRuby.java

import javax.script.*;

public class WorkingWithJRuby
{
    public static void main (String [] args) throws Exception
    {
        ScriptEngineManager manager = new ScriptEngineManager ();

        //通过 jruby 简称访问 JRuby 脚本引擎。

        ScriptEngine engine = manager.getEngineByName ("jruby");

        engine.eval ("`java WorkingWithJavaFXScript`");
    }
}
```

Ruby 通过将该命令行放置在两个单引号(')之间来调用一个外部程序。为了让
WorkingWithJavaFXScript 正常运行，类路径必须包含 Filters.jar、javafxrt.jar 和
swing-layout.jar 文件。

D.10 第 10 章: 安全和 Web 服务

(1) Java 应用程序通过与运行在智能卡上的应用程序交换 ISO/IEC 7816-4 APDU 来进行通信。

(2) Smart Card I/O API 的包名是 javax.smartcardio。

(3) 一个终端是一个读卡器槽,可以插入一个智能卡。

(4) 真实性意味着可以确定是谁发送的数据。完整性意味着数据在传输过程中没有被篡改。不可否认性意味着发送者不能否认他所发送过的文档。

(5) 一个数字签名是一个加密的散列或者是消息摘要。

(6) 假定采用公钥加密机制,数字化签名一个文档要求发送者使用发送者的私钥对文档进行签名(得到一个加密的散列),而接收方则使用发送者的公钥对加密的散列进行解码。相反,加密一个文档则要求发送者利用接收者的公钥进行加密,而接收者通过接收者的私钥执行解密。

(7) 一个 XML Signature 是一个 Signature 元素及其所包含的元素,其中签名是基于 SignedInfo 部分计算的,并存储在 SignatureValue 元素中。

(8) 规范化将 XML 内容转换成一个标准的物理表示,从而消除可能影响该 XML 内容上某个签名有效性的微小改变。

(9) Base64 是用于编码某个 XML 文档中 SignatureValue 元素所表示签名内容的算法。

(10) 在被包含的 XML Signature 类型中,Signature 元素被排除在数据对象的签名值计算之外。

(11) XMLSignatureFactory 类是 XML Digital Signature API 的入口点。

(12) 应用程序通过调用 XMLSignatureFactory 的某个 getInstance()方法来获取 XML Digital Signature API 入口点类的一个实例。

(13) Web 服务栈的分层体系结构包含 JAX-WS、JAXB 和 StAX API。该栈还包含 SAAJ 和 Web Services Metadata API。

(14) @WebService 用于注解一个 Web 服务类。

(15) 通过调用 javax.xml.ws.EndPoint 类的 public static Endpoint publish(String address, Object implementor)方法可以发布一个 Web 服务。但是调用该方法时需要将 Web 服务的地址 URI 和 Web 服务类的实例作为参数传递给该方法。

(16) 用于生成和部署某个 Web 服务所需要的 Web 服务相关对象的工具是 wsgen。

(17) 用于生成和导入某个 Web 服务所需要的 Web 服务相关对象的工具是 wsimport。

(18) 代码清单 D-13 给出了一个改进的 SkyView 应用程序(如代码清单 10-8 所示),该应用程序利用 SwingWorker<T, V>以确保当执行 byte []image = Imgcutoutsoap.getJpeg (ra, dec, scale, IMAGE_WIDTH, IMAGE_HEIGHT,dopt);需要花费一定时间时,GUI 仍然可以响应(代码清单 D-13 和代码清单 10-8 之间的不同已经强调出来了)。

代码清单 D-13　SkyView.java

```java
//SkyView.java

import java.awt.*;
import java.awt.event.*;
import java.awt.image.*;

import java.io.*;

import javax.imageio.*;

import javax.swing.*;

import org.sdss.skyserver.*;

public class SkyView extends JFrame
{
  final static int IMAGE_WIDTH = 300;
  final static int IMAGE_HEIGHT = 300;

  static ImgCutoutSoap imgcutoutsoap;

  double ra, dec, scale;
  String dopt;

  JLabel lblImage;

  public SkyView ()
  {
     super ("SkyView");
     setDefaultCloseOperation (EXIT_ON_CLOSE);

     setContentPane (createContentPane ());

     pack ();
     setResizable (false);
     setVisible (true);
  }

  JPanel createContentPane ()
  {
    JPanel pane = new JPanel (new BorderLayout (10, 10));
    pane.setBorder (BorderFactory.createEmptyBorder (10, 10, 10, 10));

    lblImage = new JLabel ("", JLabel.CENTER);

    lblImage.setPreferredSize (new Dimension (IMAGE_WIDTH+9,
                          IMAGE_HEIGHT+9));
    lblImage.setBorder (BorderFactory.createEtchedBorder ());
```

```
pane.add (new JPanel () {{ add (lblImage); }}, BorderLayout.NORTH);

JPanel form = new JPanel (new GridLayout (4, 1));

final JLabel lblRA = new JLabel ("Right ascension:");
int width = lblRA.getPreferredSize ().width+20;
int height = lblRA.getPreferredSize ().height;
lblRA.setPreferredSize (new Dimension (width, height));
lblRA.setDisplayedMnemonic ('R');
final JTextField txtRA = new JTextField (25);
lblRA.setLabelFor (txtRA);

form.add (new JPanel ()
        {{ add (lblRA); add (txtRA);
            setLayout (new FlowLayout (FlowLayout.CENTER, 0, 5)); }});

final JLabel lblDec = new JLabel ("Declination:");
lblDec.setPreferredSize (new Dimension (width, height));
lblDec.setDisplayedMnemonic ('D');
final JTextField txtDec = new JTextField (25);
lblDec.setLabelFor (txtDec);

form.add (new JPanel ()
        {{ add (lblDec); add (txtDec);
            setLayout (new FlowLayout (FlowLayout.CENTER, 0, 5));}});

final JLabel lblScale = new JLabel ("Scale:");
lblScale.setPreferredSize (new Dimension (width, height));
lblScale.setDisplayedMnemonic ('S');
final JTextField txtScale = new JTextField (25);
lblScale.setLabelFor (txtScale);

form.add (new JPanel ()
        {{ add (lblScale); add (txtScale);
            setLayout (new FlowLayout (FlowLayout.CENTER, 0, 5));}});

final JLabel lblDO = new JLabel ("Drawing options:");
lblDO.setPreferredSize (new Dimension (width, height));
lblDO.setDisplayedMnemonic ('o');
final JTextField txtDO = new JTextField (25);
lblDO.setLabelFor (txtDO);

form.add (new JPanel ()
        {{ add (lblDO); add (txtDO);
            setLayout (new FlowLayout (FlowLayout.CENTER, 0, 5));}});

pane.add (form, BorderLayout.CENTER);

final JButton btnGP = new JButton ("Get Picture");
ActionListener al;
```

```
        al = new ActionListener ()
            {
                public void actionPerformed (ActionEvent e)
                {
                    try
                    {
                        ra = Double.parseDouble (txtRA.getText ());
                        dec = Double.parseDouble (txtDec.getText ());
                        scale = Double.parseDouble (txtScale.getText ());
                        dopt = txtDO.getText ().trim ();

                        new GetImageTask ().execute ();
                    }
                    catch (Exception exc)
                    {
                        JOptionPane.showMessageDialog (SkyView.this,
                                                exc.getMessage ());
                    }
                }
            };
        btnGP.addActionListener (al);
        pane.add (new JPanel () {{ add (btnGP); }}, BorderLayout.SOUTH);

        return pane;
    }

    class GetImageTask extends SwingWorker<byte [], Void>
    {
        @Override
        public byte [] doInBackground ()
        {
            return imgcutoutsoap.getJpeg (ra, dec, scale, IMAGE_WIDTH,
                                        IMAGE_HEIGHT, dopt);
        }

        @Override
        public void done ()
        {
            try
            {
                lblImage.setIcon (new ImageIcon (get ()));
            }
            catch (Exception exc)
            {
                JOptionPane.showMessageDialog (SkyView.this,
                                        exc.getMessage ());
            }
        }
    }

    public static void main (String [] args) throws IOException
```

```
        {
            ImgCutout imgcutout = new ImgCutout ();
            imgcutoutsoap = imgcutout.getImgCutoutSoap ();

            Runnable r = new Runnable ()
                        {
                            public void run ()
                            {
                                try
                                {
                                    String lnf;
                                    lnf = UIManager.
                                        getSystemLookAndFeelClassName ();
                                    UIManager.setLookAndFeel (lnf);
                                }
                                catch (Exception e)
                                {
                                }
                                new SkyView ();
                            }
                        };
            EventQueue.invokeLater (r);
        }
    }
```

附录 E

Java SE 7 展望

大约每两年，Sun 公司就会为 Java 社团推出一代新的 Java 平台。查看 J2SE Code Names 页面(http://java.sun.com/j2se/codenames.html)，可找到 Java 官方版本发布日期的列表。现在，可以在该列表中添加 Java SE 6/Mustang/2006 年 12 月 11 日这个条目。如果 Sun 公司坚持这种模式，那么 Java 的下一代官方版本——Java SE 7(假设 Sun 公司将采用这个名称；Java SE 7 现在被称为 Dolphin)可能在两年后推出。

在 Java SE 6 的官方版本发布之前，关于 Java SE 7 的工作就已经开始了。Danny Coward——Java SE 平台开发组长，在他的"What's coming in Java SE 7"文档和"Channeling Java SE 7"博客(http://blogs. sun.com/dannycoward/entry/channeling_java_se_7)中给出了一系列计划在 Java SE 7 中推出的新特性。

本附录将讨论几个最有可能成为 Java SE 7 的一部分特性。

警告

由于 Java SE 7 还是一项仍然正在进行的工作，所以本附录中所讨论到的一些特性可能和最后发布版本中的特性有所出入，甚至有些特性根本没有出现。

E.1　闭包

人们对 Java 5 记忆深刻，是因为它引入了通用语言特性和其他一些语言特性，包括静态导入、for 语句的改进、自动装箱和类型安全的枚举类型。而 Java SE 7 将可能被人们记住是因为它引入了闭包(Closure)，就对 Java 开发人员的影响而言，语言的改进要比 API 改进影响要大得多。

可以找到关于技术术语闭包的各种各样的定义。例如，维基百科的 Closure (computer science)条目(http://en.wikipedia.org/wiki/Closure_%28computer_science%29)将闭包定义如下：

在计算机科学领域，一个闭包是一个函数，该函数可以在包含一个或多个约束变量的环境下进行计算……在某些语言中，当一个函数在另一个函数中定义，而内部函数引用外部函数的局部变量时，可能会生成闭包。在运行时，当执行外部函数时，就闭包形成。闭包包含内部函数的代码以及所有由闭包所要求的外部函数的变量的引用。

为了说明此定义，本节中准备了一个简单的闭包例子。代码清单 E-1 给出了此例的基于 Rhino 的 JavaScript 源代码。

代码清单 E-1　counter.js

```
//counter.js

var new_counter = function (current_count)
                   {
                       return function (incr)
                       {
                           return current_count += incr;
                       };
                   };
```

如果准备求 var c = new_counter (3)的值，外部匿名函数将形成一个由内部匿名函数和一个 current_count 变量的绑定所组成的闭包。随后，计算 println (c (4))将导致闭包将 4 添加到 current_count 的初始值 3 上。然后输出总数(7)。

此例子在 Java SE 7 中将是什么样的呢？根据闭包规范版本 0.5(编写此附录时的最新版本)，此例子将看起来如下：

```
{ int => int } new_counter (int current_count)
{
    return { int incr => current_count += incr; }
}

{ int => int } counter = new_counter (3);
System.out.println (counter (4)); //输出 7。
```

可通过 Closure for the Java Programming Language 页面(http://www.javac.info/)中的一个链接来访问闭包规范。该页面还包含一个到 Neal Gafter 的 Google 视频的链接。Neal Gafter 紧密地参与了 Java 闭包的开发。此视频介绍了闭包并为闭包的各种相关问题给出了答案。单击 2-hours talk with Q&A 链接(http://video.google.com/videoplay?docid=4051253555018153503)可以观看此视频。

注意
虽然闭包肯定会吸引人们大部分的注意力，不过 Java SE 7 中也考虑了其他语言功能的改进。Danny Coward 的 "What's coming in Java SE 7" 文中讨论了与在 big decimals 上执行数学运算、枚举比较、对象创建、JavaBeans 属性的指定和访问以及其他任务相关的改进功能。

E.2　JMX 2.0 和 JMX 代理的 Web 服务连接器

Java SE 7 还可能得益于 Java 管理扩展(Java Management Extensions，JMX)。例如，由 Eamonn McManus 负责的 JSR 255 介绍了 JMX 2.0。根据 Eamonn 的博客 "JMX API

Maintenance Reviews" (http://weblogs.java.net/blog/emcmanus/archive/2006/03/jmx_api_mainten.html)介绍，JSR 255 将 JMX 和 JMX Remote API 合并成一个统一的 API。

除了 JSR 255 外，Eamonn 还推出 JSR 262：Web Services Connector。该 JSR 尝试定义一个 JMX Remote API 连接器，以便让远程 Java 程序和非 Java 代理可通过 Web 服务获取 JMX 工具。

E.3　更多脚本语言和 invokedynamic

Java SE 7 很可能引进新的脚本语言。三种可能的候选语言为 JRuby、BeanShell 和 Groovy。BeanShell 已经通过 JSR 274：The BeanShell Scripting Language 为 Java 平台实现了标准化。Groovy 是遵照 JSR 241：The Groovy Programming Language 开发的。

注意

Sun 公司的雇员 Sundar Athijegannathan 的博客"Java Integration: JavaScript, Groovy and JRuby"(http://blogs.sun.com/sundararajan/entry/java_integration_javascript_groovy_and)对使用 JavaScript、Groovy 和 JRuby 来获取各种 Java 特性做了详尽的并排比较。在 Sundar 的博客"Java Integration: BeanShell and Jython"(http://blogs.sun.com/sundararajan/entry/java_integration_beanshell_and_jython)中，他扩展了此并排比较，涵盖了对 BeanShell 和 Jython 的比较。

此外，Java SE 7 还可能为 Java 虚拟机添加一个新的面向脚本的指令。根据 JSR 292：Supporting Dynamically Typed Languages on Java Platform，此指令可能会被称为 invokedynamic，其设计目的是为了让创建高效脚本语言实现更加简单。

注意

在 Gilad Bracha 的博客"Invokedynamic"(http://blogs.sun.com/gbracha/entry/invokedynamic)中，他指出 invokedynamic 将与 invokevirtual 指令相似。然而，虚拟机的验证器依赖于动态检查(而不是静态检查)来验证方法调用目标的类型，以及方法的参数类型是否与方法的签名相匹配。Sundar Athijegannathan 的博客"invokespecialdynamic?"(http://blogs.sun.com/sundararajan/entry/invokespecialdynamic)给出了更多关于此指令的见解。

E.4　新 I/O：下一代 I/O

JSR 51 为 Java 平台 1.4 版本引入了多种新的 I/O API。这些 API 主要用于字符集转换，快速缓冲二进制数据和字符 I/O，以及其他特性。但是，此 JSR 的某些主要组件还没完成。例如，新文件系统接口——支持批量访问文件属性(包括 MIME 内容类型)、转义文件系统特有的 API，以及针对可插拔式文件系统实现的一个服务提供程序接口——

Java 1.4、Java 5 或 Java SE 6 均未实现。其他组件还没完全开发。例如，面向文件和套接字的可扩展 I/O 操作的 API 不支持异步请求；只支持轮检。

注意

批量访问文件属性旨在解决获取大量文件的属性时的性能问题；见 Bug 6483858 "File attribute access is very slow (isDirectory, etc.)"。同时它也探求克服 java.io.File 类的有限文件属性支持。例如，无法获取文件许可和访问控制清单。

在 2003 年，Java 引入了 JSR 203：More New I/O API for the Java Platform Java("NIO.2")，以解决这些问题和第一代 NIO 的其他局限性。这使得 JSR 203 可以很好地集成到 Java SE 7 中。此 JSR 的主要组件包括 JSR 51 的文件系统接口，在文件和端口上执行异步 I/O 操作的 API，以及完善了端口通道功能(例如，支持多播通信)。要了解关于 JSR 203 的更多信息，请查看文章"More New I/O APIs for Java"(http://www.artima.com/lejava/ articles/more_new_io.html)，该文章记录了 Artima 和 JSR 203 规范先导者 Alan Bateman 的一段对话。

E.5 超级包和 Java 模块系统

大多数开发人员都理解模块(module)的概念，它是一个自包含系统，且为其他子系统提供了良好定义的接口。模块构成了很多软件系统的基础，如会计学包。

正如 Gilad Bracha 在他的博客"Developing Modules for Development"(http://blogs.sun.com/gbracha/entry/developing_modules_for_development)中解释道，Java 包不适合模块化一个软件系统。例如，考虑一个有多个子系统组成的大系统，它通过一个私有的 API 互相之间实现互动。如果希望此 API 仍然保持私有，需要将所有的子系统置于同一个包中，这一点不能有丝毫变动。如果将每个子系统置于它自己的包中，API 则会公有暴露，这违反信息的隐藏性。现在只能在灵活性和信息隐藏性两者中选一(不能两者兼得)。JSR 294：Improved Modularity Support in the Java Programming Language 解决了这个问题。

JSR 294 意在提供相应的语言扩展以支持信息隐藏和独立编译功能。独立编译(根据 Gilad 的看法，不像信息隐藏那么重要)无需访问导入包的源代码或二进制代码即可编译源文件：编译器访问的仅仅是包的公共声明。要引用这个使信息隐藏和单个编译成为可能的语言扩展功能，现在可使用术语超级包(SuperPackage)。

Andreas Sterbenz 的博客"Superpackages in JSR 294"(http://blogs.sun.com/andreas/entry/superpackages_in_jsr_294)指出，此 JSR 只关注语言等级的模块。JSR 294 没有解决部署模块化的相关主题。

Java 当前部署解决方案使用 JAR 文件来部署 Java 应用程序。该方案存在一定问题，如 JAR 文件难以实现分布和版本化。正在开发的 JSR 277：Java Module System 将提供一个更好的解决方案：Java 模块系统(Java Module System，JMS)。JMS 将 JSR 294 的超级包作为其基础，可提供以下功能：

- 将 Java 模块作为一个分发单元的分布格式。
- 一个版本模式。
- 一个用于模块存储和检索的知识库。
- 应用启动器和类加载器均支持的，用于发现、加载和检查模块一致性的运行时。
- 支持安装和删除模块的一系列包和存储工具。
- 超级包和 JMS 很可能将会成为 Java SE 7 的一部分。

注意

要下载 JMS 规范的 PDF 文档，单击 JSR-000277 Java Module System page 页面 (http://jcp.org/aboutJava/communityprocess/edr/jsr277/index.html)上的 Download 链接即可。

E.6 Swing 应用程序框架

Swing 应用程序框架(Swing Application Framework，SAF)是另一个有潜力进入 Java SE 7 的特性。根据 JSR 296(http://jcp.org/en/jsr/detail?id=296)介绍，SAF 通过提供一个"对大多数桌面应用程序通用的基础设施"来加速 Swing 应用程序开发。此基础设施被认为是必要的，因为 Java SE 6 和更早的版本不包括"对结构化[Swing]应用程序的支持，并且它经常让新的开发人员感觉有点漂浮不定，尤其是当他们尝试构建一个应用程序，它的大小远远超过 SE 文档中所给出的规模"。

在 JSR 296 规范先导者 Hans Muller 的指导下，JSR 296 实现为 appframework 项目 (https://appframework.dev.java.net/)。该项目的 An Introduction to the Swing Application Framework API (JSR-296)页面(https://appframework.dev.java.net/intro/index.html)说明了此框架的目标，它包括生命周期管理、动作、线程、本地化资源和持久会话状态。这些目标在 Sun 公司工程师 John O'Conner 的"Using the Swing Application Framework (JSR 296)"文章(http://java.sun.com/developer/technicalArticles/javase/swingappfr/)中也做了说明。

作者不想通过重新访问相同的材料来回顾之前的例子，所以给出自己的例子来说明 SAF 的用途。由于此例子要求有一个 SAF 的实现，所以从 java.net 的 appframework：Documents & files 页面(https://appframework.dev.java.net/servlets/ProjectDocumentList)下载 AppFramework-0.43.jar。在本书编写之际，SAF 的最新版本为 0.43。还选择了下载 AppFramework-0.43-doc.zip 和 AppFramework-0.43-src.zip，它们分别包括 SAF 的文档和源代码。

由于 AppFramework-0.43.jar 依赖于该文件和 Java SE 6 外的代码，所以还要下载 swing-worker-1.1.jar (https://swingworker.dev.java.net/servlets/ProjectDocumentList)。AppFramework-0.43.jar 的 Task 类导入 swing-worker-1.1.jar 的 org.jdesktop.swingworker. SwingWorker 类和 org.jdesktop.swingworker.SwingWorker. StateValue 枚举类型来代替导入 Java SE 6 的 javax.swing.SwingWorker 类和 javax.swing.SwingWorker.StateValue 枚举类型。AppFramework-0.43.jar 的 TaskMonitor 类也导入 org.jdesktop.swingworker.SwingWorker.

StateValue 枚举类型。

作者的例子为 WHOIS 协议(由 RFC 3912: WHOIS 协议规范定义的,
http://tools.ietf.org/html/rfc3912)提供了一个实现。该例子为一个 Whois 应用程序组成,它
允许输入任意一个域名,并从一个 WHOIS 服务器获取此域名。代码清单 E-2 给出了此
例子的源代码。

代码清单 E-2   WhoIs.java

```java
//WhoIs.java

import application.*;

import java.io.*;

import java.net.*;

import javax.swing.*;

public class WhoIs extends SingleFrameApplication
{
  final static int WHOIS_PORT = 43;
  JButton btnGo;
  JTextArea txtInfo;
  JTextField txtDomain;

  String whoIsServer = "whois.geektools.com";

  @Override
  protected void initialize (String [] args)
  {
      if (args.length == 1)
          whoIsServer = args [0];
  }

  @Override
  protected void startup ()
  {
      show (makeContentPane ());
  }

  JPanel makeContentPane ()
  {
    JPanel pane = new JPanel ();
    GroupLayout layout = new GroupLayout (pane);
    pane.setLayout (layout);

    layout.setAutoCreateGaps (true);
```

```
        layout.setAutoCreateContainerGaps (true);

        JLabel lblDomain = new JLabel ();
        lblDomain.setName ("lblDomain");
        txtDomain = new JTextField (20);
        btnGo = new JButton ();
        txtInfo = new JTextArea (20, 50);
        JScrollPane spInfo = new JScrollPane (txtInfo);

        GroupLayout.Group group;
        group = layout.createParallelGroup (GroupLayout.Alignment.CENTER)
                .addGroup (layout.createSequentialGroup ()
                  .addComponent (lblDomain)
                  .addComponent (txtDomain)
                  .addComponent (btnGo))
                .addComponent (spInfo);
        layout.setHorizontalGroup (group);
        group = layout.createSequentialGroup ()
                .addGroup (layout.
                            createParallelGroup (GroupLayout.Alignment.BASELINE)
                  .addComponent (lblDomain)
                  .addComponent (txtDomain)
                  .addComponent (btnGo))
                .addComponent (spInfo);
        layout.setVerticalGroup (group);

        ActionMap map = ApplicationContext.getInstance ().getActionMap (this);
        javax.swing.Action action = map.get ("retrieveInfo");
        btnGo.setAction (action);
        txtDomain.setAction (action);

        return pane;
    }


@application.Action
public Task retrieveInfo ()
{
    return new WhoIsRetriever ();
}

public static void main (String [] args)
{
    Application.launch (WhoIs.class, args);
}

class WhoIsRetriever extends Task<String, Void>
{
    @Override
    protected String doInBackground () throws Exception
```

```
    {
      StringBuffer sb = new StringBuffer (1000);

      Socket s = new Socket (whoIsServer, WHOIS_PORT);

      PrintStream pso = new PrintStream (s.getOutputStream ());

      InputStreamReader isr = new InputStreamReader (s.getInputStream ());
      BufferedReader bri = new BufferedReader (isr);

      pso.print (txtDomain.getText ()+"\r\n");
      pso.flush ();

      String replyLine;
      while ((replyLine = bri.readLine ()) != null)
      {
        sb.append (replyLine);
        sb.append ('\n');
      }
      return sb.toString ();
    }
    @Override
    protected void succeeded (String info)
    {
      txtInfo.setText (info);
      txtInfo.setCaretPosition (0);
    }
  }
}
```

　　由于 SAF 的主包为 application，所以源代码首先导入此包。一个导入类为SingleFrameApplication，它是作为简单 GUI 的基类，简单 GUI 由一个基本的javax.swing.JFrame 对象组成。在后台，SingleFrameApplication 创建此框架并且添加相应的功能以退出应用程序。

　　public static void main(String [ ] args)方法调用 Application 的 public static <T extends Application> void launch(Class<T> applicationClass, String [ ] args)方法以在事件-派发线程上启动应用程序。Application 是 SingleFrameApplication 的超类。此方法的参数为应用程序类的名称，而且参数将被传递给 main()。

　　在内部创建了一个 applicationClass 实例并执行了其他任务之后，launch()方法调用重写的 protected void initialize(String [ ] args)方法。WhoIs 用此方法来提取一个可选的服务器命令行参数。然后调用 SingleFrameApplication 的 protected abstract void startup()方法的WhoIs 实现来创建并显示 GUI。

　　startup()方法调用 JPanel makeContentPane()方法来创建一个包括 GUI 的面板。面板将 javax.swing.GroupLayout 作为它的布局管理器。为了将组件置于一个容器中，该管理器将组件分别从水平和垂直的方向按层次分组。参考第 1 章中关于 GroupLayout 的讨论以获取更多相关信息。

您将注意到 makeContentPane()没有为 lblDomain 和 btnGo 组件指定文本。与其在源代码中对此文本进行硬编码，不如将此文本置于一个属性资源文件，它让程序更容易实现本地化。lblDomain.setName ("lblDomain");语句将 lblDomain 组件连接到它的属性文本上。

与 lblDomain 不同，btnGo 是通过它的 retrieveInfo 动作连接到它的属性文本。此动作通过 ActionMap map = ApplicationContext.getInstance().getActionMap (this);创建，然后通过 map.get ("retrieveInfo")获取，并调用 public Task retrieveInfo ()方法。SAF 要求将此方法用@Action 注解，并且让相同的名称作为字符串传递给 map.get()。

retrieveInfo() 方法返回 WhoIsRetriever 的一个实例，它的 protected String doInBackground()方法在后台的一个工作线程中被调用。当此方法返回时，SAF 在事件-派发线程中调用重写的 protected void succeeded(String info)方法,此方法允许 WhoIs 更新它的 GUI。

包含 WhoIs 应用程序的类文件的目录还必须包括一个 resources 子目录,此子目录包括了一个 WhoIs.properties 文件。除了为 lblDomain 和 btnGo 组件提供本地化的文本外，此属性文件还包括 3 个特殊的"Application"属性，如代码清单 E-3 所示。

代码清单 E-3　WhoIs.properties

```
Application.title = WhoIs
lblDomain.text = Domain:
retrieveInfo.Action.text = Go

Application.id = WhoIs
Application.vendorId = Jeff Friesen
```

Application.title 属性指定了将显示在框架窗口的标题栏中的本地化的文本。类似的，lblDomain.text 和 retrieveInfo.Action.text 也为 lblDomain 组件(通过 retrieveInfo 动作)和 btnGo 组件指定了本地化的文本。此文本被 SAF 自动注入到这些组件中。

在后台，SAF 管理 WhoIs 应用程序的会话状态(例如，它的框架窗口的大小和位置)。当 WhoIs 开始运行时，它加载会话状态；当 WhoIs 退出时，它保存此状态。此状态保存在一个 XML 文件中，它的路径由用户的主目录和 Application.id 与 Application.vendorId 的属性值决定。

例如，在作者的 Windows XP 平台上，c:\Documents and Settings\Jeff Friesen\Application Data\Jeff Friesen\WhoIs 目录中存储了该 WhoIs 应用程序的 mainFrame.session.xml 文件。Application.id 和 Application.vendorId 的属性值决定了目录路径最后的 Jeff Friesen\WhoIs 部分。

注意

如果没有指定 Application.title，SAF 默认将此属性设置为[Application.title not specified]。如果没有指定 Application.id，SAF 默认将此属性设置为应用程序类的名称，如在此例中为 WhoIs。如果 Application.vendorId 缺失，SAF 选中 UnknownApplicationVendor 作为默认值。

假定 AppFramework-0.43.jar 和 swing-worker-1.1.jar 与 WhoIs.java 位于相同目录中(并且其 resources 子目录包含了它的 WhoIs.properties 文件)，并假定使用 Windows 平台，那么 javac -cp AppFramework-0.43.jar; swing-worker-1.1.jar WhoIs.java 命令将编译此应用程序的源代码。java -cp AppFramework-0.43.jar;swing-worker-1.1.jar;. WhoIs 将在默认的 whois.geektools.com WHOIS 服务器上运行此应用程序(如果希望使用另一个服务器，只需要通过一个命令行参数指定服务器的域名即可)。图 E-1 显示了该应用程序的 GUI。

提示

虽然系统外观是默认的，但可以利用 Application.lookAndFeel 属性(Application 类的文档中所描述的)轻松地将其改变为其他外观。作为一个练习，将 Application.lookAndFeel = default 添加到 WhoIs.properties 上，得到的外形是什么样的呢?

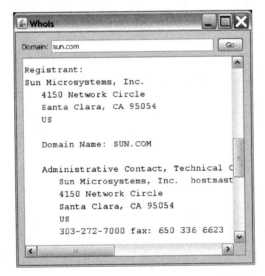

图 E-1　可按下 Enter 键而不是单击 Go 按钮来获取一个域的 WHOIS 信息

书　名：Java 语言的科学与艺术

作　者：(美) ERIC S.ROBERTS

书　号：978-7-302-18441-6

出版社：清华大学出版社

定　价：59.80 元

➢ 采用现代面向对象方法，从零开始介绍最有用的类层次结构

➢ 全文使用图形和交互式程序，充分激发学生的学习兴趣

➢ 使用传记简介、引用以及哲学片段来突出计算的历史和理性背景

➢ 着重强调算法和问题解决，而今天的初级教科书通常忽略了这一点

　　在本书中，斯坦福大学教授、著名的计算机科学教育领导者 Eric S.Roberts 着重强调了更适合于初学者的友好讲解方式，使用 ACM Java 库简化编程。本书简练清晰地介绍了传统 CS1 课程的内容，同时也包含了最近的 Computing Curriculum 2001 报告计算机科学卷中指定为 CS101O 或 CS111O 课程的全部主题。

书　名：面向对象设计原理与模式(Java 版)

作　者：(美) Dale Skrien

书　号：978-7-302-19671-6

出版社：清华大学出版社

定　价：36.00 元

➢ 根据代码"优雅性"讨论设计和实现

➢ 使用小型和中型案例分析来介绍设计原理和模式

➢ 大部分设计模式均在解决某个问题的背景中引入

➢ 每章的末尾都有大量的各种难度的练习题，便于您温故而知新

　　本书全面介绍了 Java 面向对象程序设计的原理和模式，帮助解决 Java 程序中的设计问题。此外，本书十分注重 Java 面向对象程序设计的每个细节。在进行理论介绍的同时，本书十分重视实践技能的培养，一些较为综合的实例贯穿了相关的知识点，以帮助理解并掌握它们在程序设计中的真正用处和在提升程序性能方面的作用。

书　名：Java 高级编程(第 2 版)

作　者：(美) Brett Spell

书　号：7-302-13909-1

出版社：清华大学出版社

定　价：69.80 元

➢ 涵盖同类 Java 书籍中没有涉及而 Java 程序员又必须了解和掌握的知识

➢ 每一章都代表专业 Java 开发人员需要掌握的一项技术

➢ 由专业人士翻译和审读

　　Java 领域最重要的专业图书之一，畅销多年，始终是亚马逊上的五星级图书，第 2 版在第 1 版的基础上增加了 XML 数据交换、Swing 图形用户界面等高级主题。各专业领域的 Java 开发人员均可通过对本书的学习掌握在不同环境中运用 Java 语言和 API 开发应用程序的技术。

书　　名：Java 大学教程(第 2 版)

作　　者：(英) Quentin Charatan，Aaron Kans

书　　号：978-7-302-18072-2

出版社：清华大学出版社

定　　价：69.80 元

➢ 基础篇重点介绍 Java 语言面向对象编程的核心概念和技巧，高级篇介绍 Java 在图形设计、用户界面设计及多线程编程等领域的高级应用

➢ 图文并茂，通过实例和图示讲解核心概念和编程思想，避免了单纯讲解代码的枯燥

本书提供了面向对象编程方法的详细介绍，其中涵盖了基础知识以及更高级的专题内容。本书不仅充分考虑了初次接触编程的学生的特点，同时也非常注重软件开发的系统性。本书除了介绍基本的编程知识外，还涵盖了很多如设计原则和标准、测试方法、内存管理等内容，展示了软件开发的全貌。

书　　名：数据抽象和问题求解——Java 语言描述(第 2 版)

作　　者：(美) F.M. Carrano;J.J. Prichard

书　　号：978-7-302-14939-2

出版社：清华大学出版社

定　　价：79.80 元

➢ 在第 1 版的基础上完善了所有的 Java 代码，使用 UML 处理了所有伪代码

➢ 准确的概念讲解、贴切的示例和范围广泛的问题讨论

➢ 帮助读者系统地掌握问题求解技术和相关的编程技能，为日后的软件开发工作打下坚实的基础

本书全面系统地讲述了如何利用 Java 语言解决实际问题，重点剖析了数据结构和数据抽象的核心概念，并通过大量示例向读者展示了面向对象程序设计理念的精髓。

书　　名：Linux 应用程序开发(Java 版)

作　　者：(美) Carl Albing，Michael Schwarz

书　　号：7-302-13750-1

出版社：清华大学出版社

定　　价：45.00 元

➢ 对于有经验的 Java 程序员，但是不熟悉 Linux，那么本书将为您提供大量在 Linux 下开发并部署应用程序工具的信息

➢ 对于经验丰富的 Linux 用户或者开发人员，并且有兴趣在这个平台上使用 Java，那么本书将和您讨论一些 Java 开发的高级话题，并提供常见的 Linux 以及 GNU 工具的新颖用法

Linux 是当前发展最快的 Java 开发平台。作为一个开发和部署平台，它可以为开发人员节省大量时间和成本。但是当开发人员在一个受控的生产环境里管理和部署 Java 应用程序时，往往会受到平台的极大限制。本书针对 Java 和 Linux 开发人员编写，介绍了 Linux 平台上完整的 Java 应用程序开发的生命周期。